新视野电子电气科技丛书

MICROCONTROLLER PRINCIPLE
AND INTERFACE TECHNOLOGY

单片机原理与接口技术

李永建 / 主编

王福元　陈　中　王春娥 / 编著

清華大学出版社

北　京

内 容 简 介

本书分为两部分，理论篇以MCS-51单片机为基础介绍单片机原理，项目篇采用增强型51单片机。在单片机原理基础部分，全面且详尽地介绍了单片机硬件结构、C51编程基础、中断系统、定时器/计数器和串行通信知识，补充了应用场合较多的A/D转换器与PWM知识和系统总线扩展知识。在项目篇以目前市场上流行的物联网、家电控制、超声波倒车报警等技术为基础，应用数码管、OLED、矩阵键盘、MP3播放、WiFi通信、短信收发控制、红外线遥控、触摸屏等技术形成5个综合项目，讲解硬件原理、教学和学习方法以及编程主要思路。

本书可作为高等院校“单片机原理及应用”“单片机原理及接口技术”等相关课程的教材，也可供相关工程技术人员、技术爱好者参考使用。

图书在版编目(CIP)数据

单片机原理与接口技术/李永建主编. —北京：清华大学出版社，2021.4 (2022.8重印)
(新视野电子电气科技丛书)
ISBN 978-7-302-57711-9

Ⅰ. ①单… Ⅱ. ①李… Ⅲ. ①单片微型计算机—基础理论 ②单片微型计算机—接口技术 Ⅳ. ①TP368.1

中国版本图书馆CIP数据核字(2021)第050100号

责任编辑：文 怡
封面设计：王昭红
责任校对：郝美丽
责任印制：宋 林

出版发行：清华大学出版社
网 址：http://www.tup.com.cn，http://www.wqbook.com
地 址：北京清华大学学研大厦A座 **邮 编**：100084
社 总 机：010-83470000 **邮 购**：010-62786544
投稿与读者服务：010-62776969，c-service@tup.tsinghua.edu.cn
质量反馈：010-62772015，zhiliang@tup.tsinghua.edu.cn
课件下载：http://www.tup.com.cn，010-83470236

印 装 者：北京富博印刷有限公司
经 销：全国新华书店
开 本：185mm×260mm **印 张**：16 **字 数**：390千字
版 次：2021年6月第1版 **印 次**：2022年8月第2次印刷
印 数：2001～2800
定 价：59.00元

产品编号：085772-01

前言

FOREWORD

随着社会的发展和科技的进步，人工智能和物联网等技术越来越受到重视。但无论是人工智能还是物联网，其核心都是由不同型号的单片机组成的。单片机又称为 MCU(Micro Control Unit)，其基本结构是将微型的基本功能部件，如中央处理器(CPU)、存储器、输入/输出接口(I/O)、定时器/计数器、中断系统等集成在一个半导体芯片上，功能十分强大。

当今国内单片机教材大多基于汇编语言或 C 语言编写。汇编语言属于低级语言，在编写控制类语句时很有优势，但不善于完成复杂算法的编程，且代码可读性差，学习难度较大。汇编版单片机教材对于单片机原理的介绍非常全面，但往往不重视实践应用。C 语言属于高级语言，编写代码效率高，代码可读性强，初学者容易上手。C 语言版单片机教材多重视应用和仿真，却忽视对于单片机工作原理的介绍，比如有些教材把定时器/计数器、串行通信等内容整合在一起，非常不利于初学者学习。单片机是一门实践性很强的课程，边学边做是最好的学习方法，为了强化和巩固前面的单片机技术，本书精选了多个实践性强的项目案例。编者认为理论和实践应该一同重视，希望本书读者既能打好理论基础，又能提高单片机的应用能力。

本书理论篇以 MCS-51 单片机为基础，项目篇采用增强型 51 单片机。在理论篇，全面详尽地介绍了单片机硬件结构、C51 编程基础、中断系统、定时器/计数器、串行通信知识，补充了应用场合较多的 A/D 转换器、PWM 和系统总线扩展知识。在项目篇，以目前市场上流行的物联网、家电控制、超声波倒车报警等技术为基础，应用数码管、OLED、矩阵键盘、MP3 播放、WiFi 通信、短信收发控制、红外线遥控、触摸屏等技术形成 5 个综合项目，讲解硬件原理、教学和学习方法以及编程主要思路，通过学习和实践，让读者真正掌握具有一定价值的实践性技术。

本书理论篇主要引用了《STC15F2K60S2 使用手册》内容，并借鉴了以下教材的宝贵经验：《单片机原理与应用》(张兰红)、《单片机原理及接口技术》(张毅刚)、《基于 STC89C52 单片机的控制系统设计》(陈中)和《单片机技术及 C51 程序设计》(唐颖)，上述教材让作者非常受益，在此向相关作者表示衷心感谢。

本书由盐城工学院李永建、王福元、陈中、王春娥共同编写。全书由李永建主编并统稿。感谢学生潘翔、尹伟峰、章正来、陈鹏和石崇崇对本书项目案程的贡献。

本书基于编者长期以来从事单片机软硬件项目开发、教学实践，以及指导学生参加各类学科竞赛等实践活动的经验编写而成。全书分为两部分，理论篇介绍单片机工作原理，共 9 章。第 1～3 章为单片机概述、硬件结构和 C51 语言应用，包括单片机的结构和组成，以及单片机工作原理、C语言的应用等。第4章为单片机I/O口应用——显示与键盘，包括数码管、OLED、触摸屏等显示元件以及独立/矩阵键盘的应用。第5章为单片机中断系统设计，包括中断原理、中断寄存器设置以及中断应用等。第6章为定时器/计数器应用，包括定时器/计数器工作原理、初始化步骤和各种工作方式的应用等。第7章为串行通信设计，包括串行通信原理、通信协议和基本通信步骤，以及用助手软件与计算机进行串行通信设计。第8章为A/D转换器与PWM应用，包括A/D转换器工作原理和PWM应用方法。第9章为系统总线扩展，包括I^2C通信、同步串行SPI通信和单总线通信，着重介绍三种通信工作原理和应用方法。项目篇介绍单片机综合项目设计，包括格力空调红外遥控功能设计、公交车GPS报站系统设计、倒车安全报警系统设计、手机短信定时控制系统和WiFi远程刷卡控制系统设计等，使得本书既具有坚实的理论基础，又具有较强的实用性和先进性。

本书得到盐城工学院自编教材出版基金的资助，得到盐城工学院教务处和机械工程学院领导和教师的帮助及支持，在此表示衷心感谢！

为了便于教学和资源，本书配套了丰富的教学资源，包括教学大纲、课件、教案、教学进度表、程序源代码、实验指导书（扫描前言下方二维码下载），教学讲解、演示视频（扫描书中二维码观看），课堂作业、题库系统（扫描封底二维码使用）。

此外，编者可为本书提供技术支持，本书配套有开发板和丰富配件，欢迎加入教师交流群（QQ：786573054），或通过邮件（邮箱：tupwenyi@163.com），与作者或清华大学出版社联系。

由于编者水平有限，书中肯定有许多不足之处，衷心希望广大读者批评指正。

编　者

2021年3月

配套教学资源

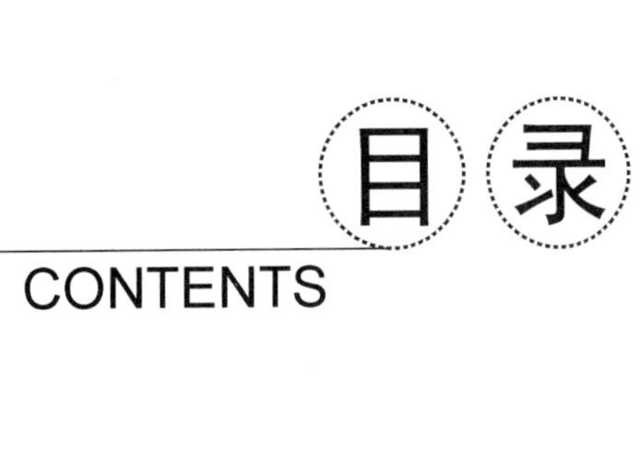

CONTENTS

第1章

概　　述

【学习指南】

通过本章的学习，了解单片机的基本概念、发展历史、常用类型、基本特点及应用场合，为单片机的选用和设计打下基础；了解单片机应用系统的开发流程，能够应用 Keil C51 软件进行单片机软件开发。本章从掌握技能知识的角度不算重要，但了解单片机相关知识，有助于更好地学习单片机，更有动力、有目标地学好这门课。

单片机自 20 世纪 70 年代问世以来，以极高的性价比和灵活的应用场合备受青睐。单片机具有体积小、重量轻、抗干扰能力强、对环境要求不高、价格低廉、可靠性高、灵活性好、开发较为容易等特点，已广泛应用于工业自动化、自动检测、智能仪器仪表、家用电器、电力电子和机电一体化设备等方面。

1.1　单片机概述

1.1.1　什么是单片机

单片机的全称是单片微型计算机，是指在一块半导体芯片上集成了微处理器、存储器、输入/输出接口、定时器/计数器以及中断系统等功能部件，构成一台完整的微型计算机。通俗地讲，单片机就是一块集成电路芯片，图 1-1 所示是三种不同封装、不同类型的单片机，它们均呈现出集成电路特有的外观，即黑色的硬塑料或其他材料制成的外壳，两侧或四周有整齐排列的金属引脚。

单片机这种集成电路芯片具有特殊功能，即可通过执行使用者编写的程序，控制芯片的各个引脚在不同的时间输出不同的电平，从而控制与单片机各个引脚相连的外围电路的电气状态，所以又被称为微控制器。单片机之所以可以根据程序实现灵活的运算及控制，全依赖于内部精妙的电路结构设计。将单片机的外壳去掉，可以看到如图 1-2 所示的内部结构。在塑料基底的中央有一个微型芯片，还有连接芯片和单片机引脚的细导线。单片机中起主要作用的是芯片部分，细导线只是起到在芯片和引脚之间传递信号的作用。

图 1-1 单片机芯片

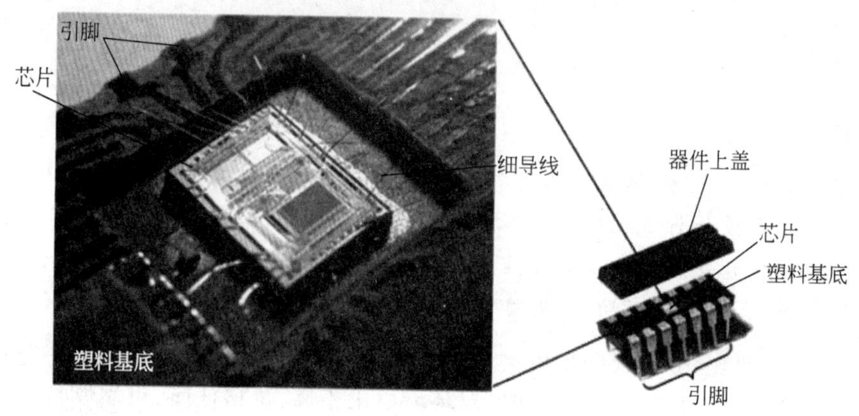

图 1-2 单片机内部结构

1.1.2 单片机与微型计算机的关系

计算机的发展经历了从电子管、晶体管、集成电路到大规模集成电路四代的演变。微型计算机是大规模集成电路技术发展的产物，它属于第四代电子计算机。微型计算机的发展以微处理器的发展为特征，主要表现在芯片集成度提高(从最初约 2000 个晶体管/片，发展到目前几百万个晶体管/片)，处理器位数增加(从 4 位增加到 64 位)，时钟频率加快(从 1MHz 到几 GHz)，以及价格逐渐降低等方面。

随着大规模集成电路技术的进一步发展，微型计算机向两个主要方向发展：一是向高速度、高性能、大容量的高档微型计算机及其系列化的方向发展；二是向稳定可靠、小而价廉、能适应各种控制领域需要的单片机方向发展。因此，单片机是微型计算机发展的一个重要分支。

1.2 单片机的发展状况

1. 第一代：单片机探索阶段(1974—1978 年)

工控领域对计算机提出了嵌入式应用要求，首先是实现单芯片形态的计算机，以满足构成大量中小型智能化测控系统要求。因此，该阶段的任务是探索计算机的单芯片集成。单片机(Single Chip Microcomputer,SCM)的定名即缘于此。

在计算机单芯片的集成体系结构的探索中有两种模式,即通用CPU模式和专用CPU模式。

(1) 通用CPU模式。采用通用CPU和通用外围单元电路的集成方式。这种模式以Motorola公司的MC6801为代表,它将通用增强型的6800+(CPU)、6875(时钟)、6810(128B RAM)、2×6830(1KB ROM)、1/2 6821(并行I/O)、1/3 6840(定时器/计数器)、6850(串行I/O)集成在一个芯片上,且使用6800 CPU的指令系统。

(2) 专用CPU模式。采用专门嵌入式系统要求设计的CPU与外围电路集成的方式。这种专用模式以Intel公司的MCS-48为代表,其CPU、存储器、定时器/计数器、中断系统、I/O接口、时钟,以及指令系统都是按嵌入式系统要求专门设计的。

2. 第二代:单片微机完善阶段(1978—1983年)

计算机的单芯片集成探索,特别是专用CPU型单片机探索取得成功,肯定了单片微机作为嵌入式系统应用的巨大前景。典型代表是Intel公司将MCS-48迅速向MCS-51系列的过渡。MCS-51是完全按照嵌入式应用而设计的单片微机,在以下几个重要技术方面完善了单片微机的体系结构:

(1) 面向对象、突出控制功能、满足嵌入式应用的专用CPU及CPU外围电路体系结构。

(2) 寻址范围规范为16位和8位的寻址空间。

(3) 规范的总线结构。有8位数据总线、16位地址总线,以及多功能的异步串行接口UART(移位寄存器方式、串行通信方式及多机通信方式)。

(4) 特殊功能寄存器(SFR)的集中管理模式。

(5) 可设置位地址空间,具有位寻址及位操作功能。

(6) 指令系统突出控制功能,有位操作指令、I/O管理指令及大量的转移指令。

3. 第三代:微控制器形成阶段

作为面对测控对象,不仅要求有完善的计算机体系结构,还要求有面对测控对象接口电路,如A/D转换器、D/A转换器、高速I/O接口、计数器捕捉与比较;保证程序可靠运行的WDT(程序监视定时器,俗称看门狗);保证高速数据传输的DMA等。为了满足测控系统的嵌入式应用要求,这一阶段单片微机的主要技术发展方向是满足测控对象要求的外围电路的增强,从而形成了不同于单片机(SCM)特点的微控制器。微控制器单片机(Micro Controller Unit,MCU)一词缘于这一阶段,现在微控制器是国际上对单片机的标准称呼。

这一阶段微控制器技术发展主要有以下几个方面:

(1) 外围功能集成。满足模拟量输入的A/D转换器,满足伺服驱动的PWM,满足高速I/O控制的高速I/O接口,以及保证程序可靠运行的程序监视定时器WDT。

(2) 出现了为满足串行外围扩展要求的串行扩展总线及接口,如SPl、I^2C Bus、Microwire、1-Wire等。

(3) 出现了为满足分布式系统、突出控制功能的现场总线接口,如CAN BUS等。

(4) 在程序存储器方面迅速引进OTP供应状态,为单片机单片应用创造了良好的条件,随后Flash ROM的推广,为最终取消外部程序存储器扩展奠定了良好的基础。

4. 第四代:微控制器百花齐放

微控制器百花齐放的局势主要体现在如下几方面:

(1) 电气商、半导体商的普遍投入。

(2) 满足各种类型要求。

(3) 大力发展专用型单片机。

(4) 致力于提高单片微机综合品质。

第四代单片微机的百花齐放将单片微机用户带入了一个可广泛选择的时代。

5. 单片机技术发展方向

目前,单片机正朝着高性能和多品种的方向发展,发展趋势将是进一步CMOS化、低功耗化、低电压化、低噪声与高可靠性、大容量化、小容量且低价格化和外围电路内装化等七个方面。

1) CMOS化

近年来,由于CHMOS技术的发展,极大地促进了单片机的CMOS化。CMOS芯片除了具有低功耗特性之外,还具有功耗的可控性,使单片机工作时可以处于功耗精细管理状态,这也是80C51取代8051成为标准MCU芯片的原因。因为单片机芯片多数采用CMOS(金属栅氧化物)半导体工艺生产,CMOS电路的特点是低功耗、高密度、低速度、低价格。采用双极型半导体工艺的TTL电路速度快,但功耗和芯片面积较大。随着技术和工艺水平的提高,又出现了HMOS(高密度、高速度MOS)和CHMOS工艺以及CHMOS与HMOS工艺的结合。目前生产的CHMOS电路已达到LSTTL的速度,传输延迟时间小于2ns,它的综合优势已超过TTL电路。因而,在单片机领域CMOS正在逐渐取代TTL电路。

2) 低功耗化

单片机的功耗已降低到mA级,甚至1μA以下;使用电压为3~6V,完全适应电池工作。低功耗化的效应还带来了产品的高可靠性、高抗干扰能力以及产品的便携化。

3) 低电压化

几乎所有的单片机都有WAIT、STOP等省电运行方式。允许使用的电压范围越来越宽,一般在3~6V范围内工作。低电压供电的单片机电源下限已达1V。目前,0.8V供电的单片机已经问世。

4) 低噪声与高可靠性

为提高单片机的抗电磁干扰能力,使产品能适应恶劣的工作环境,满足电磁兼容性方面更高标准的要求,各单片机厂家在单片机内部电路中都采取了新的技术措施。

5) 大容量化

以往单片机内的ROM为1~4KB,RAM为64~128B。但在需要复杂控制的场合,该存储容量是不够的,必须进行外接扩充。为了适应这类应用的要求,须运用新的工艺,使片内存储器大容量化。

6) 小容量且低价格化

与上述相反,以4位、8位机为中心的小容量、低价格化也是单片机的发展方向之一。这类单片机的用途是把以往用数字逻辑集成电路组成的控制电路单片化,可广泛用于家电产品。

7) 外围电路内装化

这也是单片机发展的主要方向。随着集成度的不断提高,有可能把众多的不同外围功能的器件集成在片内。除了一般必须具有的 CPU、ROM、RAM、定时器/计数器等器件外，片内集成的部件还有 A/D 转换器、DMA 控制器、频率合成器、字符发生器、声音发生器、监视定时器、液晶显示驱动器等。

1.3 常用的单片机系列

1.3.1 MCS-51 系列单片机

自 20 世纪 80 年代以来，单片机的发展非常迅速，其中 Intel 公司推出的 MCS-51 系列单片机是一款设计成功、易于掌握并在世界范围内广泛应用的机型。

MCS 是 Intel 公司生产单片机的系列符号。MCS-51 系列单片机是在 MCS-48 系列基础上发展起来的，是最早进入我国，并得到广泛应用的机型。

该系列主要包括 8031、8051、8751(对应的 CMOS 工艺的低功耗型为 80C31、80C51、87C51)基本型产品和 8032、8052、8752 增强型产品。

1. 基本型

MCS-51 系列基本型的典型产品为 8031、8051、8751。

8031 单片机内部包括 1 个 8 位 CPU，128B RAM，21 个特殊功能寄存器(SFR)，4 个 8 位并行 I/O 口，1 个全双工串行口，2 个 16 位定时器/计数器，5 个中断源，但片内无程序存储器，需外部扩展程序存储器芯片。

8051 单片机在 8031 单片机的基础上，片内集成 4KB ROM 作为程序存储器，所以 8051 是一个程序不超过 4KB 的小系统。ROM 内的程序是芯片厂商在制作芯片时专为用户烧制的，主要用于程序已定且批量大的单片机产品中。

与 8051 单片机相比，8751 单片机在片内使用 4KB 的 EPROM 取代了 8051 的 4KB ROM，构成了一个程序不大于 4KB 的小系统。用户可以将程序固化在 EPROM 中，EPROM 中的内容可反复擦写修改。8031 外扩一片 4KB 的 EPROM 就相当于一片 8751。

2. 增强型

Intel 公司在 MCS-51 系列基本型产品的基础上又推出了增强型系列产品，即 52 子系列，典型产品为 8032、8052、8752，它们内部的 RAM 由 128B 增至 256B，8052、8752 的片内程序存储器由 4KB 增至 8KB，16 位定时器/计数器由 2 个增至 3 个。

表 1-1 列出基本型和增强型 MCS-51 系列单片机的内部硬件资源。

表 1-1 MCS-51 系列单片机的内部硬件资源

类型	型号	片内程序存储器	片内数据存储器	I/O 口线/位	定时器/计数器/个	中断源/个
基本型	8031	无	128B	32	2	5
	8051	4KB ROM	128B	32	2	5
	8751	4KB EPROM	128B	32	2	5
增强型	8032	无	256B	32	3	6
	8052	8KB ROM	256B	32	3	6
	8752	8KB EPROM	256B	32	3	6

1.3.2 STC 系列单片机

人们常用 8051 系列单片机称呼所有具有 8051 内核且使用 8051 指令系统的单片机，简称 51 单片机。

STC 系列单片机采用 8051 内核并使用 8051 指令系统，是我国具有自主知识产权，功能和抗干扰性强的 51 单片机，STC 系列单片机有多个系列、几百个品种，以满足不同应用需要。其中 STC15F2K60S2 系列的主要性能及特点如下：

(1) 增强型 8051 CPU，单时钟/机器周期，速度比 8051 快 8～12 倍。

(2) 工作电压：STC15F2K60S2 系列工作电压 5.5～4.5V(5V 单片机)。

STC15L2K60S2 系列工作电压 3.6～2.4V(3V 单片机)。

(3) 8KB/16KB/24KB/32KB/40KB/48KB/56KB/60KB/61KB/63.5KB 片内 Flash 程序存储器，可擦写 10 万次以上。

(4) 片内大容量 2048B SRAM，包括常规的 256B RAM <idata>和内部扩展的 1792B XRAM <xdata>。

(5) 大容量片内 E^2PROM，可擦写 10 万次以上。

(6) ISP/IAP，在系统可编程/在应用可编程，无需编程器，无需仿真器。

(7) 共 8 通道 10 位高速 A/D 转换器，速度可达 30 万次/s，3 路 PWM 还可当 3 路 D/A 转换器使用。

(8) 共 3 通道捕获/比较单元(CCP/PWM/PCA)，可实现 3 个定时器或 3 个外部中断(支持上升沿/下降沿中断)或 3 路 D/A 转换器。

(9) 利用 CCP/PCA 高速脉冲输出功能，可实现 3 路 9～16 位 PWM(每通道占用系统时间小于 0.6%)。

(10) 利用定时器 T0、T1 或 T2 的时钟输出功能，可实现高精度的 8～16 位 PWM(占用系统时间小于 0.4%)。

(11) 内部高可靠复位，ISP 编程时 8 级复位门槛电压可选，可彻底省掉外部复位电路。

(12) 工作频率范围：0～28MHz，相当于普通 8051 的 0～336MHz。

(13) 内部高精度 RC 时钟(±0.3%)，±1%温漂(－40～＋85℃)，常温下温漂＋0.6%(－20～＋65℃)，ISP 编程时内部时钟 5～28MHz(可设 5.5296MHz/11.0592MHz/22.1184MHz)。

(14) 不需要添加外部晶振电路和外部复位电路，还可对外输出时钟和低电平复位信号。

(15) 两组超高速异步串行通信端口(可同时使用)，可在 5 组引脚之间进行切换，分时复用可当 5 组串口使用。

(16) 一组高速异步串行通信端口 SPI。

(17) 支持 RS485 下载。

(18) 硬件看门狗(WDT)。

提示：STC 系列单片机是初学单片机时最值得推荐的芯片，不需要学习额外的单片机知识就可轻松应用；STC 系列单片机价格便宜、下载程序方便，推荐大家了解 STC15 系列单片机。

1.3.3 AVR 系列单片机

AVR 系列单片机是 1997 年 Atmel 公司为了充分发挥其 Flash 的技术优势而推出的全新配置的精简指令集单片机(Reduced Instruction Set Computer,RISC)。该系列单片机一进入市场,就以其卓越的性能而大受欢迎。通过这几年的发展,AVR 单片机已形成系列产品,其 Attiny 系列、AT90S 系列与 Atmega 系列,分别对应低、中、高档产品(高档产品含 JTAG ICE 仿真功能)。

AVR 系列单片机的主要优点:

(1) 程序存储器采用 Flash 结构,可擦写 1000 次以上。新工艺的 AVR 器件,其程序存储器擦写可达 1 万次以上。

(2) 有多种编程方式。AVR 程序写入时,可以并行写入,也可用串行 ISP 在线编程擦写。

(3) 多累加器型,数据处理速度快,超功能精简指令。

(4) 功耗低,具有休眠省电功能及闲置低功耗功能。一般耗电在 1~2.5mA,WDT 关闭时为 100nA,适用于电池供电的应用设备。

(5) I/O 口功能强、驱动能力强。AVR 系列单片机的 I/O 口是真正的 I/O 口,既可以作三态高阻输入,又可以设定内部拉高电阻作输入端,便于各种应用特性所需。输出电流(灌电流) 可达 10~40mA,能直接驱动晶闸管 SSR 或继电器,节省外围驱动器件。

(6) 具有 A/D 转换电路,可作数据采集闭环控制。AVR 系列单片机内带模拟比较器,I/O 口可作 A/D 转换用,可以组成廉价的 A/D 转换器。

(7) 有功能强大的定时器/计数器。定时器/计数器有 8 位或 16 位,可用作比较器、计数器、外部中断,也可用作 PWM,用于控制输出。有的 AVR 单片机有 3~4 个 PWM,是电机无级调速的理想器件。

提示: 最近在机器人、智能车、物联网等方面非常流行的 Arduino 软件,它的处理器就是 AVR 系列单片机。

1.3.4 PIC 系列单片机

Microchip 单片机是市场份额增长最快的单片机,主要产品是 PIC 系列 8 位单片机。

"PIC"的含义是可编程界面控制器(Programmable Interface Controller),PIC 单片机的 CPU 是采用了精简指令集计算机(RISC)结构的嵌入式微控制器,其高速度、低电压、低功耗、大电流 LCD 驱动能力和低价位 OTP 技术等特点都体现了单片机产业的新趋势。

PIC 8 位单片机产品共有 3 个系列,即基本级、中级和高级。用户可根据需要选择不同档次和不同功能的芯片。

基本级系列产品的特点是低价位,如 PIC16C5X,适用于各种对成本要求严格的家电产品。

中级系列产品是 PIC 最丰富的品种系列。它在基本级产品上进行了改进,且保持了很高的兼容性。其外部结构也有很多种,有从 8 引脚到 68 引脚的各种封装,如 PIC12C6XX。该级产品的性能很高,如内部带有 A/D 转换器、E^2PROM、数据存储器、比较器输出、PWM 输出、I^2C 和 SPI 等接口。PIC 中级系列产品适用于各种高、中、低档电子产品的设计。

高级系列产品(如PIC17CXX单片机)的特点是速度快,所以适用于高速数字运算的应用场合,同时它具备在一个指令周期内(160ns)完成8×8(位)二进制乘法运算的能力,所以可取代某些DSP产品。另外,PIC17CXX单片机具有丰富的I/O控制功能,并可外接扩展EPROM和RAM,成为目前8位单片机中性能最高的几种之一,适合于高、中档的电子设备中使用。

1.3.5 MSP430系列单片机

TI公司MSP430系列单片机是超低功耗Flash型单片机,有"绿色微控制器"(Green MCUs)称号,是目前单片机业界内部集成闪速存储器(Flash ROM)产品中功耗最低的,消耗功率仅为其他闪速微控制器(Flash MCUs)的1/5,在3V工作电压下其耗电电流低于350μA/MHz,待机模式仅为1μA/MHz,共有5种节能模式。该系列产品的工作温度范围为-40~85℃,可满足工业应用要求。MSP430微控制器可广泛地应用于煤气表、水表、电子电度表、医疗仪器、火警智能探头、通信产品、家庭自动化产品、便携式监视器及其他低耗能产品。由于MSP430微控制器的功耗极低,可设计出只需一块电池就可以使用长达10年的仪表应用产品。

1.3.6 基于ARM核的32位单片机

ARM处理器是一种功耗很低的高性能处理器,如ARM7 TDMI具有每瓦生产690 MIPS(Million Instructions Per Second,百万条指令/秒)的能力,在工业界处于领先水平。ARM公司并不生产芯片,而是将技术授权其他公司生产。ARM本质并不是一种芯片,而是一种芯片架构技术,不涉及芯片生产工艺。被授权生产ARM架构芯片的公司采用不同的半导体技术,对不同的应用进行扩展和集成,标有不同的系列号。目前可以提供含ARM核CPU芯片的著名半导体公司有Intel、TI、三星半导体、摩托罗拉、飞利浦半导体、意法半导体、亿恒半导体、ADI、安捷伦、高通、Atmel、Intersil、Altera、Cirrus Logic、Linkup、Parthus、LSI Logic、Micronas等。ARM的应用范围非常广泛,如嵌入式控制:汽车、电子设备、保安设备、大容量存储器、调制解调器、打印机;数字消费产品:数码相机、数字式电视机、游戏机、GPS、机顶盒;便携式产品:手提式计算机、移动电话、PDA。

目前,出现了许多32位单片机,一般都包含了ARM内核,或者已经开始向ARM过渡,例如ST单片机近几年发展迅速,推出STM32L系列,在低功耗方面做得非常好,功能又强大,常用于消费娱乐型产品。

1.4 单片机的应用

1. 单片机的应用特点

(1) 体积小,成本低,运用灵活,性价比高,易产品化;研制周期短,能方便地组成各种智能化的控制设备和仪器。

(2) 可靠性高,抗干扰性强;BUS大多在内部,易于电磁屏蔽;适用温度范围宽,在各种恶劣的环境下都能可靠地工作。

(3) 实时控制功能强;实时响应速度快,可直接操作 I/O 接口。

(4) 可方便地实现多机和分布式控制,以提高整个控制系统的效率和可靠性。

2. 单片机的主要应用领域

单片机具有功能强、体积小、成本低、功耗小、配置灵活等特点,在工业控制、智能仪表、自动化装置、通信系统、信号处理等领域,以及家用电器、高级玩具、办公自动化设备等方面均得到了广泛的应用。

(1) 工业测控。对工业设备(如机床、汽车、高档中西餐厨具、锅炉、供水系统、生产自动化、自动报警系统、卫星信号接收等)进行智能测控,极大地降低了工人劳动强度和生产成本,提高了产品质量的稳定性。

(2) 智能设备。用单片机改造普通仪器、仪表、读卡机等,使其(集测量、处理、控制功能为一体)智能化、微型化,如智能仪器、医疗器械、数字示波器等。

(3) 家用电器。如高档洗衣机、空调、冰箱、微波炉、彩色电视机、DVD、音响、手机、高档电子玩具等电器。

(4) 商用产品。如自动售货机、电子收款机、电子秤等。

(5) 网络与通信的智能接口。在大型计算机控制的网络或通信电路与外围设备的接口电路中,用单片机控制或管理,可大大提高系统的运行速度和接口的管理水平。

1.5 单片机应用系统开发过程

1.5.1 单片机项目开发流程

单片机应用系统的开发过程主要包括 4 个部分:硬件系统的设计与调试、单片机应用程序设计、应用程序的仿真调试和系统调试。

1. 硬件系统的设计与调试

硬件系统的设计包括系统硬件电路原理图设计、印制电路板(PCB)设计与制作、元器件的安装与焊接。完成硬件系统设计后,应采用适当的手段对硬件系统进行测试,测试合格后,硬件系统的设计与调试完毕。所获得的硬件系统一般称为单片机目标板。

2. 单片机应用程序设计

单片机应用程序按系统软件功能可划分为不同的子功能模块和子程序。无论是子功能模块还是子程序,都要在单片机应用系统开发环境的编辑软件支持下,先编写源程序,并且在编译器的支持下,检查源程序中的语法错误;只有通过编译后,才能进入应用程序的仿真调试。目前编写应用程序时,主要使用汇编语言和 C 语言,编写较大的应用程序时,使用 C 语言编程会更加方便。无论使用汇编语言,还是 C 语言编写的程序,都必须转变成 CPU 可以执行的机器码,才能供单片机运行。对于 51 单片机来说,Keil C51 开发系统具有编辑、编译、模拟单片机 C 语言程序的功能,也能编辑、编译、模拟汇编语言程序。对于初学者,开始编写的程序难免出现语法错误或不规范的语句,由于 Keil C51 编译时对错误语句有明确的提示,因此,十分便于对程序进行修改和调试。

3. 应用程序的仿真调试

应用程序仿真调试的目的：检查应用程序是否有逻辑错误，是否符合软件功能要求，纠正错误并完善应用程序。应用程序的仿真调试一般分为硬件仿真和软件仿真两种。

硬件仿真是通过仿真芯片或仿真器与目标样机进行实时在线仿真，如图 1-3 所示。

图 1-3　硬件仿真图

一块单片机应用电路板包括单片机以及为达到使用目的而设计的应用电路。硬件仿真用仿真芯片(或仿真器)代替应用电路板的单片机，由仿真芯片(或仿真器)向调试电路板的应用电路部分提供各种信号、数据，进行测试、调试，这种仿真可以通过单步执行、连续执行等多种方式来运行程序，并能观察到单片机内部的变化，便于修改程序中的错误。图 1-3 中，将仿真芯片(或仿真器)插到电路板的单片机插座上，此时可将仿真芯片(或仿真器)看作一个独立的单片机，通过运行 PC 上的仿真软件(如 Keil C51 软件)，使目标机处于真实的工作环境之中，模拟开发单片机的各种功能。

软件仿真是指在 PC 上运行仿真软件来实现对单片机的硬件模拟、指令模拟和运行状态模拟，故这种仿真方法又称为软件模拟调试。它不需要硬件，简单易行，可采用 Keil、MedWin 或 8051DEBUG 等软件进行模拟调试。软件仿真的缺点是不适用于实时性很强应用系统的调试。在实时性要求不高的场合，软件仿真被广泛应用。

4. 系统调试

仿真通过的应用程序，通过编程器将目标程序下载到单片机应用系统的程序存储器中，并通过人机交互接口，在给定不同的运行条件下，观测系统的具体功能实现与否。若系统运行结果正确，则系统的某项功能实现得到确认；若运行不正确，应根据不正确的具体现象，修改应用程序设计，甚至修改系统硬件电路，最终满足系统的所有功能要求。

由于单片机的实际运行环境一般是工业生产现场，即使硬件仿真调试通过的单片机应用系统，在脱机运行于工况现场时，也可能出现错误。这时应特别注意单片机应用系统的防电磁干扰措施，应对所设计的单片机应用系统进行全面检查，针对可能出现的问题，修改应用程序、硬件电路、总体设计方案，直至达到应用要求。

提示：掌握单片机系统开发流程，这是重要的内容，随着学习的深入，理解会更深刻，这对以后的应用开发很重要。

1.5.2 Keil C51 的基本应用

1. 新建工程

使用 Keil C51 的第一步是建立一个工程，并把所有文件放在工程中。首先，选择菜单 Project→New uVision Project，新建工程，如图 1-4 所示。

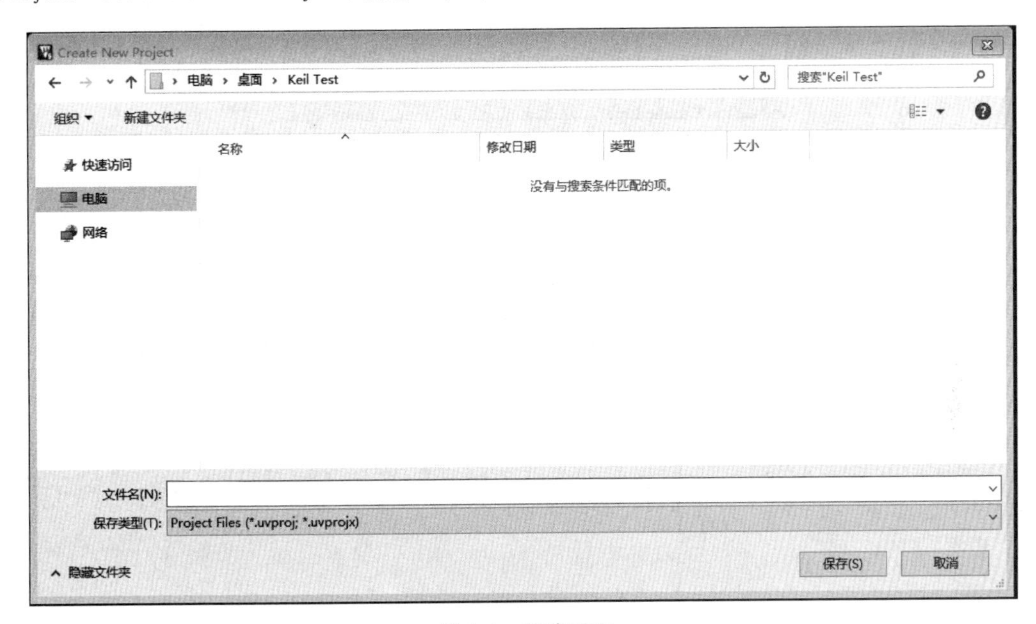

图 1-4 新建工程

在弹出的窗口输入工程名，如 Pro1，单击“保存”按钮。保存工程名后，自动弹出芯片选项对话框，在弹出界面选择芯片类型，如果已经安装了 STC 单片机型号，可选择 STC89C52RC，否则选择 Atmel AT89C51，如图 1-5 所示。

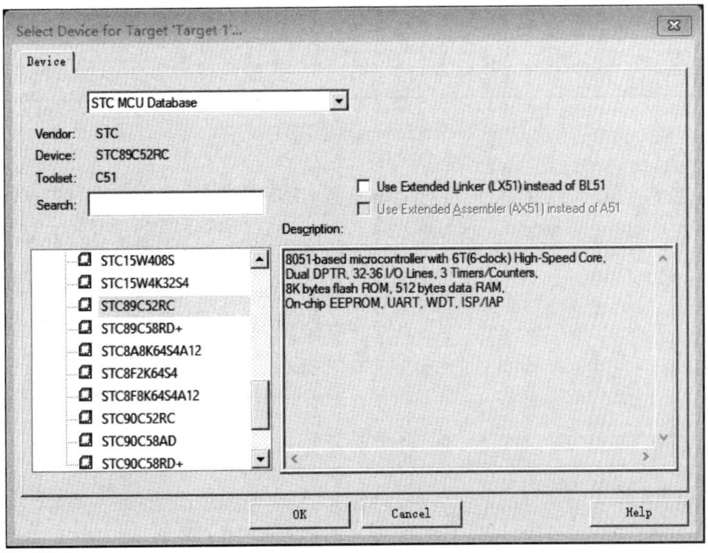

图 1-5 选择芯片类型

单击 OK 按钮,弹出另一选择对话框,选择是否将 STARTUP. A51 文件加入工程中,选择“否”选项,如图 1-6 所示。

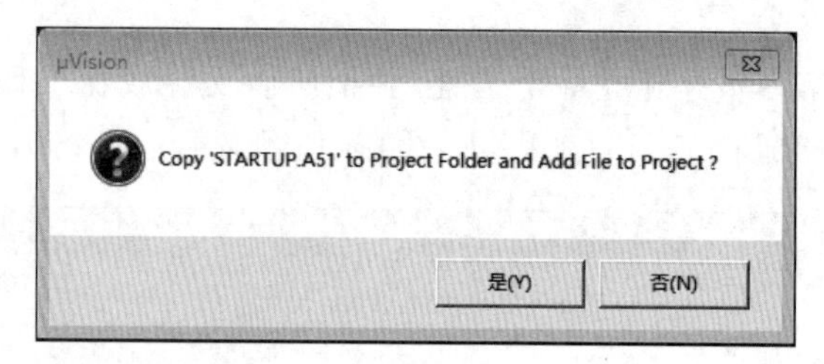

图 1-6 选择是否将 STARTUP. A51 文件加入工程中

2. 添加文件

建立工程后,需要建立编写程序的文件,并加入工程中。选择菜单 File→New…,单击“保存”按钮,添加文件,如图 1-7 所示。

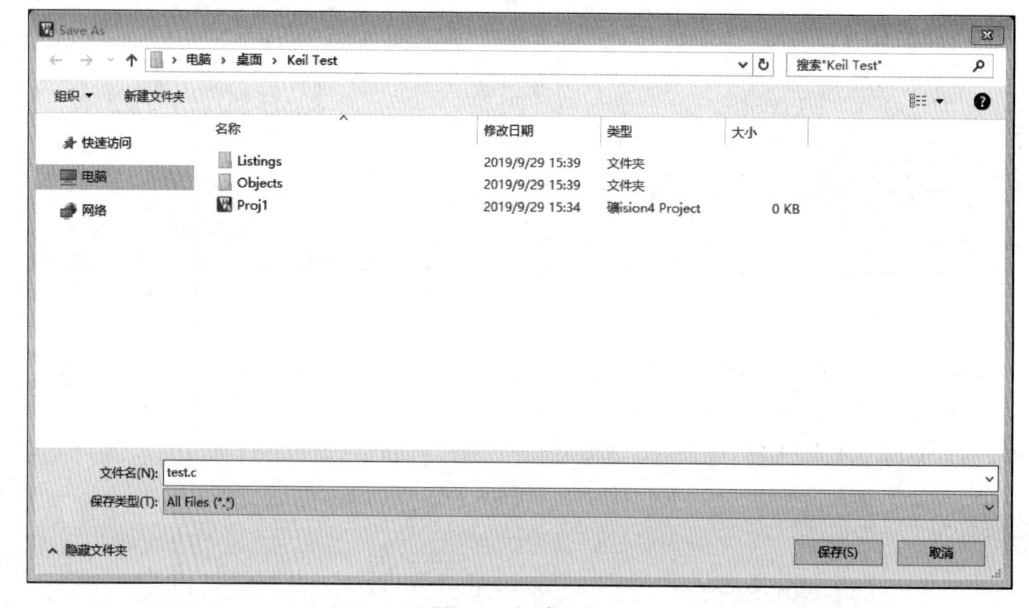

图 1-7 新建文件

如果编写 C 语言程序,可输入文件名 test. c,如果编写汇编语言程序,可输入 test. asm,后缀名不同代表不同类型的程序。接着,鼠标放在 Source Group1 处,并右击,在弹出菜单中选择 Add Existing Files to Group ‘Source Group 1’…命令,如图 1-8 所示。

选择 test. c 并单击 Add 按钮或双击文件名,添加文件到工程中,如图 1-9 所示,如果没发现要添加的文件,可下拉窗口的文件类型,根据建立的文件类型选择合适的选项。

3. 编写程序

编写 C 语言或汇编语言程序,如图 1-10 所示。

4. 编译文件

选择菜单 Project→Options for Target ‘Target 1’…,设置 Output 选项,如图 1-11 所示。选中 Create HEX File 选项,才可以生成单片机需要的 Hex 类型文件。

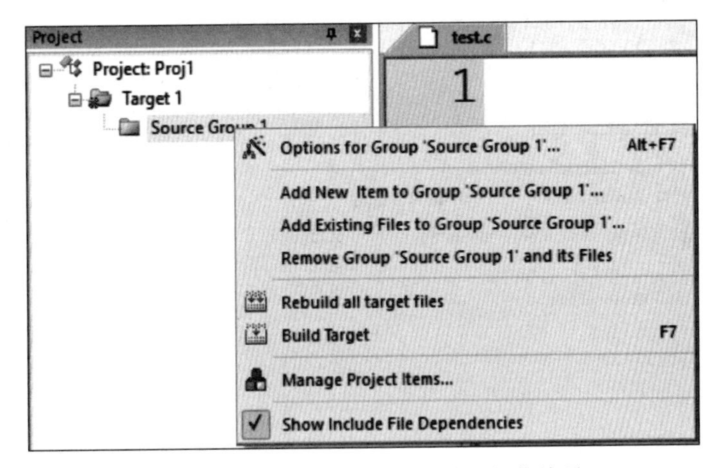

图 1-8　右击 Source Group 1 并选择菜单项

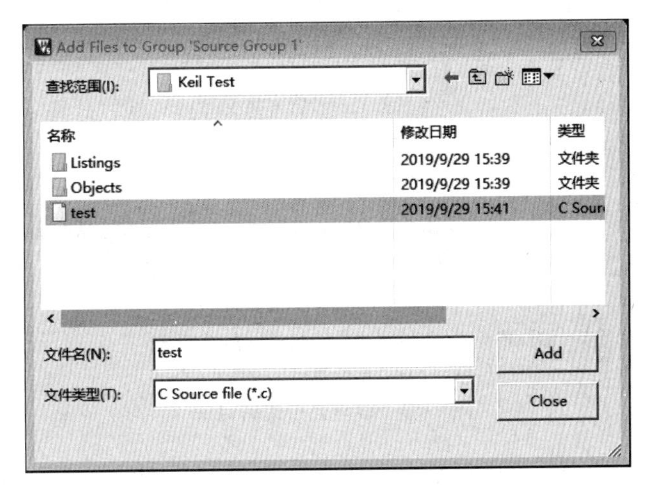

图 1-9　添加文件到工程中

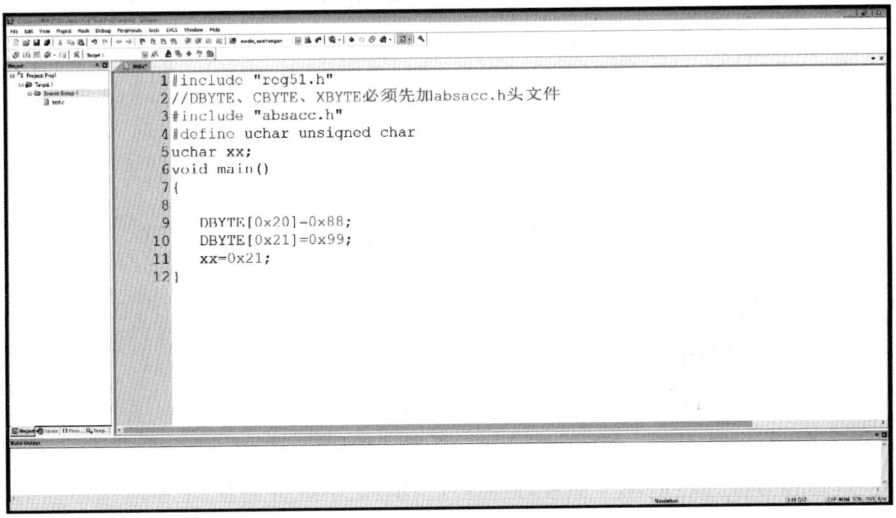

```
1 #include "reg51.h"
2 //DBYTE、CBYTE、XBYTE必须先加absacc.h头文件
3 #include "absacc.h"
4 #define uchar unsigned char
5 uchar xx;
6 void main()
7 {
8
9     DBYTE[0x20]=0x88;
10    DBYTE[0x21]=0x99;
11    xx=0x21;
12 }
```

图 1-10　编写程序代码

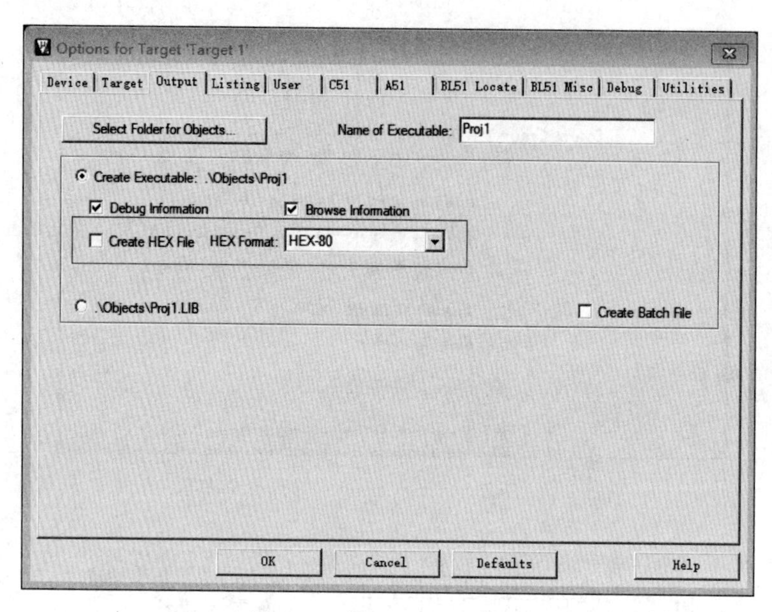

图 1-11 设置 Output 选项

编译类按钮如图 1-12 所示。

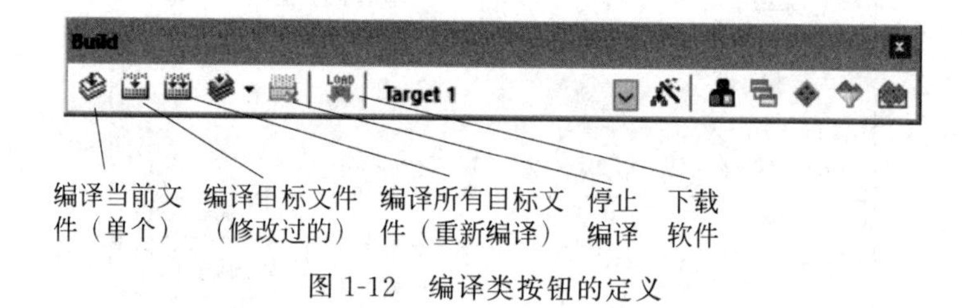

图 1-12 编译类按钮的定义

单击 Build 工具栏中的进行单个文件的编译，并生成 Hex 文件，如图 1-13 所示。

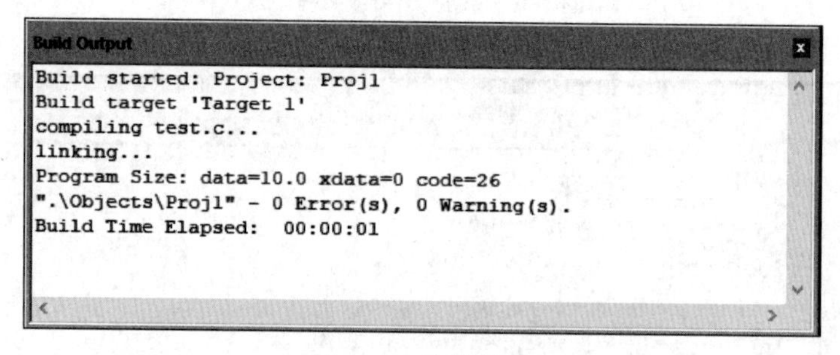

图 1-13 编译结果

5. 下载程序代码

该方法适合下载程序代码到 STC 单片机。打开 Keil 软件生成的 Hex 文件，选择正确的串口号（单片机硬件连接到串口后，软件通常会自动识别），单击“下载/编程”按钮，完成单片机代码的下载。注意：先关闭开发板电源，再单击“下载”按钮，最后打开开发板电源，完成程序烧写，这种方法为冷启动下载程序。STC-ISP 的下载界面如图 1-14 所示。

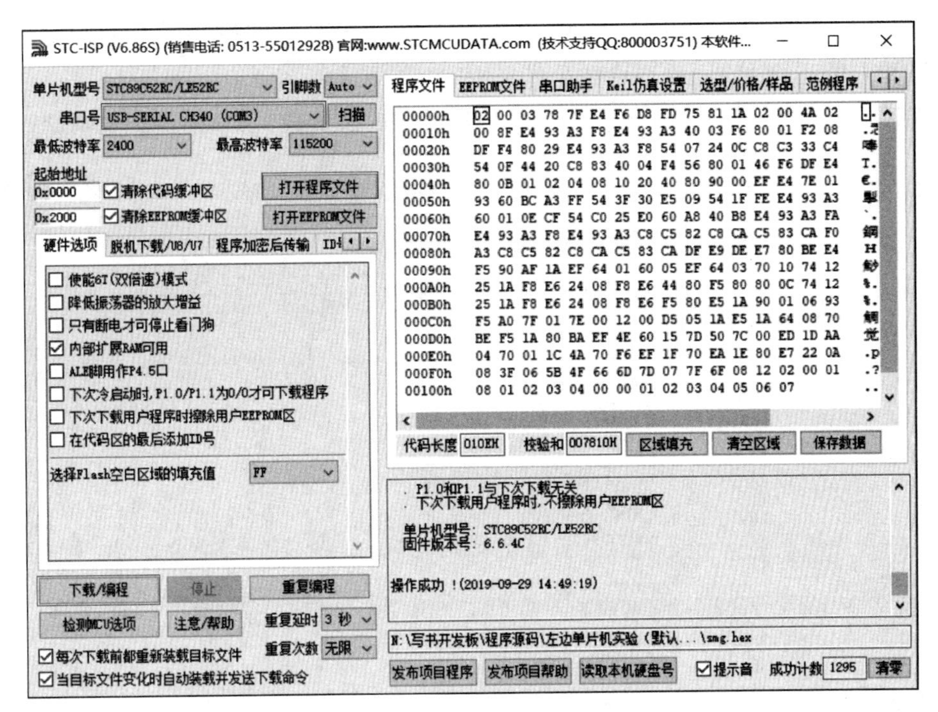

图 1-14　STC-ISP 的下载界面

1.5.3　Keil C51 软件仿真

选择菜单 Project→Options for Target 'Target 1'…。

单击选择 Debug 选项卡,选中 Use Simulator(默认状态),单击 OK 按钮退出。仿真参数设置如图 1-15 所示。

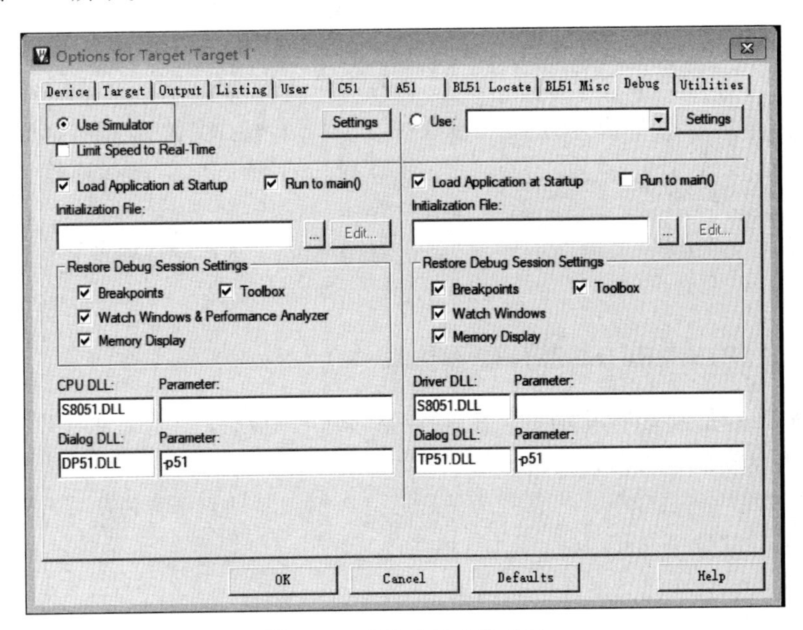

图 1-15　软件仿真参数设置

单击 Build 工具栏中的 Build Target 进行单个文件的编译，无编译错误后，选择 Debug→Start/Stop Debug Session，进入仿真界面，如图 1-16 所示。

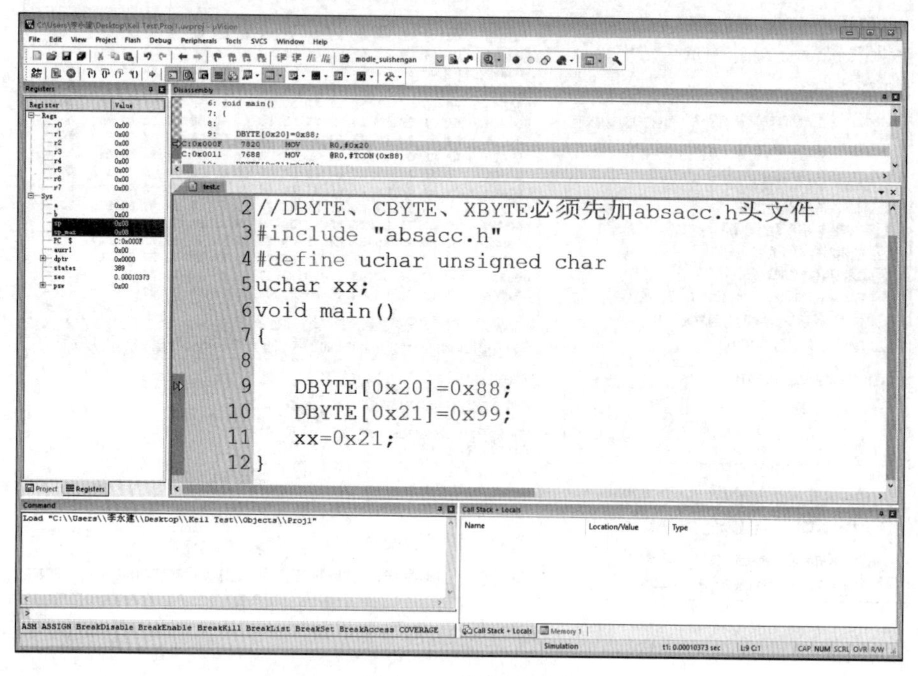

图 1-16 仿真界面

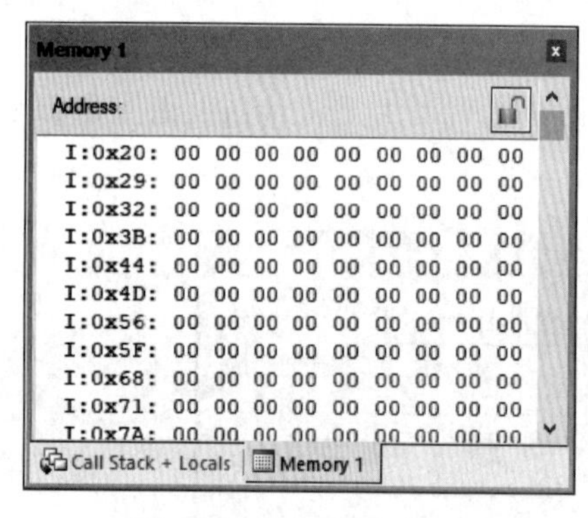

图 1-17 Memory 1 界面

选择菜单 View→Memory Windows→Memory 1，输入“D 或 I”+“:”+“地址”(如 D:0x20，D 代表内部 RAM 0x00-0x7F 区域，I 代表内部 RAM 0x00-0xFF 区域)，查看内部 RAM 地址的数据。Memory 1 界面如图 1-17 所示。

选择菜单 View→Watch Windows→Watch 1，输入变量(如 xx)，查看变量的内容，如图 1-18 所示。

主页面的右侧是寄存器和堆栈指针等数据。查看寄存器，如图 1-19 所示。

通过 Debug 工具栏完成对单片机的仿真，具体功能按钮如图 1-20 所示。

1.5.4 IAP15F2K61S2 芯片硬件仿真

(1) 添加型号和头文件/添加 STC 仿真器驱动到 Keil 软件中。

(2) 选择仿真芯片的型号 IAP15F2K61S2。

(3) 选择“将所选目标单片机设置为仿真芯片”，下载驱动到单片机中。

(4) 在 Keil 软件中打开项目，并进行相关设置。

(5) 在 Keil 软件中进行硬件仿真调试。

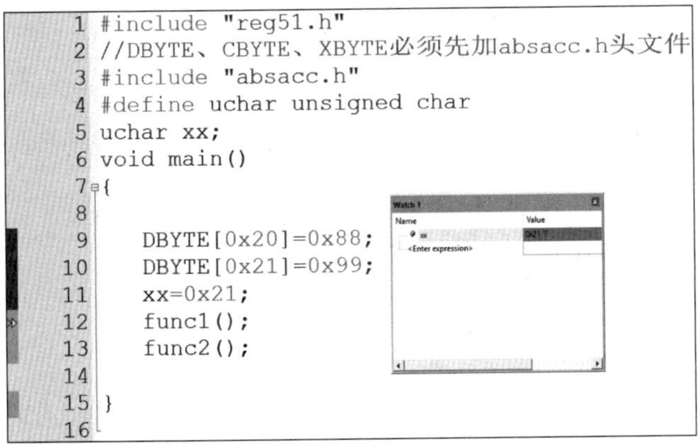

```c
1  #include "reg51.h"
2  //DBYTE、CBYTE、XBYTE必须先加absacc.h头文件
3  #include "absacc.h"
4  #define uchar unsigned char
5  uchar xx;
6  void main()
7  {
8
9      DBYTE[0x20]=0x88;
10     DBYTE[0x21]=0x99;
11     xx=0x21;
12     func1();
13     func2();
14
15 }
16
```

图 1-18　查看变量

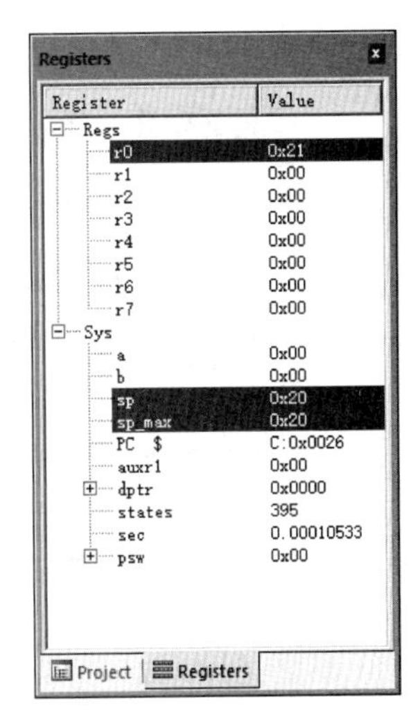

图 1-19　查看寄存器

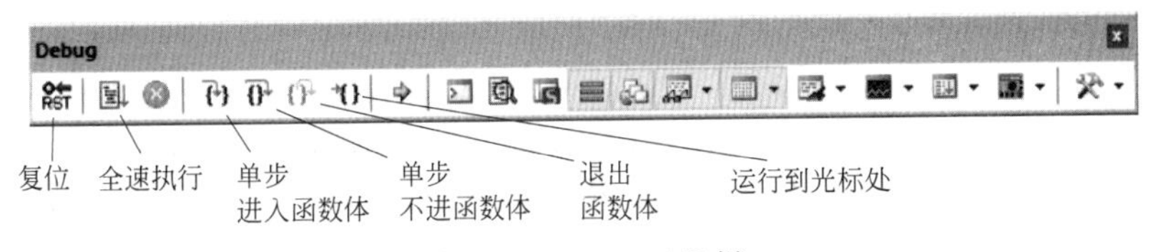

图 1-20　Debug 工具栏

硬件仿真设置如图 1-21 所示。Keil“硬件仿真设置”界面如图 1-22 所示。串口参数设置如图 1-23 所示。

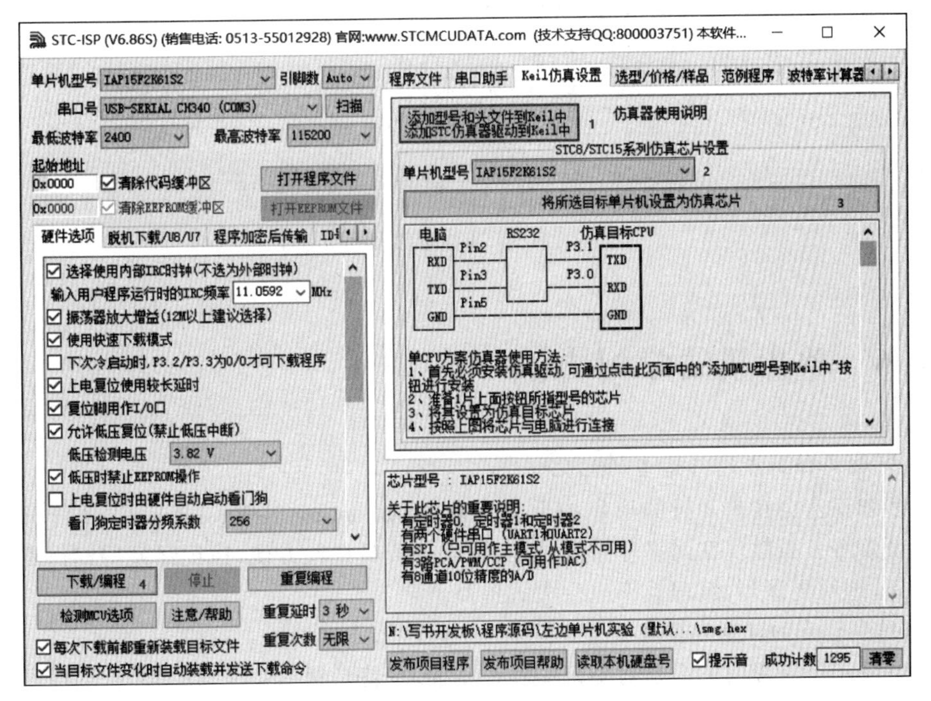

图 1-21　硬件仿真设置

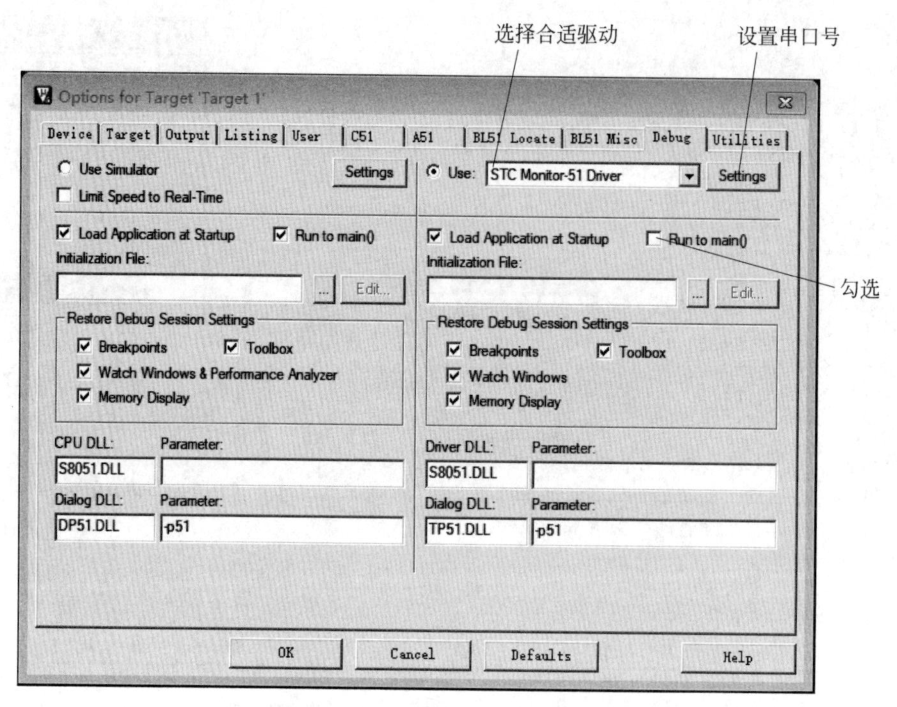

图 1-22　Keil“硬件仿真设置”界面

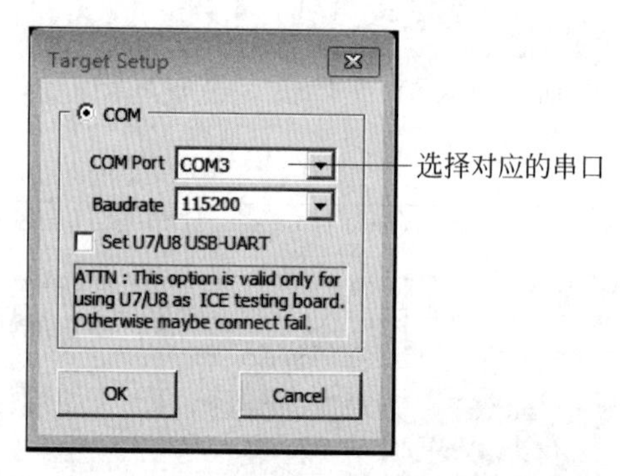

图 1-23　串口参数设置

1.6　单片机的学习方法

1. 对相关知识点进行适当的记忆

许多知识点会在单片机的应用中反复出现，例如 define 应用、sbit 应用、TMOD 设置、SCON 设置等。虽然现在网络非常发达，上网查找资料比较方便，但记忆某些知识点会使应用更方便，理解更深刻，编程效率也会大大提高。

2. 对知识点的理解非常重要

学好应用类课程的关键是对知识的真正掌握，也就是明白知识点的含义，明白知识点应用在什么场合以及怎么用，这是学好单片机非常重要的一条。

3. 进行足够的应用练习

单片机课程是一门应用类课程，需要在理解单片机工作原理的基础上进行大量的实践，通过实践，加深对理论知识的理解，积累开发经验。本书配套的双 MCU 开发板是为教材量身定做的开发板电路，切合单片机课程的各个知识点，是作者十多年经验的结晶，推荐广大读者使用该开发板进行实验。

习题与思考

1-1 什么是单片机？单片机与通用微机相比有何特点？

1-2 下面哪款单片机没有程序存储器？（ ）

A. 8031　　B. 8051　　C. 8751　　D. AT89C51

1-3 MCS-51 单片机是哪个公司的产品？（ ）

A. Intel 公司　　B. Atmel 公司　　C. TI 公司　　D. 高通公司

1-4 MCS-51 单片机包括哪些型号，有什么相同点和不同点？

1-5 单片机的发展经历哪几个阶段？8 位单片机会不会过时，为什么？

1-6 单片机有哪些应用特点？主要应用在哪些领域？

1-7 常见单片机有哪些型号，各有哪些优缺点？

1-8 简述单片机系统的开发流程。

第2章

单片机硬件结构与原理

【学习指南】

通过本章的学习，了解单片机内部结构组成，掌握内部程序存储器(ROM)和内部数据存储器(RAM)结构以及地址空间用途；理解特殊功能寄存器用途，掌握单片机引脚用途，了解单片机不同I/O接口特点，掌握单片机的最小系统，了解其外围电路。本章的内容比较重要，对单片机内部基础知识进行全面的讲解，看起来是零散的，所以初学者较难理解，建议对相关知识点进行适当记忆，会对后续知识的学习帮助较大。

2.1 MCS-51单片机硬件组成

MCS-51单片机片内功能部件如下：

(1) 8位微处理器(CPU)；

(2) 数据存储器(128B RAM)；

(3) 程序存储器(4KB ROM/EPROM，8031除外)；

(4) 4个8位可编程并行I/O口(P0口、P1口、P2口、P3口)；

(5) 1个全双工串行口；

(6) 2个16位定时器/计数器；

(7) 中断系统；

(8) 特殊功能寄存器(SFR)。

上述各功能部件通过片内单一总线连接而成，如图2-1所示，其基本结构是CPU加上外围芯片的传统微型计算机结构模式。其中，CPU对各种功能部件的控制是采用特殊功能寄存器(Special Function Register，SFR)集中控制方式。

下面对图2-1所示的片内各部件进行介绍。

CPU包括运算器和控制器两大部分，并增加了面向控制的位处理功能。

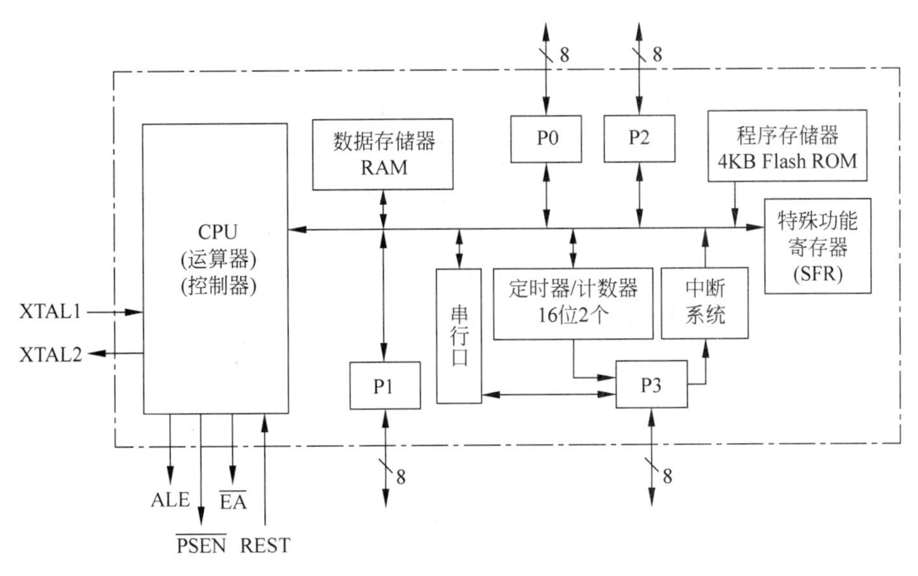

图 2-1　MCS-51 单片机片内结构

运算器由算术逻辑部件(ALU)、累加器 A、寄存器 B、暂存寄存器、程序状态字寄存器 PSW 组成。它的任务是完成算术和逻辑运算、位变量处理和数据传送等操作。

ALU 是运算器的核心部件。它不仅能完成 8 位数据的加、减、乘、除等算术运算,而且能完成“与”“或”“异或”“循环”“取补”等逻辑运算,同时还有位处理功能。

累加器 A 是一个 8 位寄存器,用于向 ALU 提供操作数和存放运算的结果。在运算时将一个操作数经暂存器送到 ALU,与另一个来自暂存器的操作数在 ALU 中进行运算,运算后的结果又送回累加器 A。

寄存器 B 一般用作暂存器,配合累加器 A 完成乘法、除法运算。在不进行乘、除运算时,可作为通用的寄存器使用。

暂存寄存器用来暂时存放数据总线或其他寄存器送来的操作数。它作为 ALU 的数据输入源,向 ALU 提供操作数。

程序状态字寄存器 PSW 是一个 8 位标志寄存器,每一位有明确具体的含义,如表 2-1 所示。

表 2-1　PSW 各位的具体含义

位序	PSW.7	PSW.6	PSW.5	PSW.4	PSW.3	PSW.2	PSW.1	PSW.0
位名称	CY	AC	F0	RS1	RS0	OV	—	P
含义	进位标志	辅助进位标志	用户标志位	工作寄存器选择位		溢出标志位	空位	奇偶标志位

控制器由指令寄存器 IR、指令译码器 ID、定时及控制逻辑电路和程序计数器 PC 组成。

程序计数器 PC 是一个 16 位的计数器。它总是存放着下一个要取指令所在存储单元的 16 位地址。也就是说,CPU 总是把 PC 的内容作为地址,按该地址从内存中取出指令码或含在指令中的操作数。因此,每取完一个字节后,PC 内容自动加 1,为取下一个字节做好准备。只有在程序转移、子程序调用和中断响应时例外,那时 PC 不再加 1,而是由指令或中断响应过程自动给 PC 置入新的地址。单片机上电或复位时，PC 自动清 0，即装入地址 0x0000，这就保证了单片机上电或复位后，程序从 0x0000 地址开始执行。

指令寄存器 IR 用来保存当前正在执行的一条指令。若要执行一条指令，首先要把它从程序存储器取到指令寄存器中。指令的内容包括操作码和地址码两部分，操作码送往指令译码器 ID，经其译码后便确定了所要执行的操作，地址码送往操作数地址形成电路以便形成实际的操作数地址。

定时与控制逻辑是中央处理器的核心部件，它的任务是控制取指令、执行指令、存取操作数或运算结果等操作，向其他部件发出各种控制信号，协调各部件的工作。

2.2 内部存储器

不同于计算机的冯·诺依曼结构，MCS-51 单片机存储结构为哈佛结构，即程序存储器空间和数据存储器空间是各自独立的。

MCS-51 单片机的存储器空间可划分为如下 4 类。

1）程序存储器空间

单片机能够按照一定的次序工作，是由于程序存储器中存放了调试正确的程序。程序存储器可以分为片内和片外两部分。

MCS-51 单片机的片内程序存储器为 4KB 的 ROM 存储器。

MCS-51 单片机片内的 4KB ROM 存储器不够用时，可在片外扩展程序存储器，最多可扩展至 64KB。

2）数据存储器空间

MCS-51 单片机内部有 128B 的 RAM，增强型的 52 系列单片机有 256B 的 RAM。

当 MCS-51 单片机的片内 RAM 不够用时，可在片外扩展 RAM，不超过 64KB。

3）特殊功能寄存器

MCS-51 单片机片内共有 26 个特殊功能寄存器 SFR。特殊功能寄存器 SFR 实际上是各外设部件的控制寄存器及状态寄存器，反映了单片机内部实际工作状态及工作方式。

4）位地址空间

MCS-51 单片机内共有 211 个可寻址位，构成了位地址空间。它们位于片内 RAM 区（地址为 0x20～0x2F，共 128 位）和特殊功能寄存器区（地址为 0x80～0xFF，共定义了 83 位）。

2.2.1 程序存储器

程序存储器是只读存储器（ROM），用于存放程序和表格之类的固定常数。MCS-51 单片机（8031 无片内程序存储器，8051 片内程序存储器为 4KB ROM，8751 片内程序存储器为 4KB EPROM）的 8051/8751 地址为 0x0000～0x0FFF，MCS-51 单片机有 16 位地址总线，可外扩的程序存储器空间最大为 64KB，地址为 0x0000～0xFFFF。有关片内与片外扩展的程序存储器在使用时应注意以下问题：

（1）整个程序存储器空间可分为片内和片外两部分，CPU 访问片内还是片外存储空间，由 EA 引脚上的电平决定。

当 $\overline{EA}$="1",且 PC 值没有超出 0x0FFF(片内 4KB ROM 存储器的最大地址)时,CPU 只读取片内的 ROM 程序存储器中的程序代码;当 PC 值超出 0x0FFF 时,CPU 会自动转向读取片外程序存储器空间 0x1000～0xFFFF 内的程序代码。

当 $\overline{EA}$="0"时,单片机只读取片外程序存储器(地址为 0x0000～0xFFFF)中的程序代码。

CPU 不理会片内 4KB(地址为 0x0000～0x0FFF)的 Flash 存储器。

(2) 程序存储器的 5 个单元被固定用于各中断源的中断服务程序的入口地址。

64KB 程序存储器空间中有 5 个特殊单元分别对应 5 个中断源的中断服务子程序的中断入口,如表 2-2 所示。

表 2-2 中断入口地址

中断源名称	中断编号	入口地址
外部中断 INT0	0	0x03
定时中断 T0	1	0x0B
外部中断 INT1	2	0x13
定时中断 T1	3	0x1B
串行口中断	4	0x23

提示:要掌握 MCS-51 单片机的不同型号间硬件区别,并理解 EA 引脚在这些单片机上的不同设置;中断源和中断编号比较重要,后面会用到,最好能记住。

2.2.2 数据存储器

MCS-51 单片机的片内、片外数据存储器是两个独立的地址空间,分别单独编址。片内数据存储器地址被分为两部分:低 128B 的片内 RAM 和高 128B 的特殊功能寄存器 SFR,如图 2-2 所示。

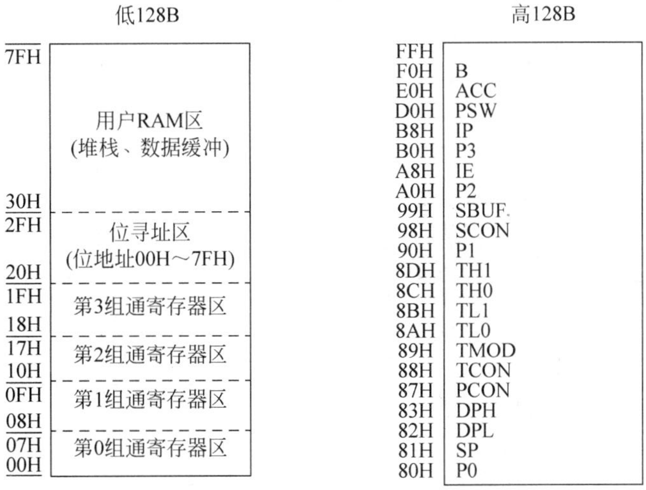

图 2-2 内部数据存储器和 SFR 地址分布

1. 片内 RAM(地址:0x00~0x7F)

这部分 RAM 存储器应用最为灵活,可用于暂存运算结果及标志位等。按其用途可分为以下 3 个区域。

工作寄存器区:地址 0x00~0x1F 安排了 4 组工作寄存器,每组占用 8 个 RAM 字节,记为 R0~R7,在某一时刻,CPU 只能使用其中的一组工作寄存器,工作寄存器组的选择则由程序状态字寄存器 PSW 中 RS1、RS0 位来确定。实际应用的方法是:函数名() using 0~3,即由函数名+()+using+序号组成,序号分别代表使用 0~3 组中一组工作寄存器。

位寻址区:占用地址 0x20~0x2F,共 16B,128 位。这个区域除了可以作为一般 RAM 单元进行读写外,还可以对每个字节的每一位进行操作,并且对这些位都规定了固定的位地址,从 0x20 单元的第 0 位起到 0x2F 的第 7 位止共 128 位,位地址 0x00~0xFF 分别与之对应。对于需要进行按位操作的数据,可以存放在这个区域。

用户 RAM 区:地址为 0x30~0x7F,共 80B,这是真正供用户使用的一般 RAM 区,在一般应用中常把堆栈放置在此区中。

2. 特殊功能寄存器块(地址:0x80~0xFF)

功能寄存器(特殊功能寄存器,SFR),专用于控制与管理片内算术逻辑部件、并行 I/O 口、串行 I/O 口、定时器/计数器、中断系统等功能模块的工作。

MCS-51 单片机内部有多个特殊功能寄存器 SFR,表 2-3 列出了这些特殊功能寄存器 SFR 的符号、名称、地址。访问这些特殊功能寄存器 SFR 可以使用 SFR 符号,也可以使用它们的地址,使用寄存器符号可以提高程序的可读性。

表 2-3 特殊功能寄存器 SFR 位地址分布

标识符	寄存器名称	地址	位寻址
B	B 寄存器	0xF0	√
A	累加器	0x0E	√
PSW	程序状态字寄存器	0xD0	√
SP	堆栈指针	0x81	
DPL	数据地址指针(低位字节)	0x82	
DPH	数据地址指针(高位字节)	0x83	
P0	P0 口	0x80	√
P1	P1 口	0x90	√
P2	P2 口	0xA0	√
P3	P3 口	0xB0	√
IP	中断优先级控制	0xB8	√
IE	允许中断控制	0xA8	√
TMOD	定时器/计数器方式控制	0x89	
TCON	定时器/计数器控制	0x88	√
TL0	定时器/计数器 0(低位字节)	0x8A	
TH0	定时器/计数器 0(高位字节)	0x8C	
TL1	定时器/计数器 1(低位字节)	0x8B	
TH1	定时器/计数器 1(高位字节)	0x8D	
SCON	串行口控制	0x98	√
SBUF	串行数据缓冲器	0x99	
PCON	功率控制寄存器	0x97	

提示： 特殊功能寄存器 SFR 是软件与硬件交流的纽带，编程时会经常用到，要理解 SFR 的含义，建议熟记表 2-3 的各个 SFR 内容。

2.2.3　位地址空间

MCS-51 在 RAM 和 SFR 中共有 211 个位地址，范围为 0x00～0xFF，其中 0x00～0x7FH 的 128 个位处于片内 RAM 字节地址 0x20～0x2F 单元中，如表 2-4 所示。其余的 83 个位地址分布在特殊功能寄存器 SFR 中，如表 2-3 所示。特殊功能寄存器 SFR 位地址共有 88 个，可位寻址为 11 个。88 个位地址中 5 个位未用，其余 83 个位的位地址离散地分布于片内数据存储器区(字节地址为 0x80～0xFF)。特殊功能寄存器 SFR 可位寻址单元的特点是字节地址的末位都为 0 或 8。

表 2-4　内部数据存储器可位寻址区域

单元地址	位　地　址							
0x2F	0x7F	0x7E	0x7D	0x7C	0x7B	0x7A	0x79	0x78
0x2E	0x70	0x76	0x75	0x74	0x73	0x72	0x71	0x70
0x2D	0x6F	0x6E	0x6D	0x6C	0x6B	0x6A	0x69	0x68
0x2C	0x67	0x60	0x65	0x64	0x63	0x62	0x61	0x60
0x2B	0x5F	0x5E	0x5D	0x5C	0x5B	0x5A	0x59	0x58
0x2A	0x57	0x56	0x50	0x54	0x53	0x52	0x51	0x50
0x29	0x4F	0x4E	0x4D	0x4C	0x4B	0x4A	0x49	0x48
0x28	0x47	0x46	0x45	0x40	0x43	0x42	0x41	0x40
0x27	0x3F	0x3E	0x3D	0x3C	0x3B	0x3A	0x39	0x38
0x26	0x37	0x36	0x35	0x34	0x30	0x32	0x31	0x30
0x25	0x2F	0x2E	0x2D	0x2C	0x2B	0x2A	0x29	0x28
0x24	0x27	0x26	0x25	0x24	0x23	0x20	0x21	0x20
0x23	0x1F	0x1E	0x1D	0x1C	0x1B	0x1A	0x19	0x18
0x22	0x17	0x16	0x15	0x14	0x13	0x12	0x10	0x10
0x21	0x0F	0x0E	0x0D	0x0C	0x0B	0x0A	0x09	0x08
0x20	0x07	0x06	0x05	0x04	0x03	0x02	0x01	0x00

2.3　单片机外部引脚

双列直插式(DIP)封装的 MCS-51 单片机有 40 个引脚，其引脚图及逻辑符号如图 2-3 所示。除了 DIP 封装外，还有其他封装格式，如 TQFP、PLCC 等。使用芯片时，具体的封装格式请查阅有关手册。

图 2-3 中 MCS-51 单片机的 40 个引脚，按功能可分为三部分：电源及外接晶振，控制引脚和并行 I/O 口。

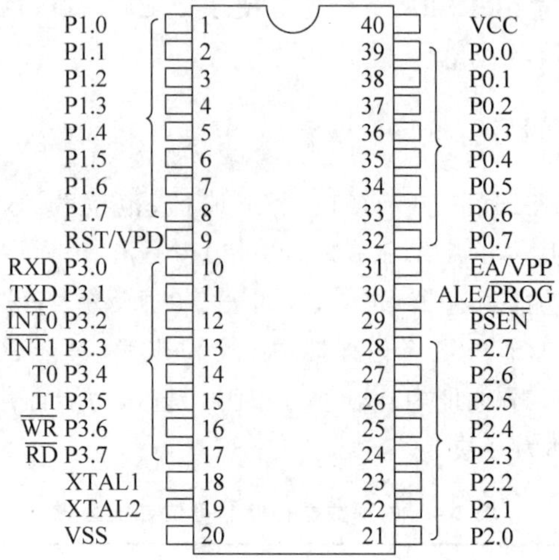

引脚	编号	编号	引脚
P1.0	1	40	VCC
P1.1	2	39	P0.0
P1.2	3	38	P0.1
P1.3	4	37	P0.2
P1.4	5	36	P0.3
P1.5	6	35	P0.4
P1.6	7	34	P0.5
P1.7	8	33	P0.6
RST/VPD	9	32	P0.7
RXD P3.0	10	31	$\overline{EA}$/VPP
TXD P3.1	11	30	ALE/$\overline{PROG}$
$\overline{INT0}$ P3.2	12	29	$\overline{PSEN}$
$\overline{INT1}$ P3.3	13	28	P2.7
T0 P3.4	14	27	P2.6
T1 P3.5	15	26	P2.5
$\overline{WR}$ P3.6	16	25	P2.4
$\overline{RD}$ P3.7	17	24	P2.3
XTAL1	18	23	P2.2
XTAL2	19	22	P2.1
VSS	20	21	P2.0

图 2-3　单片机引脚功能

2.3.1　电源及外接晶振

(1) VCC(40 脚)：接+5V 电源。

(2) VSS(20 脚)：接地端 GND。

(3) XTAL1、XTAL2：晶体振荡电路反相输入端和输出端。

XTAL1(18 脚)：接外部晶体振荡器的另一端。在单片机内部，它是一个反相放大器的输出端；当采用外部时钟时，直接连内部时钟发生器的输入端。

XTAL2(19 脚)：接外部晶体振荡器的一端。在单片机内部，它是一个反相放大器的输入端，这个放大器构成了片内振荡器。当采用外接晶体振荡器时，该引脚接地。

2.3.2　控制引脚

控制引脚包括 ALE、RESET(即 RST)、$\overline{PSEN}$、$\overline{EA}$ 等，此类引脚提供控制信号，有些引脚具有复用功能。

(1) ALE/PROG(30 脚)：地址锁存有效信号输出端。ALE 在每个机器周期内输出两个脉冲，在访问片外存储器期间，下降沿用于控制 74LS373 器件，锁存 P0 口输出的低 8 位地址；在不访问片外存储器期间，ALE 端仍有周期性正脉冲输出，其频率为振荡频率的 1/6。ALE 端可以驱动 8 个 TTL 负载。

(2) RST/VPD(9 脚)：RST 即为 RESET，VPD 为备用电源。该引脚为单片机的上电复位或掉电保护端。当单片机振荡器工作时，该引脚上出现持续两个机器周期的高电平，就可实现复位操作，使单片机回复到初始状态。上电时，考虑到振荡器有一定的起振时间，该引脚上高电平必须持续 10ms 以上，才能保证有效复位。

当 VCC 发生故障或掉电时，此引脚可接备用电源(VPD)，以保持内部 RAM 中的数据不丢失。当 VCC 下降到低于规定值，而 VPD 在其规定的电压范围内(5V－0.5V ～5V＋0.5V)时，VPD 就向内部 RAM 提供备用电源。

(3) $\overline{\text{PSEN}}$(29 脚)：片外程序存储器读选通信号，低电平有效。当从外部程序存储器读取指令或常数期间，每个机器周期该信号两次有效，以通过数据总线 P0 口读回指令或数据。PSEN 可以驱动 8 个 TTL 负载。

(4) EA/VPP(31 脚)：EA 为片外程序存储器选用端。

当 $\overline{\text{EA}}$ 保持高电平时，首先访问内部程序存储器，当程序计数器 PC 值超过片内程序存储器容量(MCS-51 单片机 8051 片内容量为 4KB)时，将自动转向执行外部程序存储器中的程序。

当 $\overline{\text{EA}}$ 保持低电平时，只访问外部程序存储器，不管是否有内部程序存储器。

2.3.3 并行 I/O 口

MCS-51 单片机共有 4 个并行 I/O 接口，即 P0、P1、P2、P3 口，共 32 个引脚。此外，P3 口还有第二个功能，可用于特殊信号的输入/输出。

P0 口(32～39 脚)：P0.0～P0.7 统称为 P0 口，双向 8 位三态 I/O 接口。在不接片外存储器或不扩展 I/O 口时，作为 I/O 口使用，可直接连接外部 I/O 设备。在接有片外存储器或扩展 I/O 口时，P0 口分时复用为低 8 位地址总线和双向数据总线。P0 口能驱动 8 个 LS 型 TTL 负载。

P1 口(1～8 脚)：P1.0～P1.7 统称为 P1 口，8 位准双向 I/O 接口。由于这种接口输出没有高阻状态，输入也不能锁存，故不是真正的双向 I/O 接口。它的每一位都可以分别定义为输入线或输出线(作为输入线时，其锁存器必须置 1)。P1 口能驱动 4 个 LS 型 TTL 负载。

P2 口(21～28 脚)：P2.0～P2.7 统称为 P2 口，一般可作为准双向 I/O 口使用。在接有片外存储器或扩展 I/O 口且寻址范围超过 256 个字节时，P2 口用作高 8 位地址总线。P2 口能驱动 4 个 LS 型 TTL 负载。

P3 口(10～17 脚)：P3.0～P3.7 统称为 P3 口。除作为准双向 I/O 口使用外，还可以将每一位用于第二功能，而且 P3 口的每一个引脚均可独立定义为第一功能的输入/输出或第二功能。P3 口能驱动 4 个 LS 型 TTL 负载。P3 口的第二功能见表 2-5。

提示：这部分内容比较精简，但内容较全面，要掌握 P0～P3 口的区别及特点。

表 2-5　P3 口的第二功能

引　脚	第二功能	说　明
P3.0	RXD	串行口输入
P3.1	TXD	串行口输出
P3.2	$\overline{\text{INT0}}$	外部中断 0 输入，低电平有效
P3.3	$\overline{\text{INT1}}$	外部中断 1 输入，低电平有效
P3.4	T0	定时器/计数器 0 的外部计数脉冲输入
P3.5	T1	定时器/计数器 1 的外部计数脉冲输入
P3.6	$\overline{\text{WR}}$	片外数据储存器写允许信号，低电平有效
P3.7	$\overline{\text{RD}}$	片外数据储存器读允许信号，低电平有效

2.4 时钟电路和复位电路

2.4.1 时钟电路

MCS-51 单片机内部有一个用于构成振荡器的高增益反相放大器，引脚 XTAL1 和 XTAL2 分别是此放大器的输入端和输出端。在 XTAL1 和 XTAL2 两端跨接晶振就构成了稳定的自激振荡器，其发出的脉冲直接送入内部时钟电路。

1. *内部方式时钟电路*

图 2-4 为 MCS-51 单片机的振荡电路 XTAL1 端和 XTAL2 端，将晶振、电容 C_1 和 C_2 与内部的反相放大器连接起来，组成并联谐振电路。图中 C_1、C_2 的电容值取 30pF，对频率有微调作用，振荡频率为 2～12MHz，晶振频率常用 11.0592MHz 或 12MHz。

2. *外部方式时钟电路*

MCS-51 单片机也可采用外接振荡器，对于 HMOS 单片机，外部振荡器的信号接至 XTAL2 端，即内部时钟发生器的输入端，而内部反相放大器的输入端 XTAL1 端应接地，如图 2-5 所示。由于 XTAL2 端的逻辑电平不是 TTL 的，建议外接一个上拉电阻；而对于 CMOS 单片机，XTAL2 端悬空，XTAL1 端接外振荡器输入(带上拉电阻)。

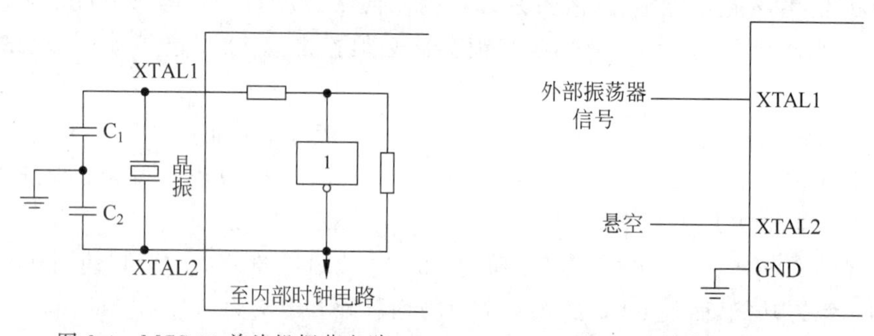

图 2-4 MCS-51 单片机振荡电路　　　图 2-5 外接时钟源方法

2.4.2 CPU 时序

CPU 在执行指令时，各控制信号在时间顺序上的关系称为时序。MCS-51 单片机的时序由四种周期构成，如图 2-6 所示。

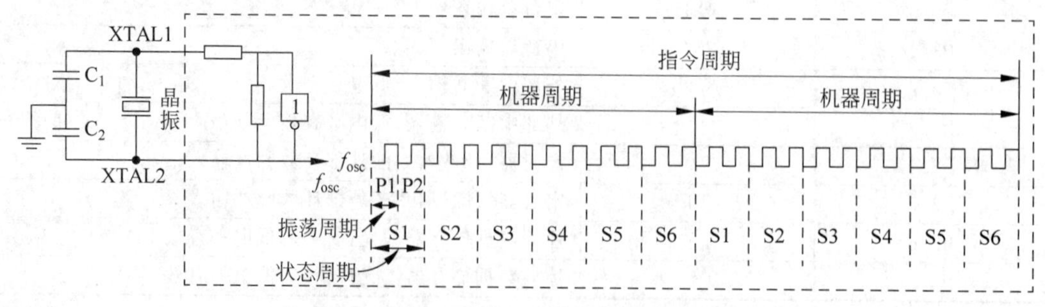

图 2-6 MCS-51 单片机时序

(1) 振荡周期(用 T 表示)：晶体振荡器直接产生的振荡信号的周期。

(2) 状态周期(时钟周期，用 S 表示)：一个状态周期等于两个振荡周期，即对振荡频率进行 2 分频的振荡信号。一个状态周期 S 分为 P1 和 P2 两个节拍；在状态周期的前半周期 P1 节拍有效时，通常完成算术逻辑运算；在后半周期 P2 节拍有效时，一般完成寄存器间的数据传送。

(3) 机器周期(用 MC 表示)：完成一个基本操作所需的时间称为机器周期。一个机器周期由 6 个状态周期(分别用 S1～S6 来表示)，即 12 个振荡周期(分别用 S1P1、S1P2、S2P1、S2P2、S3P1、…、S6P2)组成。

(4) 指令周期(用 IC 表示)：执行一条指令所需的全部时间称为指令周期。MCS-51 单片机的指令周期一般需要 1、2、4 个机器周期。

提示：掌握时序对单片机内部原理的理解非常重要，建议根据上面的定义，看懂图 2-6 单片机时序图。掌握机器周期和振荡周期的关系，方便根据晶振频率计算机器周期。

2.4.3　复位电路

系统开始运行或重新启动靠复位电路来实现，复位使 CPU 和其他部件处于一个确定的初始状态，并从这个状态开始工作。

MCS-51 单片机有一个复位引脚 RST，高电平有效。复位的条件是在时钟电路工作以后，当外部电路在 RST 引脚施加持续两个机器周期(即 24 个振荡周期)以上的高电平，使系统内部复位。

单片机的复位电路有两种：上电自动复位和按键手动复位。上电自动复位电路如图 2-7 所示。上电自动复位电路是利用电容充电来实现的，由于电容的惰性，在上电瞬间，RST 引脚的电位与 V_{CC} 相同，随着电容上充电电压的增加(或充电电流的减少)，RST 引脚的电位逐渐下降。上电自动复位所需的最短时间是振荡周期建立时间加上 2 个机器周期时间，在这个时间内，RST 端的电位应维持高电平。只要保持输入正脉冲宽度大于 10ms，就能使单片机可靠复位，该电路典型的电阻和电容参数为：晶振频率为 12MHz 时，电容 C＝10μF，电阻 R＝8.2kΩ；晶振频率为 6MHz 时，电容 C＝22μF，电阻 R＝1kΩ。

图 2-8 所示为上电及按键手动复位电路。一般单片机复位电路都将上电自动复位和按键手动复位设计在一起。在图 2-8 中，如按键没有按下，工作原理与图 2-7 相同，为上电自动复位电路。在单片机运行期间，按下按键实现复位操作。

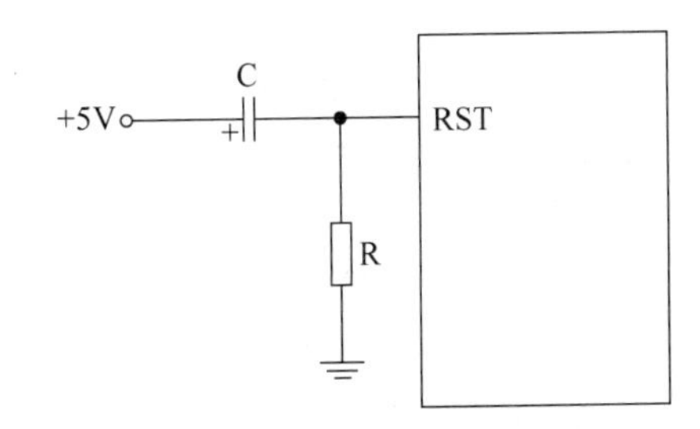

图 2-7　上电自动复位电路

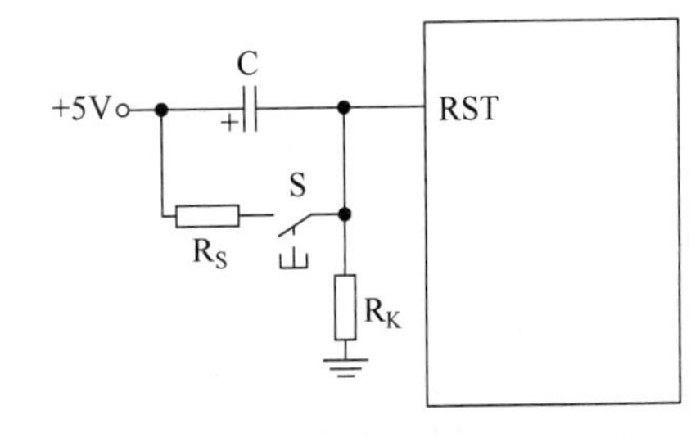

图 2-8　上电及按键手动复位电路

单片机的复位操作使单片机进入初始化状态。复位后，程序计数器 PC＝0x0000，因此程序从 0x0000 地址单元开始执行。运行中的复位操作不会改变片内 RAM 的内容。

单片机复位后，特殊功能寄存器的初始状态见表 2-6，注意表中几个特殊的初始值所含的意义。P0～P3＝0xFF，表明复位后各并行 I/O 端口的锁存器已写入"1"，此时不但可用于输出也可用于输入。

PSW＝0 时，表明 RS0＝0，RS1＝0，当前工作寄存器选第 0 组。

SP＝0x07，表明堆栈指针指向片内 RAM 的 0x07 单元(即第一个被压入的内容将写入 0x08 单元)，因为复位后工作寄存器选为 0 组(地址为 0x00～0x07)，所以堆栈只能选在 0x07 以上的地址。

IP、IE、PCON 的有效位均为 0，分别表明各中断源处于低优先级、各中断均被关断、串行通信波特率不加倍。

表 2-6 单片机复位后各特殊功能寄存器状态

特殊功能寄存器	初　态	特殊功能寄存器	初　态
ACC	0	TMOD	0
B	0	TCON	0
PSW	0	T0	0
SP	0x07	TL0	0
DPL	0	T1	0
DP	0	TL1	0
P0～P3	0xFF	SCON	0
IP	×××00000B	SBUF	不定
IE	0××00000B	PCON	0×××××××B

2.4.4 MCS-51 单片机最小系统

单片机最小应用系统，是指用最少的元件组成的单片机可以工作的系统，是单片机控制系统中不可缺少的关键部分。

8031 单片机片内没有程序存储器，除了需外接时钟电路和复位电路外，还需要外扩程序存储器，比如 32KB EPROM 27C256，P0、P2 口用作数据/地址端口，P1、P3 用作通用 I/O 口。8031 单片机最小系统如图 2-9 所示。

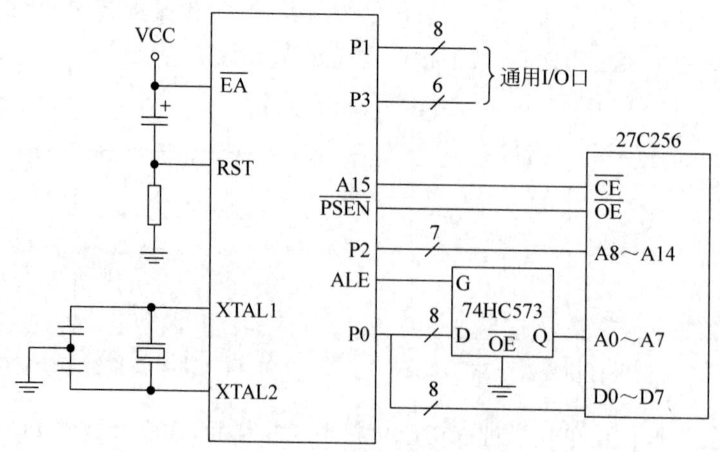

图 2-9 8031 单片机最小系统

8051 单片机片内已经有 4KB 程序存储器，只需外接时钟电路和复位电路即可，P0～P3 口为 32 个通用 I/O 口。8051 单片机最小系统如图 2-10 所示。

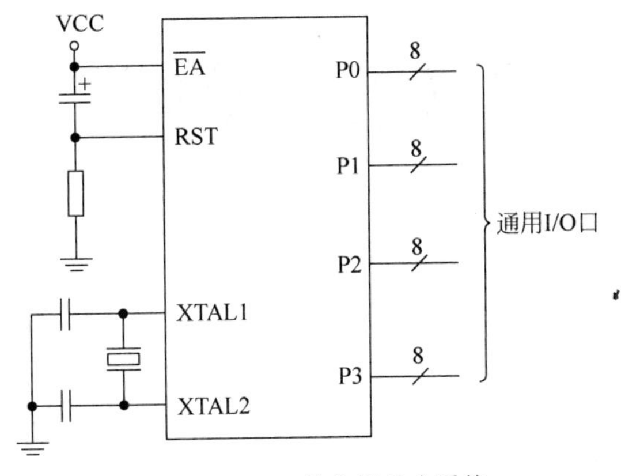

图 2-10　8051 单片机最小系统

8031 和 8051 单片机最小系统的区别在于是否扩展外部程序存储器。

习题与思考

2-1　MCS-51 单片机的并行 I/O 引脚有多少个？（　　）

A. 40　　B. 32　　C. 16　　D. 8

2-2　MCS-51 单片机中，下面哪个引脚是复位引脚？（　　）

A. XTAL1　　B. RST　　C. EA　　D. VCC

2-3　MCS-51 单片机的晶振频率 12MHz，其机器周期为（　　）。

A. 1μs　　B. 3μs　　C. 4μs　　D. 12μs

2-4　MCS-51 单片机上电后，下面寄存器状态正确的是（　　）。

A. P0＝0x00，PC＝0x0000　　B. SP＝0x00，PC＝0xFFFF

C. P0＝0xFF，PC＝0x0000　　D. SP＝0x07，PC＝0xFFFF

2-5　MCS-51 单片机的数据总线、地址总线和控制总线分别是引脚：

________________、____________________、__________________。

2-6　MCS-51 单片机有哪些功能部件？各功能部件的作用是什么？

2-7　MCS-51 单片机的存储器结构有何特点？存储器的空间如何划分？

2-8　EA 的功能是什么，在访问程序存储器时起什么作用？

2-9　MCS-51 单片机有多少个并行 I/O 口，它们之间有什么区别？

2-10　复位操作有什么作用？试说明特殊功能寄存器复位后的状态。

2-11　什么是单片机的最小系统？MCS-51 的三种型号单片机的最小系统相同吗？

第3章

C51语言基础

【学习指南】

通过本章的学习，首先要掌握C51特定的数据类型应用方法，掌握变量存储类型的应用，了解变量的存储模式；运算符和表达式是C语言基础内容，需要熟练掌握；if、for、while等语句表达式也是C语言基础内容，同样非常重要，也需要熟练掌握；了解库函数、中断、子函数等各类函数的应用。本章与C语言衔接，并引入单片机的控制方法，是C51软件的基础，一定要吃透相关知识，否则无法熟练进行后面的编程。

对于单片机应用系统，除了硬件电路外，还需要软件系统的配合。MCS-51单片机有两种开发语言，即汇编语言和C51语言。汇编语言控制精确，效率高，但可读性差，编程难度较大；C51语言是由C语言继承而来的，与C语言不同的是，C51语言运行于单片机平台，而C语言则运行于普通的桌面平台。C51语言继承了C语言的优点，可读性和可移植性强，且结合了对单片机直接控制的特点，已被开发人员广泛接受。

3.1 C51语言基础

C51语言除了有ANSI C的所有标准数据类型外，还加入了一些与MCS-51单片机密切相关的特殊数据类型。对于具备C语言基础的初学者，要重点学习C51语言特定的数据类型，这些数据类型是单片机和C语言的桥梁，是C语言控制单片机的基础。

3.1.1 数据类型

C51语言的数据类型较多，常用的包括unsigned char、unsigned int、sbit等，需要理解这些数据类型的定义和应用场合。表3-1为C51语言的数据类型。

表 3-1 C51 语言的数据类型

数据类型	说 明	长 度	值 域
unsigned char	无符号字符型	单字节	0～255
signed char	带符号字符型	单字节	－128～＋127
unsigned int	无符号整型	双字节	0～65535
signed int	带符号整型	双字节	－32768～＋32767
unsigned long	无符号长整型	四字节	0～4294967295
signed long	带符号长整型	四字节	－2147483648～＋2147483647
float	单精度型	四字节	±1.175494E－38～±3.402823E＋38
*	指针	1～3 字节	对象的地址
bit	位变量	位	0 或 1
sfr	8 位特殊功能寄存器	单字节	0～255
sfr16	16 位特殊功能寄存器	双字节	0～65535
sbit	位寻址定义	位	0 或 1

提示：表中的无符号字符型(unsigned char)和无符号整型(unsigned int)的定义和值域经常用到，要记住。

其中，bit、sfr、sfr16 和 sbit 是 C51 语言中特殊的变量类型，下面进行详细介绍。

1. bit 位变量

bit 位变量是 C51 编译器的一种扩充数据类型。利用它可定义位变量，但不能定义位指针，也不能定义位数组。它的值是一个二进制数：0 或 1，应用在单片机存储器的 0x20～0x2F 区域。

2. sfr 特殊功能寄存器

sfr 用来定义 8 位特殊功能寄存器，占用一个内存单元地址，值域为 0～255(0x80～0xFF)。sfr 是 C51 语言非常重要的关键字，通过 sfr 可直接访问 MCS-51 单片机内部的所有特殊功能寄存器。

其用法：

```
sfr 特殊功能寄存器名 = 特殊功能寄存器地址常数;
```

如：

```
sfr P1 = 0x90;        /*定义 P1 口,其地址 90H*/
P1 = 0xFF;            /*把 FFH 送入 P1 中(对 P1 口的所有引脚置高电平)*/
```

3. sfr16 为 16 位特殊功能寄存器

sfr16 用来定义 16 位特殊功能寄存器，占用两字节。

其用法：

```
sfr16 特殊功能寄存器名 = 特殊功能寄存器地址常数;
```

如：8052 的 T2 定时器，可以定义为

```
sfr16 T2 = 0xCC;    /*定义 8052 定时器 2,地址为 T2L = CCH,T2H = CDH*/
```

用 sfr16 定义 16 位特殊功能寄存器时，等号后面是它的低位地址，高位地址一定要位

于物理低位地址之上。

4. sbit 位寻址定义

sbit 是一种非常重要且常用的特殊数据类型。sbit 定义位寻址对象，访问特殊功能寄存器的某位。

sbit 的用法有三种：

(1) sbit 位变量名=位地址，例如：

```
sbit P1_1 = 0x91;
```

(2) sbit 位变量名=特殊功能寄存器名 ^位序号，例如：

```
sfr P1 = 0x90;
sbit P1_1 = P1^ 1;/ * P1_1 为 P1 口的 P1.1 引脚 * /
```

(3) sbit 位变量名=字节地址 ^位序号，例如：

```
sbit P1_1 = 0x90 ^ 1
```

3.1.2 存储类型

说明了一个变量数据类型后，还可选择说明该变量的存储器类型，指定该变量在 C51 硬件系统中所使用的存储区域，并在编译时准确地定位。

表 3-2 列出的存储器类型和存储器的应用息息相关，特别是单片机的内存相对较小，需要合理分配存储空间、提高运行速度时，必须透彻理解存储器的应用场合。下面详细介绍各种存储器的特点。

表 3-2 C51 编译器存储器类型

存储器类型	说　明	地　址
data	内部数据存储器(128 字节)，访问速度最快	0x00～0x7F
bdata	位/字节寻址内部数据存储器(16 字节)	0x20～0x2F
idata	内部数据存储器(256 字节)	0x00～0xFF
pdata	外部数据存储器(256 字节)	0x00～0xFF
xdata	外部数据存储器(64KB)	0x0000～0xFFFF
code	程序存储器(64KB)	0x000～0xFFFFH

1. data 区

data 区的寻址是最快的，应该把使用频率高的变量放在 data 区，由于空间有限(128B)，注意节约使用。

data 区的声明如下：

```
unsigned char data ar1;
unsigned int data bar[2];
```

2. bdata 区

位寻址的数据存储区位于 0x20～0x2F，可将要求位寻址的数据定义为 bdata。如：

```
unsigned char bdata ibr;    / * 在位寻址区定义 unsigned char 类型的变量 ibr * /
```

```
int bdata ab[2];          /* 在位寻址区定义数组 ab[2],这些也称为可寻址位对象 */
```

如:

```
bit ibr7 = ibr^7;         /* 访问位寻址对象其中一位 */
bit ab12 = ab[1]^12;      /* 操作符"^"后面的位置最大值取决于指定的基址类型,比如:
                          char(0 - 7),int(0 - 15),long(0 - 31) */
```

3. idata 区

idata 区也可以存放使用比较频繁的变量。与外部存储器寻址比较,它的指令执行周期和代码都比较短。例如:

```
unsigned char idata st = 0;
char idata su;
```

4. pdata 和 xdata 区

pdata 和 xdata 都定义在外部存储器区域,pdata 区只有 256 字节,而 xdata 可达 65536 字节。例如:

```
unsigned char pdata pd;
unsigned int xdata px;
```

pdata 区的寻址要比 xdata 区寻址快,因为 pdata 区寻址只需要装入 8 位地址,而 xdata 区需要装入 16 位地址。

5. code 区

code 定义在单片机的程序存储器区,数据不可以改变。code 区可以存放数据表、跳转向量或状态表,code 区在编译时要初始化。由于 MCS-51 单片机的数据存储器空间有限,而程序存储器空间比较充裕,可以把一些不发生变化的数据放在程序存储器。例如:

```
unsigned char code data[8] = {0x01,0x02,0x04,0x00,0x06,0x21,0x54,0x32};
```

把上述几种存储器类型的特点和地址空间进行归纳,如表 3-3 所示。

表 3-3 存储器类型特点和地址空间

存储器		地址空间	容量	C51 编译器中变(常)量存储器类型	汇编语言中的寻址方式	访问速度
内部数据区	工作寄存器区	0x00~0x1F	32	data,idata	寄存器寻址	最快
	位地址区	0x20~0x2F	16	bdata,data	位寻址、直接寻址	快
	数据缓冲区	0x30~0x7F	80	data,idata	直接寻址、寄存器间接寻址	data 快 idata 中
		0x80~0xFF	128	idata	寄存器间接寻址	中
	特殊功能寄存器区	0x80~0xFF	128	—	直接寻址	快
内(外)部程序存储区		0x0000~0xFFFF	65536	code	变址间接寻址	最慢
外部数据存储区		0x0000~0xFFFF	65536	xdata、pdata(0x00~0xFF)	寄存器间接寻址	pdata 慢 xdata 最慢

提示：变量存储类型关系到变量在存储器中的地址分配，在C51语言中占有重要位置，要好好理解，看懂并能够记住表3-3中的地址空间和存储器类型的关系。

3.1.3 存储模式

C51编译器允许采用三种存储模式：小编译模式（SMALL）、紧凑编译模式（COMPACT）、大编译模式（LARGE）。存储模式用于决定未标明存储器类型变量的默认存储器类型。存储模式如表3-4所示。

表3-4 存储模式

存储模式	说 明
SMALL	默认的存储类型是data，参数及局部变量放入可直接寻址片内RAM的用户区中（最大128字节）。另外，所有对象（包括堆栈）都必须嵌入片内RAM。栈长很关键，因为实际栈长依赖于函数嵌套调用层数
COMPACT	默认的存储类型是pdata，参数及局部变量放入分页的外部数据存储区，栈空间位于片内数据存储区中
LARGE	默认的存储类型是xdata，参数及局部变量直接放入片外数据存储区。用此数据指针进行访问效率较低，尤其对两个或多个字节的变量，这种数据类型的访问机制直接影响代码的长度

3.1.4 绝对地址访问

1. 绝对宏

C51编译器提供了一组宏定义对单片机的data区、pdata区和xdata区、code区等不同的存储区域进行绝对地址的访问。在程序中，用“#include <absacc.h>”即可使用声明的宏来访问绝对地址，包括CBYTE、DBYTE、PBYTE、XBYTE、CWORD、DWORD、PWORD和XWORD等。

CBYTE以字节方式寻址code区；

CWORD以字方式寻址code区；

DBYTE以字节方式寻址data区；

DWORD以字方式寻址data区；

PBYTE以字节方式寻址pdata区；

PWORD以字方式寻址pdata区；

XBYTE以字节方式寻址xdata区；

XWORD以字方式寻址xdata区。

如：包含头文件#include <absacc.h>后，通过DBYTE、XBYTE、CBYTE等可访问绝对地址：

```
xvar = XBYTE[0x2000];//把外部数据存储器 0x2000 单元的一个字节数据送到变量 xvar 中;
XBYTE[0x1F00] = 0xf0;//向外部数据存储器 0x1F00 单元写入数据 0xf0;
```

2. _at_关键字

采用_at_关键字可以指定变量在存储空间中的绝对地址，一般格式如下：

```
数据类型 [存储器类型] 标识符 _at_ 地址常数
```

_at_关键字用法比较简单,但需注意以下几点:

(1) 不能初始化;

(2) bit 型变量不能被_at_指定;

(3) _at_定义的变量必须是全局变量,不能放在主程序或函数中,否则编译出错。如:

```
unsigned char data ur _at_ 0x20; //ur 变量的地址为内部数据存储区 0x20
```

3. 指针

用指针进行绝对地址的访问,更加灵活、简单。定义一个指针变量,把地址赋予绝对地址,就可以访问该变量了。

如:

```
unsigned char data * p;    //定义一个指针,指定在 data 区
p = 0x20;                  //赋地址给指定指针
* p = 0x38                 //把 0x38 送给内部数据存储器 0x20 单元
```

提示:以上三种绝对地址访问方式比较重要,特别是指针的访问方式,应用很广,要掌握好。

3.2 C51 预处理

预处理功能包括宏定义、文件包含和条件编译 3 个主要部分。预处理命令不同于 C 语言语句,具有以下特点:

(1) 预处理命令以"#"开头,后面不加分号;

(2) 预处理命令在编译前执行;

(3) 多数预处理命令习惯放在文件的开头。

1. 宏定义

不带参数宏定义的格式为:

```
#define  新名称  原内容
```

如:#define uchar unsigned char

该指令的作用是用#define 后面的第一个字母组合代替该字母后面的所有内容。

如:#define PI 3.14,以后在程序中用 PI 代替 3.14。

2. 包含文件

包含文件的含义是在一个程序文件中包含其他文件的内容。用文件包含命令可以实现文件包含功能,命令格式为:

```
#include <文件名>或#include "文件名"
```

例如,在文件中第一句经常为#include <reg51.h>,在编译预处理时,对#include 命令进行文件包含处理。实际上就是将文件 reg51.h 中的全部内容复制插入#include <reg51.h>

的命令处。

3. 条件编译

提供一种在编译过程中根据所求条件的值有选择地包含不同代码的手段,实现对程序源代码的各部分有选择地进行编译,称为条件编译。

＃if语句中包含一个常量表达式,若该表达式求值的结果不等于0,则执行其后的各行,直到遇到＃endif、＃elif或＃else语句为止(预处理elif相当于else if)。在＃if语句中可以使用一个特殊的表达式defined(标识符):当标识符已经定义时,其值为1;否则,其值为0。

例如,为了保证hdr.h文件的内容只被包含一次,可用条件语句把该文件的内容包含起来:

```
#ifndef(hdr)
#define hdr
#include(hdr.h)
#endif
```

3.3 运算符与表达式

C语言有丰富的运算符,绝大多数操作都可以通过运算符来处理。运算符就是完成某种特定运算的符号,包括算术运算符、赋值运算符、关系运算符、逻辑运算符、位运算符、条件运算符等。按照表达式中运算对象的个数又可将运算符分为单目运算符、双目运算符和三目运算符。单目运算符只需一个运算对象,双目运算符要求有两个运算对象,三目运算符则要求有三个运算对象。

表达式是由运算符和运算对象所组成的具有特定含义的式子。运算符和表达式可以组成C语言程序的各种语句。

1. 算术运算符

算术运算符包括以下几种:

＋　加或取正值运算符

－　减或取负值运算符

*　乘运算符

/　除运算符

%　取余运算符

＋＋　自增运算符

－－　自减运算符

注:自增、自减运算符的作用是使变量的值加1或减1。

＋＋i　先使i值加1,然后再使用;

－－i　先使i值减1,然后再使用;

i＋＋　使用完i的值以后,再使i值加1;

i－－　使用完i的值以后,再使i值减1。

2. 赋值运算符

“＝”就是赋值运算符，其功能是将一个数据赋给一个变量。例如：

```
a = 8;
b = 5;
c = a/b;
a = b = 6;
```

以上语句执行时，先计算出右边表达式的值，再将该值赋给左边的变量。

3. 关系运算符

关系运算符的功能是判断两个数的关系。C语言有以下六种关系运算符：

＞　　大于

＜　　小于

＞＝　大于或等于

＜＝　小于或等于

＝＝　测试等于

！＝　测试不等于

关系运算符的优先级低于算术运算符，高于赋值运算符。

六种关系运算符中前四种具有相同的优先级，后两种具有相同的优先级，而且前四种的优先级高于后两种。

注：赋值运算符“＝”和测试等于“＝＝”关系运算符不一样。

两个表达式用关系运算符连接起来就构成了关系表达式。关系表达式的值为逻辑值，即只有真(true)和假(false)两种状态，在C语言中用1表示真，用0表示假。若关系表达式的条件成立，则表达式的值为真(1)，否则为假(0)。

4. 逻辑运算符

逻辑运算符的功能是通过逻辑运算求条件式的逻辑值。

C语言有以下三种逻辑运算符：

&&　逻辑与

||　逻辑或

!　逻辑非

逻辑表达式的格式如下：

```
逻辑与: 条件式 1 && 条件式 2
逻辑或: 条件式 1 || 条件式 2
逻辑非: ! 条件式
```

三种逻辑运算中，逻辑非的优先级别最高，且高于算术运算符；逻辑或的优先级别最低，低于关系运算符，但高于赋值运算符。

5. 位运算符

位运算符的功能是对变量按位进行运算，但并不改变运算变量的值。C语言有以下六种位运算符：

&　位与

|　位或

~　　位取反
^　　位异或
<<　　左移
>>　　右移

六种位运算符的优先级由高到低的顺序为：位取反~、左移<<、右移>>、位与&、位异或^、位或|。

6. 复合赋值运算符

复合赋值运算符是C语言的一种特色，它简化了代码的编写。该类运算符的功能是将某个变量先与表达式进行指定的运算，再将运算结果赋予该变量。C语言有以下10种复合赋值运算符：

+=　　加并赋值运算符
-=　　减并赋值运算符
*=　　乘并赋值运算符
/=　　除并赋值运算符
%=　　取余并赋值运算符
<<=　　左移并赋值运算符
>>=　　右移并赋值运算符
&=　　位与并赋值运算符
|=　　位或并赋值运算符
^=　　位异或并赋值运算符

C语言中凡是双目运算都可以用复合赋值运算符来表示，格式如下：

```
变量　复合赋值运算符　表达式
```

如：a += 5,相当于 a = a + 5;
　　a *= b - 6,相当于 a = a * (b - 6);
　　y/ = x + 9,相当于 y = y/(x + 9)。

7. 条件运算符

条件运算符是三目运算符，格式如下：

```
判断结果 = (判断式)?结果 1: 结果 2
```

其含义是先求判断式的值，若为真，则判断结果=结果1；若为假，则判断结果=结果2。如：

```
a = 8;b = 10;
max = a > b?a:b;
```

结果：max = 10;

8. 指针和地址运算符

```
* 指针运算符(取内容)
& 取地址运算符(取地址)
```

一般形式分别如下：

```
取内容: 变量 = * 指针变量
取地址: 指针变量 = & 目标变量
```

变量前面加“ * ”说明该变量为指针，所以操作时取的不是变量的值，而是将指针变量所指向的目标变量的值赋给左边的变量；取地址运算是将目标变量的地址赋给左边的变量。“ * ”和“&”运算符均为单目运算符。

3.4 C51语句

C51语句是单片机执行的操作命令，每条语句都以分号结尾。需要注意的是，变量、函数的声明部分也以分号结尾，但不是语句。

3.4.1 表达式语句

由一个表达式加上一个分号就构成了表达式语句。如：

```
i = 7;
j = a = b;
i++;
```

3.4.2 复合语句

用大括号“{ }”将多条语句括起来就组成了复合语句，也称为功能块。

复合语句中的每一条语句都必须以“;”结束，而不允许将“;”写在“}”外。复合语句不需要以“;”结束。

C语言中将复合语句视为一条单语句，也就是说在语法上等同于一条单语句。对于一个函数而言，函数体就是一个复合语句。例如：

```
{
    i = 7;
    j = a = b;
    i++;
}
```

3.4.3 空语句

空语句是仅由一个分号“;”组成的语句。空语句什么也不做。

语句格式：;

3.4.4 函数调用语句

函数调用的一般形式加上分号就构成了函数调用语句。

语句格式：函数名(实际参数表);

执行函数调用语句就是调用函数体并把实际参数赋予函数定义中的形式参数，然后执行被调函数体中的语句。

3.4.5 控制语句

控制语句用于控制程序的流程，以实现程序的各种结构方式。C51语言的控制语句有以下几类：

1. 选择语句 if

(1) if 分支结构

```
if(表达式)
 {
    语句序列;
 }
    其他语句
```

功能：如果表达式的值为真，则执行语句，否则不执行语句。流程图如图3-1所示。

(2) if-else 分支结构

```
if(表达式)
    {语句序列 1;}
else
    {语句序列 2;}
其他语句;
```

功能：如果表达式的值为真，则执行语句序列1，否则执行语句序列2。流程图如图3-2所示。

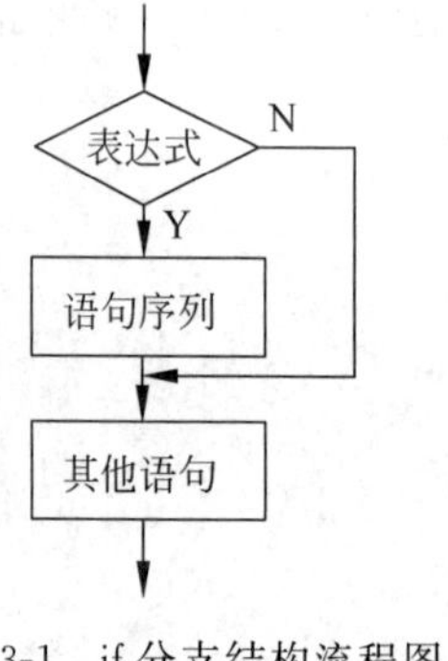

图3-1 if分支结构流程图

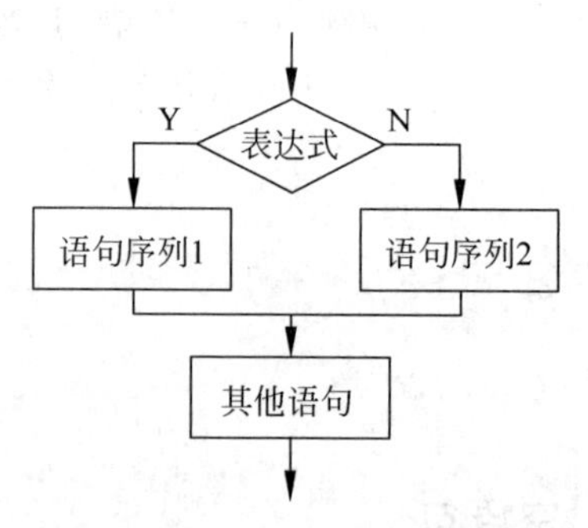

图3-2 if-else分支结构流程图

(3) if-else if 分支结构

```
if(表达式 1){语句序列 1;}
else if(表达式 2){语句序列 2;}
else if(表达式 3){语句序列 3;}
…
else if(表达式 n){语句序列 n;}
else {语句序列 n+1;}
其他语句;
```

流程图如图3-3所示。

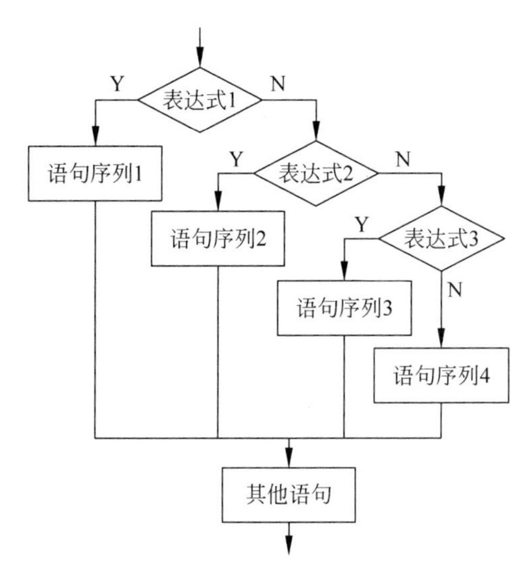

图 3-3　if-else if 分支结构流程图

2. switch 语句

switch 语句是多分支选择语句，也称开关语句。一般格式如下：

```
switch(表达式)
{
    case 常量表达式 1:语句序列 1;
    case 常量表达式 2:语句序列 2;
    …
    case 常量表达式 n:语句序列 n;
    default :语句序列 n + 1;
}
```

每个 case 和 default 出现的顺序不影响执行结果，但每个常量表达式值必须互不相同。该语句的执行过程如下：

(1) 求 switch 后括号内的表达式的值，并将其值与各 case 后的常量表达式值进行比较；

(2) 当表达式的值与某个常量表达式值相等时，则执行该常量表达式后边的语句序列；

(3) 接着执行下一个常量表达式后边的语句序列，直到后边所有的语句序列都执行完(即执行到语句序列 n+1)；

(4) 如果表达式的值与所有 case 后的常量表达式值都不相等，则执行 default 后面的语句序列。

通常当某个常量表达式的值与 switch 后表达式的值相等时，只需要执行该 case 后的语句序列，不希望程序一直执行下去，直到语句序列 n+1。要达到这一目的，只需要在每个语句序列后加上“break”语句即可。

格式如下：

```
switch(表达式)
{
    case 常量表达式 1:语句序列 1;
```

```
    break;
    case 常量表达式 2:语句序列 2;
    break;
    …
    case 常量表达式 n:语句序列 n;
    break;
    default :语句序列 n+1;
}
```

流程图如图 3-4 所示。

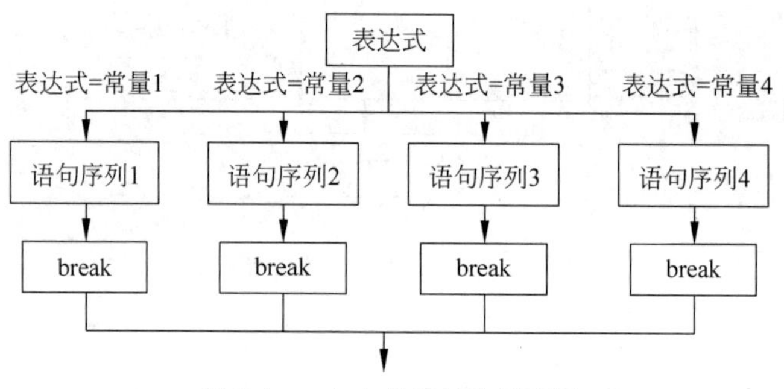

图 3-4　switch 分支结构流程图

3. for 语句

for 语句格式如下：

```
        for(表达式 1;表达式 2;表达式 3)
{语句序列;}        //循环体,可为空
```

表达式 1 通常为赋值表达式,用来确定循环结构中控制循环次数的变量的初始值,实现循环控制变量的初始化。

表达式 2 通常为关系表达式或逻辑表达式,用来判断循环是否继续进行。

表达式 3 通常为表达式语句,用来描述循环控制变量的变化,最常见的是自增或自减表达式,实现对循环控制变量的修改,当循环条件满足时就执行循环体内的语句序列。

语句序列可以是简单语句,也可以是复合语句。若只有一条语句,则可以省略{ }。

for 语句的执行过程如下：

(1) 计算表达式 1 的值,为循环控制变量赋初值。

(2) 计算表达式 2 的值,如果为"真"则执行循环体一次,否则退出循环,执行 for 循环后的语句。

(3) 如果执行了循环体语句,则执行循环体后,要计算表达式 3 的值,调整循环控制变量。然后回到第(2)步重复执行,直到表达式 2 的值为"假"时,退出循环。流程图如图 3-5 所示。

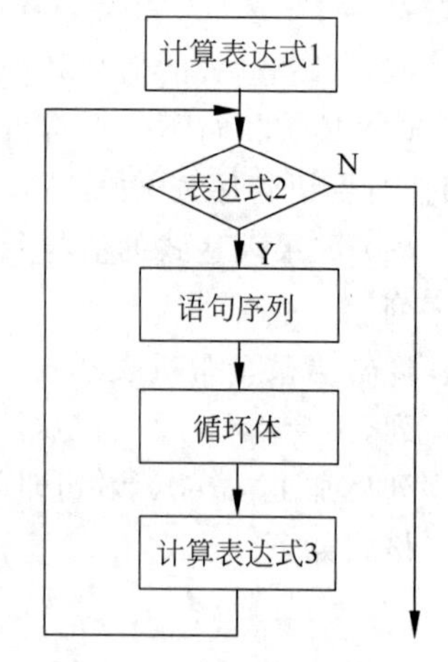

图 3-5　for 分支结构流程图

4. while 语句

(1) while 语句

while 语句用于实现"当型"循环的语句,格式为：

```
while (条件表达式)
{
    语句序列;        //循环体
}
```

流程图如图 3-6 所示。

（2）do-while 语句

do-while 语句用于实现“直到型”循环的语句，格式如下：

```
do
{
    语句序列;
}
while(表达式);
```

流程图如图 3-7 所示。

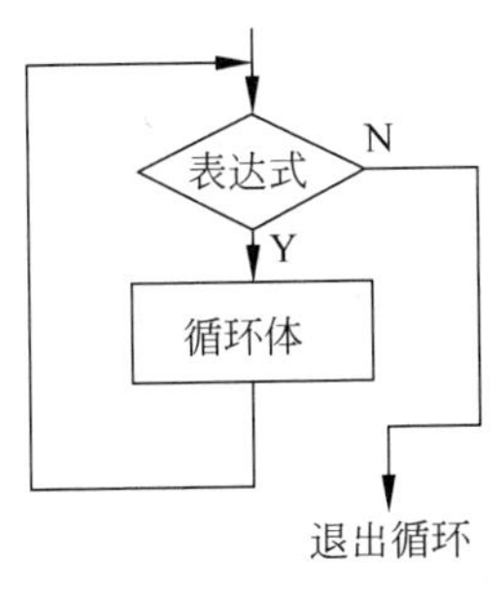

图 3-6　while 分支结构流程图

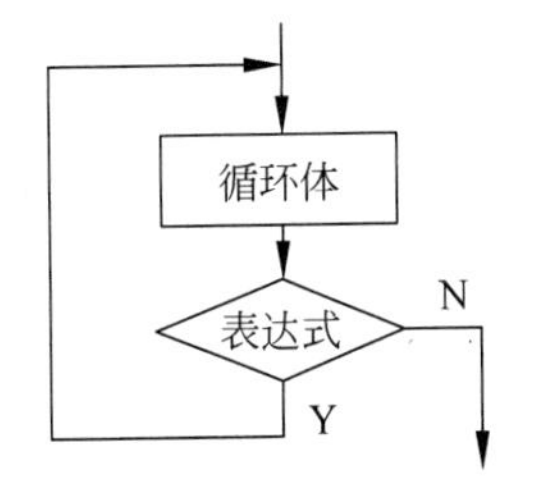

图 3-7　do-while 分支结构流程图

提示： if、for、while 等语句是程序代码的重要组成部分，难度不算大，是编程基础代码，要好好掌握。

3.5　C51 函数

3.5.1　函数的一般格式

1. 函数的定义

C 程序由一个主函数 main()和若干个其他函数组成。由主函数调用其他函数，其他函数也可以互相调用，同一个函数可以被调用多次。

函数定义的一般格式为：

```
函数类型 函数名 (形式参数列表)
  {
    局部变量声明;
    语句;
    (有返回值的要有 return 语句)
  }
```

2. 函数返回值

返回语句 return 用来回送一个数值给定义的函数，从函数中退出。返回值是通过 return 语句返回的。如果函数无须返回值，可以用 void 类型指明函数无返回值。

3. 形式参数与实际参数

与使用变量一样，在调用一个函数之前，必须对该函数进行声明。函数声明的一般格式为：

```
函数类型  函数名(形式参数列表)
```

函数定义时参数列表中的参数称为形式参数，简称形参。

函数调用时所使用的替换参数，是实际参数，简称实参。定义的形参与函数调用的实参类型应该一致，书写顺序应该相同。

4. 调用函数的方式

被调用的函数必须是已经存在的函数。

(1) 函数作为语句。把函数调用作为一个语句，不使用函数返回值，只是完成函数所定义的操作。例如：

```
DelayMS(150);
```

(2) 函数作为表达式。函数调用出现在一个表达式中，使用函数的返回值。例如：

```
int k;
k = sum(a,b);
```

(3) 函数作为一个参数。函数调用作为另一个函数的实参。例如：

```
int k;
k = sum(sum(a,b),c);
```

3.5.2 中断函数

C51 语言中断函数的结构与其他函数的结构类似，但中断函数不带任何参数，而且使用中断函数之前不需要声明。

定义中断函数的格式如下：

```
void  函数名( ) interrupt 中断号 n (using 工作寄存器组 m)
```

在中断函数中为了避免数据的冲突，可指定一个寄存器组；若不需要指定，则该项可以省略。MCS-51 单片机中断源和入口地址如表 3-5 所示。

表 3-5 中断源与入口地址

中断号 n	中断源	入口地址 8n+3
0	外部中断 0	0x03
1	定时器/计数器 0	0x0B
2	外部中断 1	0x13
3	定时器/计数器 1	0x1B
4	串行口	0x23

3.5.3 C51 的库函数

C51 语言具有丰富的可供直接调用的库函数，使用库函数可使程序代码简单，结构清晰，易于调试和维护。

每个函数都在相应的头文件(.h)中有原型声明。如果使用库函数，必须在源程序中用预处理命令“#include”将与该函数相关的头文件(即包含了该函数的原型声明文件)包含进来，否则将不能保证函数的正确执行。

3.5.4 本征库函数和非本征库函数

本征库函数是指编译时直接将固定的代码插入当前行，大大提高了函数访问的效率。

C51 有以下 9 个本征库函数：

crol,_cror_：将无符号字符型变量循环向左(右)移动指定位数后返回；

irol,_iror_：将无符号整型变量循环向左(右)移动指定位数后返回；

lrol,lror_：将无符号长整型变量循环向左(右)移动指定位数后返回；

nop：空操作；

testbit：测试该位变量并跳转，同时将该位变量清除；

chkfloat：检查浮点数的类型。

3.5.5 几类重要的库函数

1. 内部函数 intrins.h

如：

```
#inclucle <intrins.h>
void main()
{
    unsigned int x;
    x = 0x00ff;
    x = _irol_(x,4);
}
```

运行后，x=0x0ff0。

2. 绝对地址访问函数 absacc.h

通过包含头文件 absacc.h 进行绝对地址访问。

方法：把通用指针指向各存储空间的首地址，并按存取对象类型实施指针强制，再用定义宏说明为数组名。对于绝对地址对象的存取，用指定下标的抽象数组来实现。

char 类型：CBYTE[i] DBYTE[i] PBYTE[i] XBYTE[i]

int 类型：CWORD[i] DWORD[i] PWORD[i] XWORD[i]

3. 缓冲区处理函数 string.h

(1) 计算字符串 s 的长度 strlen。

原型：`extern int strlen(char * s);`

说明：返回 s 的长度，不包括结束符 NULL。

(2) 由 src 所指内存区域复制 count 个字节到 dest 所指内存区域。

memcpy 原型：extern void *memcpy(void *dest, void *src, unsigned int count);

说明：src 和 dest 所指内存区域不能重叠，函数返回指向 dest 的指针。

(3) 由 src 所指内存区域复制 count 个字节到 dest 所指内存区域。

memmove 原型：extern void *memmove(void *dest, const void *src, unsigned int count);

说明：与 memcpy 工作方式相同，但 src 和 dest 所指内存区域可以重叠，复制后 src 内容会被更改。函数返回指向 dest 的指针。

(4) 比较内存区域 buf1 和 buf2 的前 count 个字节。

memcmp 原型：extern int memcmp(void *buf1, void *buf2, unsigned int count);

说明：当 buf1 < buf2 时，返回值<0；当 buf1=buf2 时，返回值=0；当 buf1 > buf2 时，返回值>0。

(5) 把 buffer 所指内存区域的前 count 个字节设置成字符 c。

memset 原型：extern void *memset(void *buffer, int c, int count);

说明：返回指向 buffer 的指针。

(6) 从 buf 所指内存区域的前 count 个字节查找字符 ch。

memchr 原型：extern void *memchr(void *buf, char ch, unsigned count);

说明：当第一次遇到字符 ch 时停止查找。如果成功，返回指向字符 ch 的指针；否则返回 NULL。

提高篇

Keil 编译器支持多文件系统，但文件再多，也只能包含一个入口函数 main()；建立 ex1.c、ex2.c 和 ex3.c 三个文件，其中 main()函数放在 ex1.c 文件中。下面比较绝对地址的几种应用方法。

```
ex1.c 文件
#include "reg51.h"
//DBYTE、CBYTE、XBYTE 必须先加 absacc.h 头文件
#include "absacc.h"
#define uchar unsigned char
uchar xx;
void main()
{

  DBYTE[0x20] = 0x88;       //把数据 0x88 送到内部 RAM0x20 单元
  DBYTE[0x21] = 0x99;       //把数据 0x99 送到内部 RAM0x21 单元
  xx = 0x21;                //把数据 0x21 送到变量 xx
  func1();
  func2();
}
```

Keil main 程序运行如图 3-8 所示。

```
ex2.c 文件
#define uchar unsigned char
```

```
1  #include "reg51.h"
2  //DBYTE、CBYTE、XBYTE必须先加absacc.h头文件
3  #include "absacc.h"
4  #define uchar unsigned char
5  uchar xx;
6  void main()
7  {
8
9      DBYTE[0x20]=0x88;
10     DBYTE[0x21]=0x99;
11     xx=0x21;
12     func1();
13     func2();
14
15 }
16
```

```
Memory 1
Address: D:0x20
D:0x20: 88 99 00 00 00 00 00 00 00
D:0x29: 00 00 00 00 00 00 00 00 00
D:0x32: 00 00 00 00 00 00 00 00 00
D:0x3B: 00 00 00 00 00 00 00 00 00
D:0x44: 00 00 00 00 00 00 00 00 00
D:0x4D: 00 00 00 00 00 00 00 00 00
D:0x56: 00 00 00 00 00 00 00 00 00
D:0x5F: 00 00 00 00 00 00 00 00 00
D:0x68: 00 00 00 00 00 00 00 00 00
D:0x71: 00 00 00 00 00 00 00 00 00
D:0x7A: 00 00 00 00 00 00 FF 20 00
D:0x83: 00 00 00 00 00 00 00 00 00
D:0x8C: 00 00 00 00 FF 00 00 00 00
D:0x95: 00 00 00 00 00 00 00 00 00
D:0x9E: 00 00 FF 00 00 00 00 00 00
D:0xA7: 00 00 00 00 00 00 00 00 00
D:0xB0: FF 00 00 00 00 00 00 00 00
D:0xB9: 00 00 00 00 00 00 00 00 00
Call Stack + Locals | Memory 1
```

图 3-8　Keil main 程序运行图

```
data uchar * p;
void func1()
{
    p = 0x20;               //指针地址指向 0x20
    * p = 0x44;             //把数据 0x44 送到内部 RAM0x20 单元
}
```

Keil func1 程序运行如图 3-9 所示。

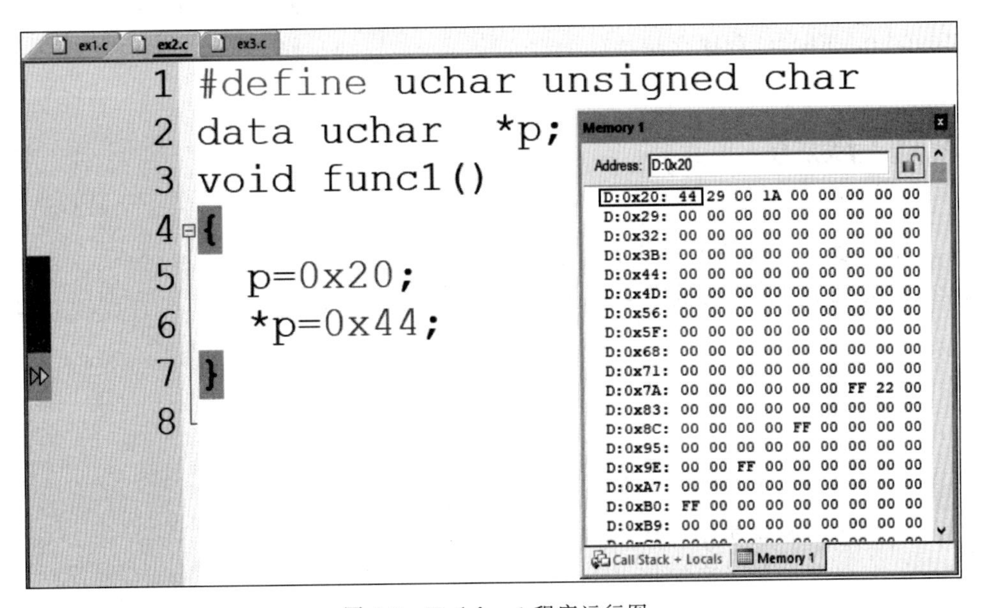

图 3-9　Keil func1 程序运行图

```
ex3.c 文件
#define uchar unsigned char
/* 注意:此_at_变量定义不能放在函数体内,否则编译出错 */
unsigned char a_20h _at_ 0x20;
void func2()
{
  a_20h = 0x22;            //把数据 0x22 送到内部 RAM0x20 单元
}
```

Keil func2 程序运行如图 3-10 所示。

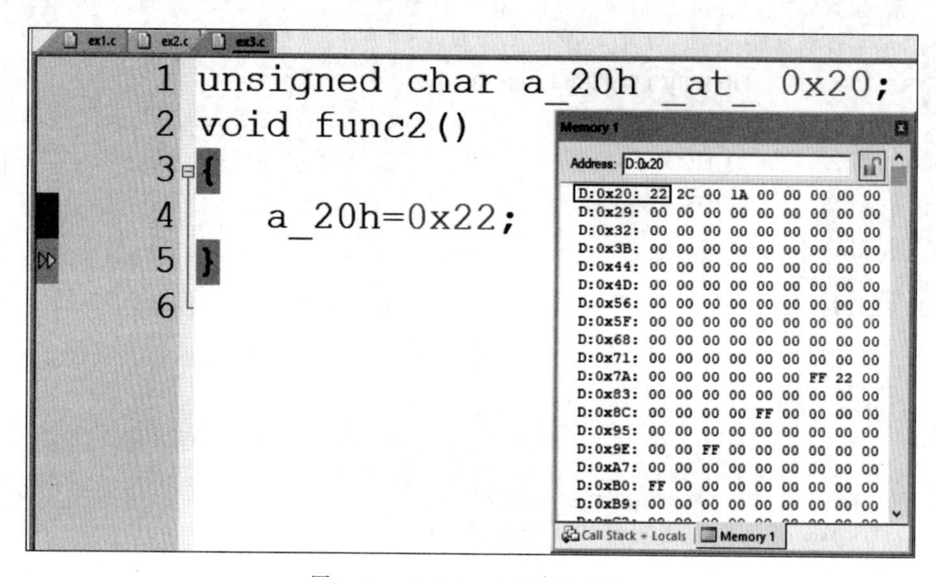

图 3-10 Keil func2 程序运行图

注：查看内部存储器指令 D:0x20(X-外部 RAM,D-内部 RAM(0x00-0x7F),I-内部 RAM(0x00-00xFF),C-程序存储器)。

习题与思考

3-1 请归纳 C51 语言有哪些关键字?

3-2 判断下列 bit 型变量定义的正误:

```
bit  data  a1;
bit  bdata  a2;
bit  pdata  a3;
bit  xdata  a4;
```

3-3 在 C51 程序里,一般函数和中断函数有什么不同?

3-4 按给定存储器类型和数据类型,写出下列变量的说明形式:

(1) 在 data 区定义字符变量 val1;

(2) 在 idata 区定义整型变量 val2;

(3) 在 xdata 区定义无符号字符数组 val3[9];

(4) 定义位寻址变量 flag;

(5) 定义特殊功能寄存器 P3;

(6) 定义特殊功能寄存器 TCON;

(7) 定义 16 位特殊功能寄存器 T0。

3-5 用三种不同的循环结构实现 1～100 的求和。

3-6 用指令实现下列功能:

(1) 用绝对宏实现:读出外部数据存储器 0x40 内容,送到内部存储器 0x30 单元。

(2) 用指针实现:读出外部数据存储器 0x20 内容,送到内部存储器 0x20 单元。

(3) 用_at_关键字实现:读出外部数据存储器 0x20 内容,送到内部存储器 0x20 单元。

(4) 用_at_关键字实现:读出程序存储器 0x20 内容,送到外部数据存储器 0x20 单元。

3-7 如图 3-11 所示,当开关 K 闭合时 4 个发光二极管亮,K 断开时 4 个发光二极管灭。试编写程序。

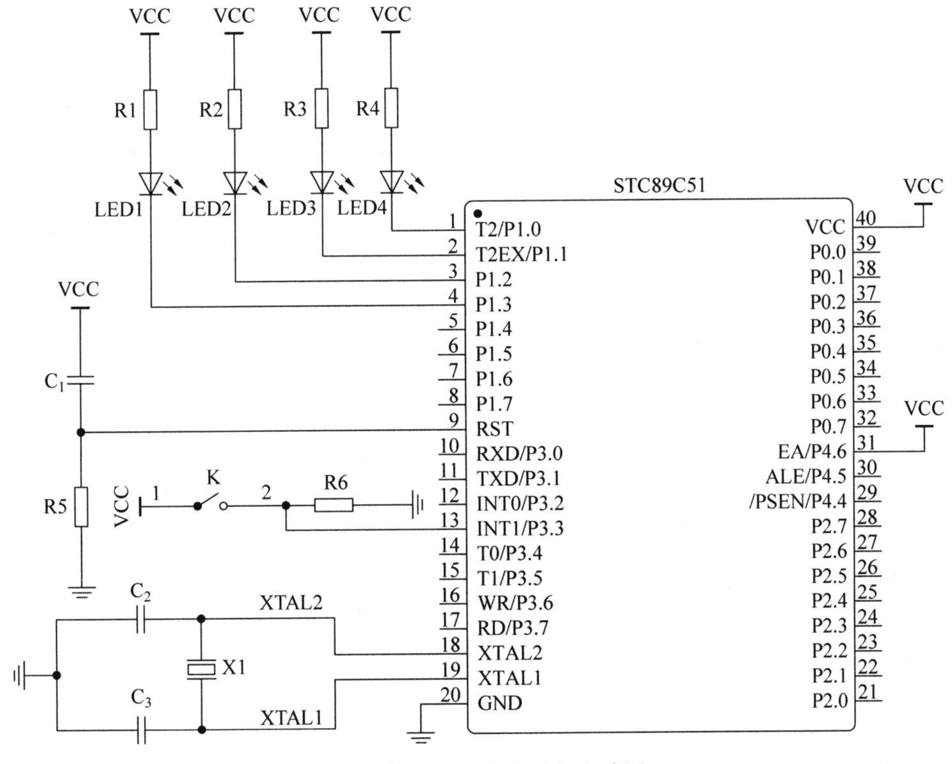

图 3-11 按键控制指示灯电路图

3-8 写出下列代码的 while 和 do-while 的算法:

```
unsigned char i;
unsigned int s = 0;
void main( )
{
for(i = 0;i < 250;i++){s = s + i;}
}
```

第4章

I/O口应用——显示与键盘

【学习指南】

通过本章的学习，了解发光二极管与单片机连接方法，理解多位数码管显示字符编码原理和动态显示原理，了解 OLED 显示工作原理，能够掌握 OLED 的编程方法；能够应用触摸屏与单片机通信，熟练掌握独立按键和矩阵键盘的使用方法。本章介绍单片机常用外设的使用方法，应用场合较多，需认真掌握，才能熟练设计外围电路，并应用到实际项目中。

4.1 发光二极管

在应用发光二极管之前，首先要知道如何判断发光二极管的正负极性。

如果是插件二极管，第一种判断方法：根据引脚的长短，长引脚是阳极，另一个是阴极；第二种判断方法：发光二极管帽子里面积小的引脚是阳极，另一个是阴极。

如果是贴片发光二极管，最简单的方法是看标识，比如很多贴片型的 LED 都会标有相应的标识，一般是绿色，例如类似于英文字母"T"，如图 4-1 所示。

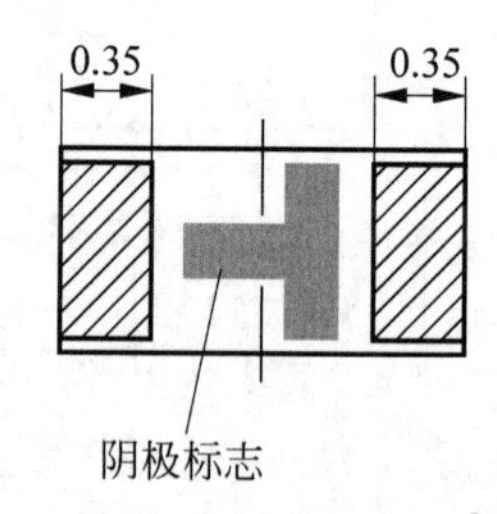

图 4-1 贴片发光二极管的示意图

其次，怎么点亮发光二极管？

发光二极管是电流驱动器件，发光强度与电流成比例变化。一般发光二极管，其压降为 1.5～2.0 V，工作电流一般取 5～20mA 为宜。采用合适的限流电阻，把发光二极管接在 5V 电源上点亮了，为什么把电路移植到单片机的引脚上就不行了呢？

这与单片机引脚的驱动能力有关，目前大多数 51 单片机无法直接驱动发光二极管这样的负载，如果把发光二极管阴极和单片机引脚直接相连，发光二极管很难被点亮，这是因为发光二极管的工作电流是毫安级，单片机引脚输出电流只有几百微安，无法直接点亮发光二极管。

在数字电路中，拉电流和灌电流可以衡量输出电路的驱动能力。由于数字电路的输出只有高、低(0,1)两种电平值，高电平输出时，一般是对负载提供电流，其提供电流的数值叫

"拉电流"；低电平输出时，一般是要吸收负载的电流，其吸收电流的数值叫"灌电流"。

拉电流方式输出电流很小，属于微安级；灌电流方式输出电流较大，属于毫安级。

单片机和发光二极管连接有如图 4-2 所示的几种方式。单片机引脚的拉电流供应微安级电流，而点亮发光二极管需要毫安级电流，所以，图 4-2 的 B 区域电路不能点亮发光二极管；A 区域电路采用单片机灌电流方式，能提供 10mA 左右电流，保证发光二极管点亮；C 区域电路采用三极管放大器(2N3904、9013、8050 等)对电流放大，可以轻松点亮发光二极管。

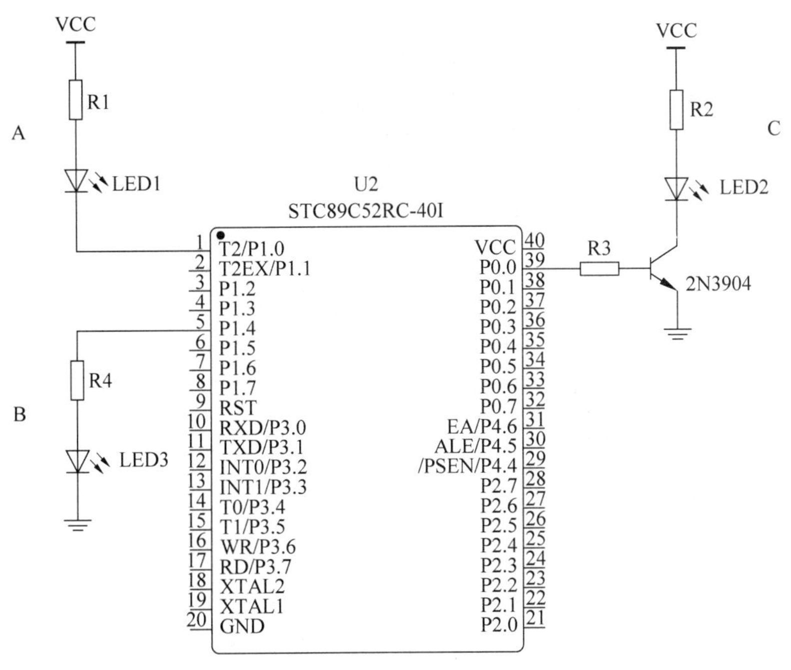

图 4-2 单片机和发光二极管的三种连接方式

提示：发光二极管是单片机基本外围电路元件，需要理解其驱动原理，并会举一反三，应用到其他场合，比如数码管的电路设计。

流水灯的电路如图 4-3 所示，根据电路编写从左到右的流水灯程序代码如下：

```
#include<reg52.h>
unsigned char i;
void delay(unsigned int cnt)
{
  while(--cnt);
}

main()
{
  P0 = 0x00;                        //关闭数码管
  while(1)
    {
      P1 = ~(0x01 << i++);      //左移一位,低电平点亮
```

```
        delay(50000);           //延时
        delay(50000);           //延时
        if(i==8) i=0;           //重新赋初值

    }
}
```

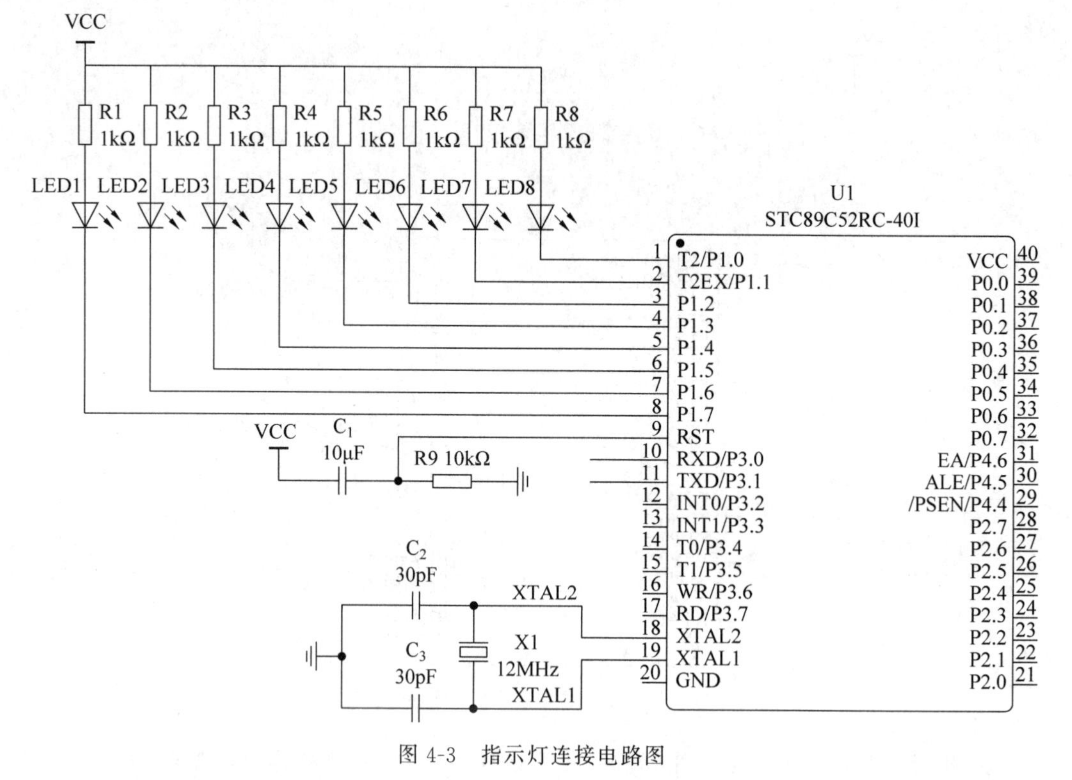

图 4-3 指示灯连接电路图

4.2 数码管应用

数码管由发光二极管组成，有单位数码管、双位数码管以及四位数码管等，还有右下角不带点数码管和“米”字形数码管。

4.2.1 单位数码管

单位数码管实物如图 4-4 所示。

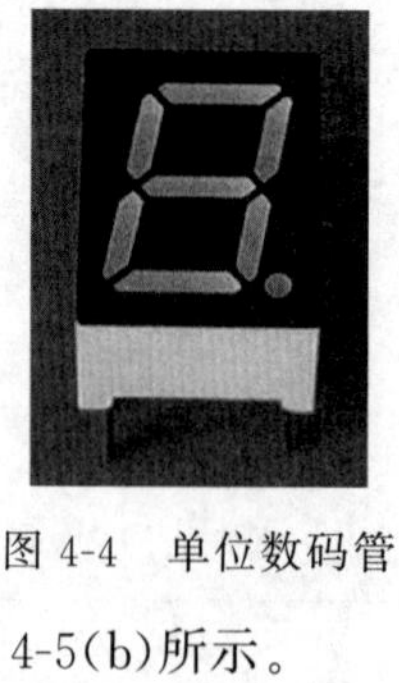

数码管分为共阴极和共阳极两种，一种是将 LED 内部所有的阳极连接在一起，通过 com 引脚引出，将每个发光二极管的另一端分别引出到对应的控制引脚，为共阳极数码管，如图 4-5(a)所示；另一种是将 LED 内部所有的阴极连接在一起，并通过 com 引脚引出，将每个发光二极管的另一端分别引出到对应的控制引脚，为共阴极数码管，如图 4-5(b)所示。

图 4-4 单位数码管

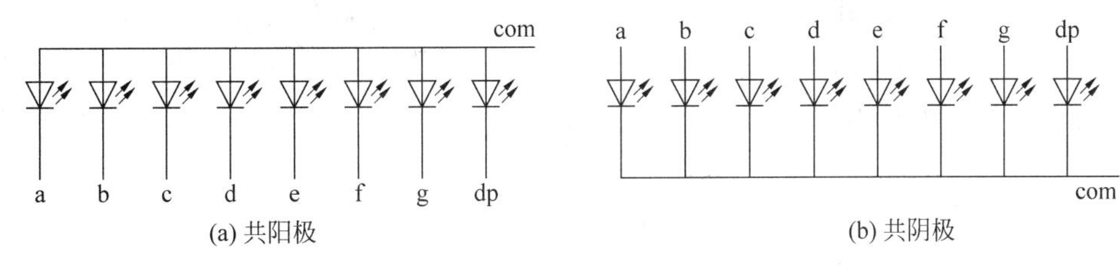

图 4-5　数码管内部结构图

表 4-1 对共阴极和共阳极显示数字“3”进行编码解析；图 4-6 为单位数码管的电路连接图，为共阴极数码管，公共端接地，P0 控制数码管的显示数据；对应共阴极数码管编码如表 4-2 所示，根据此表可以计算出数码管的显示代码。

表 4-1　数码管数字“3”的编码原理

段　　码	共　阴　极	共　阳　极	
段码端口	dp g f e d c b a	dp g f e d c b a	
段码值(二进制)	0 1 0 0 1 1 1 1	1 0 1 1 0 0 0 0	
段码值(十六进制)	0x4F	0xB0	

表 4-2　共阴极数码管编码

显示	0	1	2	3	4	5	6	7	8	9
被点亮段码	abcdef	bc	abdeg	abcdg	bcf	acdgf	acdefg	abc	abcdefg	abcdfg
映射 P0 口高电平有效	P0.0～P0.6	P0.1 P0.2	P0.0 P0.1 P0.3 P0.4 P0.7	P0.0 P0.1 P0.2 P0.3 P0.6	P0.5 P0.1 P0.2	P0.0 P0.5 P0.6 P0.2 P0.3	P0.0 P0.5 P0.6 P0.4 P0.2 P0.3	P0.0 P0.1 P0.2	P0.0～P0.7	P0.0 P0.1 P0.5 P0.6 P0.2 P0.3
显示码	0x3F	0x06	0x5B	0x4F	0x66	0x6D	0x7D	0x07	0x7F	0x6F

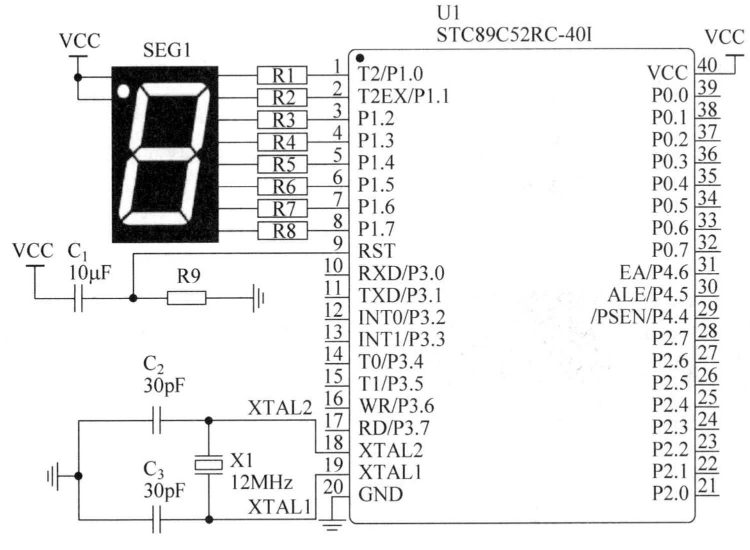

图 4-6　共阴极数码管电路图

数码管有位选和段选两个概念,位选是给公共端 com 一个有效信号,段选是给 a、b、c、d、e、f、g、dp 等端口一些有效信号。可通过控制 com 公共端控制数码管是否发光。图 4-6 所示共阴极数码管电路中,直接把公共端 com 接地,保持数码管常亮,通过 P0 口发送段码值进行显示。

单位共阳极数码管循环显示 0～9 的程序代码如下:

```
#include "reg52.h"
LED_show[] = {0x3F,0x06,0x5B,0x4F,0x66,0x6D,0x7D,0x07,0x7F,0x6F};    //0 - 9 的代码
unsigned char i;
main( )
{
 while(1)
 {
  P0 = LED_show[i++];                      //送 0～9 对应的显示代码到数码管
  if(i>9) i = 0;                           //循环显示,已经显示完一遍
  delay_ms(1000);                          //延时 1s
 }
}
void delay_ms(unsigned int ms)             //延时程序
{
    unsigned int a;
    while(ms)
    {
        a = 80;
        while(a -- );
        ms -- ;
    }
}
```

4.2.2 四位一体数码管

数码管有动态显示和静态显示两种,以图 4-7 所示四位一体共阴极数码管为例。数码管内部连线如图 4-8 所示,四个数码管(DIG. 1～DIG. 4)的数据端口(1,2,3,4,5,6,7,8)是连在一起的,每个数码管的公共端(9,10,11,12)需要单独控制,公共端控制信号决定哪位数码管亮; 当 DIG. 1～DIG. 4 同时导通时,四位数码管显示同样数字,属于静态显示。静态显示时,数码管在显示期间一直通电,所以亮度高。

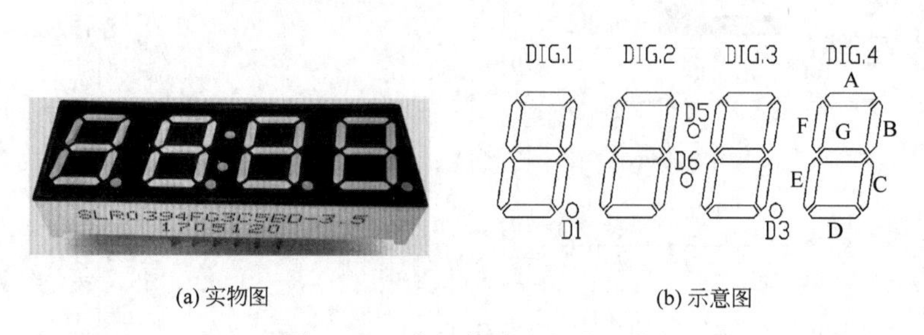

(a) 实物图 (b) 示意图

图 4-7 四位一体共阴极数码管

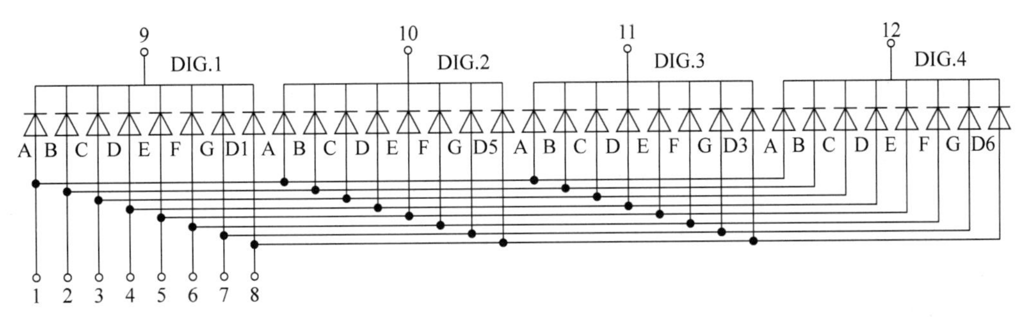

图 4-8　四位一体数码管内部线路图

下面结合图 4-9 说明动态显示数字“1234”过程。开始，DIG. 1 导通，DIG. 2～DIG. 4 截止，且 b、c 为高电平，最右边数码管显示“1”（段码：0x06）；过极短时间（10ms 左右）后，DIG. 1、DIG. 3、DIG. 4 截止，DIG. 2 导通，A、B、G、E、D 为高电平，左边数码管显示“2”（段码：0x5B）；过了极短时间后，DIG. 1、DIG. 2、DIG. 4 截止，DIG. 3 导通，A、B、C、D、G 为高电平，左边数码管显示“3”（段码：0x4F）；过了极短时间后，DIG. 1、DIG. 2、DIG. 3 截止，DIG. 4 导通，B、C、F、G 为高电平，左边数码管显示“4”（段码：0x66），继续重复上述过程。虽然在 DIG. 1～DIG. 4 断电时，数码管不亮，但人眼有视角暂留现象，此时看到的数码管都是亮的，这就是数码管动态显示。同理，八位数码管可显示“1234”“20：18”。

字符	段码	位码	显示状态（微观）	位选通时序
1	0x06	0x07	1	T1
2	0x5B	0x06	2	T2
3	0x4F	0x05	3	T3
4	0x66	0x04	4	T4
2	0x5B	0x03	2	T5
0:	0xBF	0x02	0:	T6
1	0x06	0x01	1	T7
8.	0xFF	0x00	8.	T8

(a) 动态显示过程

1	2	3	4	2	0:	1	8

(b) 人眼实际效果

图 4-9　数码管动态显示和人眼看见效果

提示： 充分理解数码管的动态扫描原理，才能编写出符合要求的显示程序，建议好好消化相关知识。

对于数码管段选，不能直接连单片机端口，需加限流电阻（选型原理与发光二极管相同），否则容易烧毁数码管。限流电阻为 220Ω 左右；若阻值太大，数码管亮度变暗，或者看不清；若阻值太小，数码管通电电流过大会减少数码管寿命，甚至烧毁数码管。

提高篇

设计一个由四位一体数码管组成的电路，显示“1234”和“20:18”两组数据，硬件电路如图 4-10 所示。

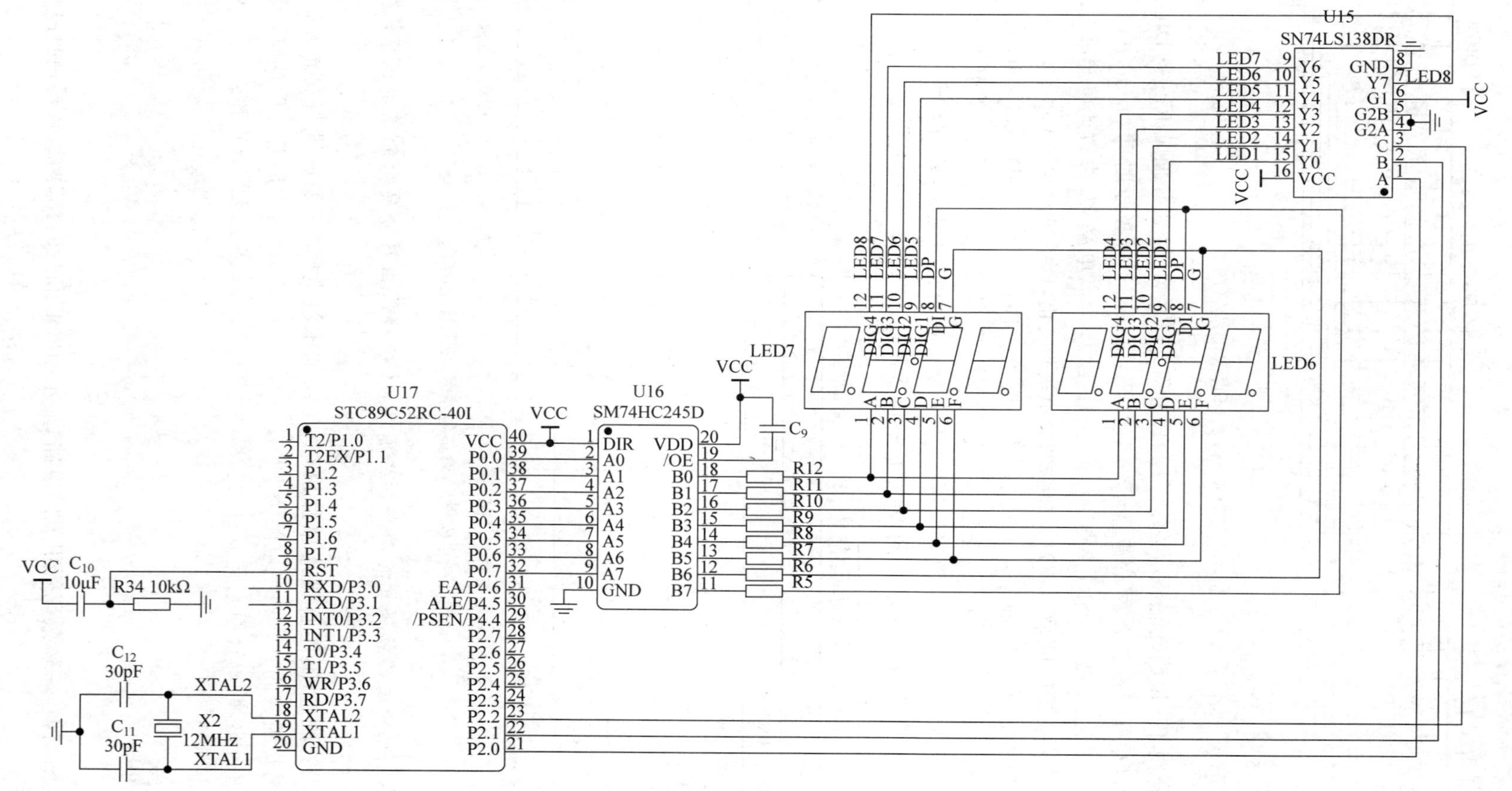

图 4-10 数码管连接电路图

硬件补充知识

1. 74HC138 芯片

3 线-8 线译码器，有 3 个数据输入端，经译码产生 8 种状态。引脚逻辑如图 4-11 所示，其真值表如表 4-3 所示。由表 4-3 可见，当译码器的输入为某一固定编码时，其输出仅有一个固定的引脚输出为低电平，其余的为高电平。输出为低电平的引脚就作为数码管的位选信号。

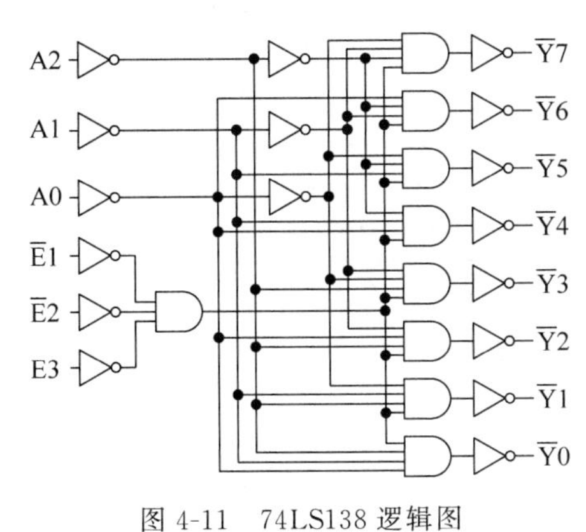

图 4-11　74LS138 逻辑图

表 4-3　74LS138 真值表

控制			输入			输出							
$\overline{E}1$	$\overline{E}2$	E3	A2	A1	A0	$\overline{Y7}$	$\overline{Y6}$	$\overline{Y5}$	$\overline{Y4}$	$\overline{Y3}$	$\overline{Y2}$	$\overline{Y1}$	$\overline{Y0}$
H	X	X	X	X	X	H	H	H	H	H	H	H	H
X	H	X											
X	X	L											
L	L	H	L	L	L	H	H	H	H	H	H	H	L
			L	L	H	H	H	H	H	H	H	L	H
			L	H	L	H	H	H	H	H	L	H	H
			L	H	H	H	H	H	H	L	H	H	H
			H	L	L	H	H	H	L	H	H	H	H
			H	L	H	H	H	L	H	H	H	H	H
			H	H	L	H	L	H	H	H	H	H	H
			H	H	H	L	H	H	H	H	H	H	H

2. 74HC245 三态输出、八路信号收发器

74HC245 是一款高速 CMOS 器件，引脚兼容低功耗肖特基 TTL(LSTTL)系列，引脚逻辑如图 4-12 所示，74HC245 引脚定义详见表 4-4。74HC245 是一款三态输出、八路信号双向收发器，有两个控制端(OE、DIR)，逻辑功能见表 4-5。其中，DIR 为数据流向控制端，当 DIR 为高电平时，数据流向为 A→B；当 DIR 为低电平时，数据流向为 B→A。OE 为输出状态控制端，当 OE 为高电平时，输出为高阻态；当 OE 为低电平时，数据正常传输。

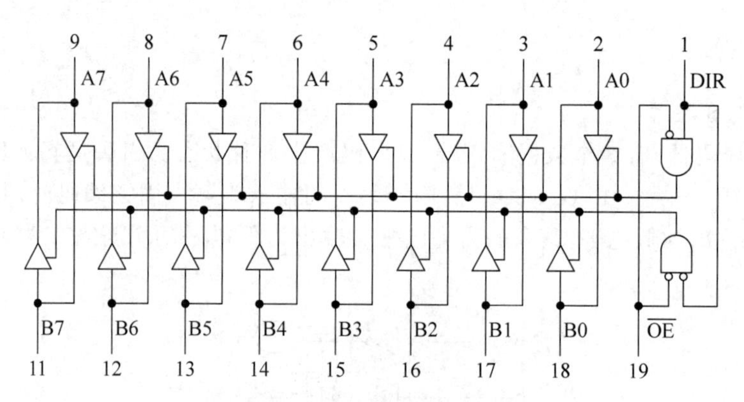

图 4-12 逻辑框图表

表 4-4 74HC245 引脚定义说明

符 号	引脚名称	引 脚 号	说 明
A0～A7	数据输入/输出	2～9	
B0～B7	数据输入/输出	18～11	
$\overline{OE}$	输出使能	19	
DIR	方向控制	1	DIR＝1，A→B；DIR＝0，B→A
GND	逻辑地	20	逻辑地
VDD	逻辑电源	10	电源端

表 4-5 功能真值表

输出使能	输出控制	工作状态
$\overline{OE}$	DIR	
L	L	B*n* 输入，A*n* 输出
L	H	A*n* 输入，B*n* 输出
H	X	高阻态

编程思路：单片机送 1 的段码给数码管，并选中位码（芯片 74LS138 引脚，Y7＝0），延时 2ms；单片机送 2 的段码给数码管，并选中位码（Y6＝0）；……单片机送 8 的段码给数码管，并选中位码（Y0＝0）；数码管扫描一遍后，单片机再送 1 的段码给数码管，并选中位码（Y7＝0），如此循环。

由于人眼对 2ms 左右闪烁信号感觉不出来，所以看到的数码管显示和要求的显示是一致的；但如果延时时间过长，就会发现显示数字闪动，这种快速扫描方法就是根据人眼的视觉暂停现象，使人眼分辨不出闪动频率很高的数码管数字，认为数码管都在一直显示。注意：要让数码管的"："点亮，需要在 DIG. 2 和 DIG. 4 选中时，把 DP（对应 D5、D6）点亮。其代码如下：

```
#include<reg52.h>
unsigned char const dofly[] = {0x3f,0x06,0x5b,0x4f,0x66,0x6d,0x7d,0x07,0x7f,0x6f};
// 共阴极 0123456789 的显示段码
unsigned char chi[] = {2,0,0,8,1,2,3,4};    //显示数据及排列序号
void delay_ms(unsigned int ms);             //延时
```

```
main()
{
  unsigned char i;
  while(1)                                //死循环
    {
      if(i == 1||i == 3)
            P0 = dofly[chi[i]]|0x80;      //添加 0x80 的目的是显示符号":"
      else
            P0 = dofly[chi[i]];           //显示数据的段码
    P2 = i;                               //送位选信号
    delay_ms(20);                         //延时 20ms,为了让每一个数码管延时显示 20ms
    i++;                                  //扫描下一位
    if(i == 8)                            //扫描一圈后重新计数
      i = 0;
    }
}
void delay_ms(unsigned int ms)
{
    unsigned int a;
    while(ms)
    {
        a = 80;
        while(a--);
        ms--;
    }
    return;
}
```

实验照片如图 4-13 所示。

图 4-13 数码管显示图

4.3 OLED 液晶

OLED,即有机发光二极管(Organic Light Emitting Diode)。相比传统的 LCD(Liquid Crystal Display,液晶显示屏)技术,OLED 显示技术具有明显的优势:LCD 屏幕厚度通常在 3mm 左右,而 OLED 屏幕厚度可以控制在 1mm 以内,并且更加轻盈;OLED 屏幕的液

态结构可以保证屏幕的抗衰性能，具有LCD不具备的广视角，可以实现超大范围内观看同一块屏幕，且画面不会失真；OLED屏幕的反应速度是LCD屏幕的1000倍，且OLED屏幕耐低温，可以在−40℃环境下正常显示，发光效率更高、能耗低、生态环保，可以制作成曲面屏，从而给人们带来不同的视觉冲击。

OLED具备自发光、不需背光源、对比度高、厚度薄、视角广、反应速度快、可用于挠曲性面板、使用温度范围广等优异特性，其应用技术的发展非常令人期待。其实物如图4-14所示。

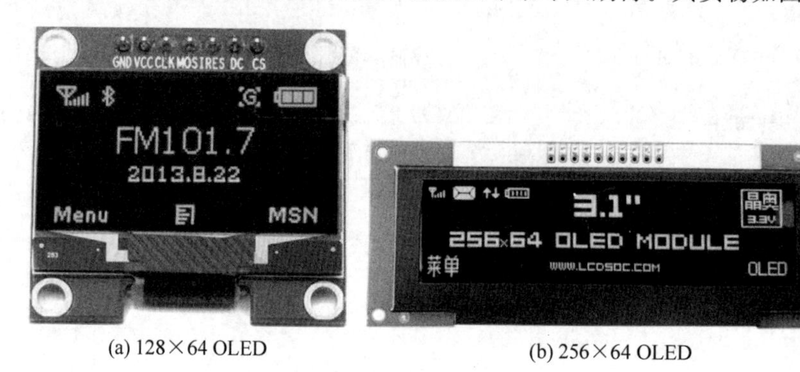

(a) 128×64 OLED (b) 256×64 OLED

图4-14 OLED显示屏

常用0.96寸(1寸＝3.333厘米)OLED显示屏如图4-14(a)所示，具有以下特点：

(1) 有黄蓝、白、蓝三种颜色可选；其中，黄蓝是屏上1/4为黄光，屏下3/4为蓝光；白则为纯白光，是黑底白字；蓝则为纯蓝色，是黑底蓝字。

(2) 分辨率为128×64。

(3) 多种接口方式。可采用6800、8080两种并行接口方式、3线或4线的串行SPI接口方式、I^2C接口方式，接口方式是通过OLED的BS0～BS2配置来确定。

SPI/I^2C通信后文有详细的介绍，这里先给SPI/I^2C接口定义：

1) SPI接口

(1) GND 电源地；

(2) VCC 电源正(3～5.5V)；

(3) D0 OLED的D0脚，在SPI通信中为时钟引脚；

(4) D1 OLED的D1脚，在SPI通信中为数据引脚；

(5) RES OLED的RES#脚，用来复位(低电平复位)；

(6) DC OLED的D/C#E脚，数据和命令控制引脚；

(7) CS OLED的CS#脚，也就是片选引脚。

2) I^2C接口

(1) GND 电源地；

(2) VCC 电源正(3～5.5V)；

(3) SCL OLED的D0脚，在I^2C通信中为时钟引脚；

(4) SDA OLED的D1脚，在I^2C通信中为数据引脚。

4线SPI模式下，写操作时序如图4-15所示。

OLED模块的显存为SSD1306，总共128×64bit，SSD1306的显存分为8页，对应关系如表4-6所示。

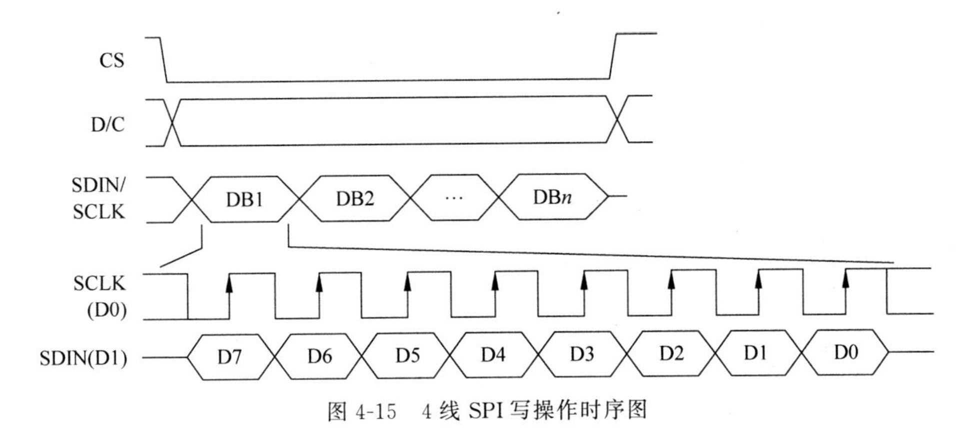

图 4-15 4 线 SPI 写操作时序图

表 4-6 SSD1306 显存与屏幕对应关系表

<table>
<tr><td rowspan="2"></td><td colspan="7">列(COL0～127)</td></tr>
<tr><td>SEG0</td><td>SEG1</td><td>SEG2</td><td>…</td><td>SEG125</td><td>SEG126</td><td>SEG127</td></tr>
<tr><td rowspan="7">行
(COM0～63)</td><td colspan="7">PAGE0</td></tr>
<tr><td colspan="7">PAGE1</td></tr>
<tr><td colspan="7">PAGE2</td></tr>
<tr><td colspan="7">PAGE3</td></tr>
<tr><td colspan="7">PAGE4</td></tr>
<tr><td colspan="7">PAGE5</td></tr>
<tr><td colspan="7">PAGE6</td></tr>
</table>

SSD1306 的命令比较多,仅介绍几个常用命令,如表 4-7 所示。

表 4-7 SSD1306 常用命令表

<table>
<tr><td rowspan="2">序号</td><td>指令</td><td colspan="8">各位描述</td><td rowspan="2">命　　令</td><td rowspan="2">说　　明</td></tr>
<tr><td>HEX</td><td>D7</td><td>D6</td><td>D5</td><td>D4</td><td>D3</td><td>D2</td><td>D1</td><td>D0</td></tr>
<tr><td rowspan="2">0</td><td>81</td><td>1</td><td>0</td><td>0</td><td>0</td><td>0</td><td>0</td><td>0</td><td>1</td><td rowspan="2">设置对比度</td><td rowspan="2">A 的值越大屏幕越亮,A 的范围 0x00～0xFF</td></tr>
<tr><td>A[7:0]</td><td>A7</td><td>A6</td><td>A5</td><td>A4</td><td>A3</td><td>A2</td><td>A1</td><td>A0</td></tr>
<tr><td>1</td><td>AE/AF</td><td>1</td><td>0</td><td>1</td><td>0</td><td>1</td><td>1</td><td>1</td><td>X0</td><td>设置显示开关</td><td>X0=0,关闭显示;X0=1,开启显示</td></tr>
<tr><td rowspan="2">2</td><td>8D</td><td>1</td><td>0</td><td>0</td><td>0</td><td>1</td><td>1</td><td>0</td><td>1</td><td rowspan="2">电荷泵设置</td><td rowspan="2">A2=0,关闭电荷泵;A2=1,开启电荷泵</td></tr>
<tr><td>A[7:0]</td><td>*</td><td>*</td><td>0</td><td>1</td><td>0</td><td>A2</td><td>0</td><td>0</td></tr>
<tr><td>3</td><td>B0～B7</td><td>1</td><td>0</td><td>1</td><td>1</td><td>0</td><td>X2</td><td>X1</td><td>X0</td><td>设置页地址</td><td>X[2:0]=0～7,对应页 0～7</td></tr>
<tr><td>4</td><td>00～0F</td><td>0</td><td>0</td><td>0</td><td>0</td><td>X3</td><td>X2</td><td>X1</td><td>X0</td><td>设置列地址低四位</td><td>设置 8 位起始列地址的低 4 位</td></tr>
<tr><td>5</td><td>10～1F</td><td>0</td><td>0</td><td>0</td><td>0</td><td>X3</td><td>X2</td><td>X1</td><td>X0</td><td>设置列地址高四位</td><td>设置 8 位起始列地址的高 4 位</td></tr>
</table>

OLED 显示屏的初始化过程如图 4-16 所示。

单片机与 OLED 显示屏的接线图如图 4-17 所示，采用了 7 线连接，用单片机模拟 SPI 时序。

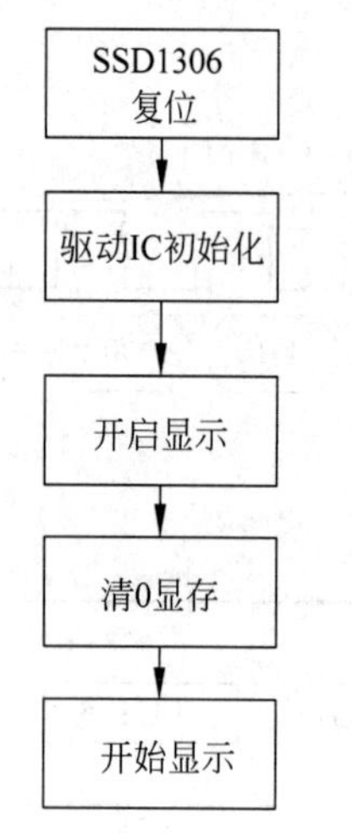

图 4-16　SSD1306 初始化框图

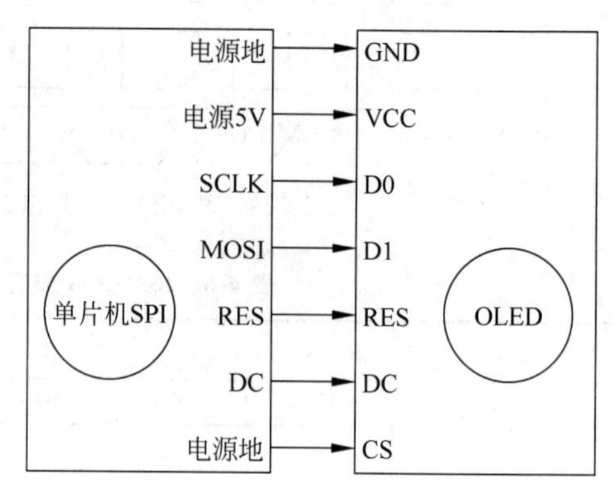

图 4-17　单片机与 OLED 接线图

提示：OLED 显示屏发展迅速，逐渐取代了 LCD1602 和 LCD12864 液晶，要好好掌握其应用。

提高篇

本例采用软件模拟 SPI 协议与 OLED 显示屏进行通信，让 OLED 显示指定字符，硬件连接如图 4-18 所示。

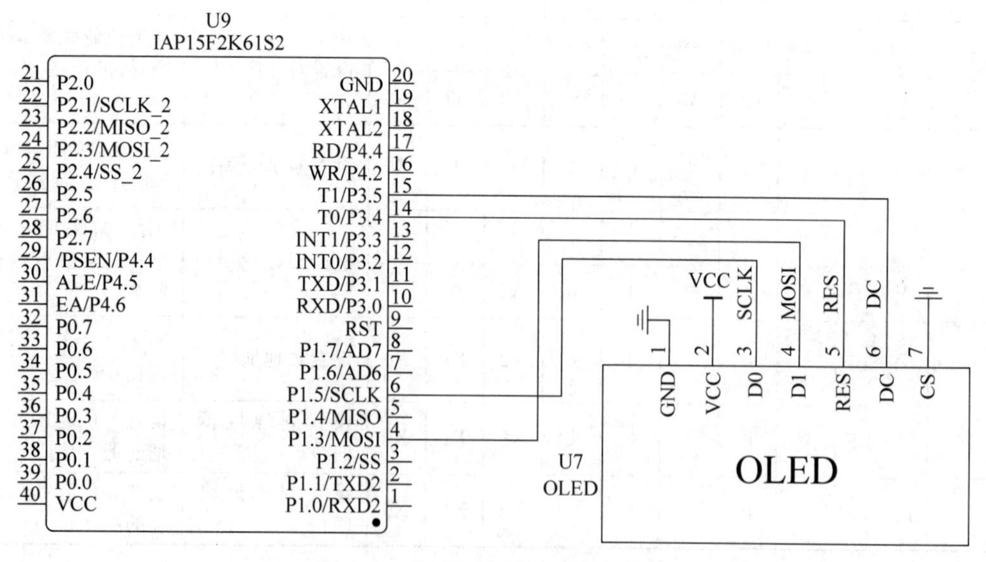

图 4-18　OLED 显示屏连接电路图

代码如下：

```
oled.h 库文件
#define u8 unsigned char
#define u32 unsigned int
#define OLED_CMD 0                          //写命令
#define OLED_DATA 1                         //写数据
#define OLED_MODE 0
sbit OLED_SCL = P1^5;                       //时钟 D0 (SCLK)
sbit OLED_SDIN = P1^3;                      //数据 D1(MOSI)
sbit OLED_RST = P3^4;                       //复位
sbit OLED_DC = P3^5;                        //数据/命令控制
#define OLED_RST_Clr() OLED_RST = 0         //定义 OLED_RST 置 0
#define OLED_RST_Set() OLED_RST = 1         //定义 OLED_RST 置 0
#define OLED_DC_Clr() OLED_DC = 0           //定义 OLED_DC 置 0
#define OLED_DC_Set() OLED_DC = 1           //定义 OLED_DC 置 1
#define OLED_SCLK_Clr() OLED_SCL = 0        //定义 OLED_SCL 置 0
#define OLED_SCLK_Set() OLED_SCL = 1        //定义 OLED_SCL 置 1
#define OLED_SDIN_Clr() OLED_SDIN = 0       //定义 OLED_SDIN 置 0
#define OLED_SDIN_Set() OLED_SDIN = 1       //定义 OLED_SDIN 置 1
#define SIZE 16
#define XLevelL        0x02
#define XLevelH        0x10
#define Max_Column     128
#define Max_Row        64
#define Brightness     0xFF
#define X_WIDTH        128
#define Y_WIDTH        64
main.c 文件
#include "REG51.h"
#include "oled.h"
#include "bmp.h"
void main(void)
{
    int main(void)
    {

        OLED_Init();                        //初始化 OLED
        OLED_Clear();                       //OLED 清屏
        OLED_ShowCHinese(0,0,0);            //显示"单"
        OLED_ShowCHinese(18,0,1);           //显示"片"
        OLED_ShowCHinese(36,0,2);           //显示"机"
        OLED_ShowCHinese(54,0,3);           //显示"实"
        OLED_ShowCHinese(72,0,4);           //显示"验"
        OLED_ShowCHinese(90,0,5);           //显示"平"
        OLED_ShowCHinese(108,0,6);          //显示"台"
        OLED_ShowString(0,4,"www.scmcub.com");
```

```
        OLED_ShowString(0,2,"welcome to visit");
        OLED_ShowString(0,6," ** OLED DISPLAY ** ");
    }
}
oled.c 文件
#include "oled.h"
#include "oledfont.h"
void delay_ms(unsigned int ms)
{
    unsigned int a;
    while(ms)
    {
        a = 80;
        while(a -- );
        ms -- ;
    }
    return;
}
#if OLED_MODE == 1
//向 SSD1106 写入一个字节
//dat:要写入的数据/命令
//cmd:数据/命令标志 0,表示命令;1,表示数据
void OLED_WR_Byte(u8 dat,u8 cmd)
{
    DATAOUT(dat);
    if(cmd)
    OLED_DC_Set();
    else
    OLED_DC_Clr();
    OLED_WR_Clr();
    OLED_WR_Set();
    OLED_DC_Set();
}
#else
//向 SSD1306 写入一个字节
//dat:要写入的数据/命令
//cmd:数据/命令标志 0,表示命令;1,表示数据
Void OLED_WR_Byte(u8 dat,u8 cmd)
{
    u8 i;
    if(cmd)
    OLED_DC_Set();
    else
    OLED_DC_Clr();
    for(i = 0;i < 8;i++)
    {
        OLED_SCLK_Clr();
```

```
        if(dat&0x80)
        {
          OLED_SDIN_Set();
        }
      else
        OLED_SDIN_Clr();
        OLED_SCLK_Set();
        dat <<= 1;
    }
    OLED_DC_Set();
}
#endif
void OLED_Set_Pos(unsigned char x,unsigned char y)
{
    OLED_WR_Byte(0xb0 + y,OLED_CMD);
    OLED_WR_Byte(((x&0xf0)>> 4)|0x10,OLED_CMD);
    OLED_WR_Byte((x&0x0f)|0x01,OLED_CMD);
}
//开启 OLED 显示
void OLED_Display_On(void)
{
    OLED_WR_Byte(0X8D,OLED_CMD);    //SETDCDC 命令
    OLED_WR_Byte(0X14,OLED_CMD);    //DCDCON
    OLED_WR_Byte(0XAF,OLED_CMD);    //DISPLAYON
}
//关闭 OLED 显示
void OLED_Display_Off(void)
{
    OLED_WR_Byte(0X8D,OLED_CMD);    //SETDCDC 命令
    OLED_WR_Byte(0X10,OLED_CMD);    //DCDCOFF
    OLED_WR_Byte(0XAE,OLED_CMD);    //DISPLAYOFF
}
//清屏函数,清完屏,整个屏幕是黑色的!
void OLED_Clear(void)
{
    u8 i,n;
    for(i = 0;i < 8;i++)
    {
        OLED_WR_Byte(0xb0 + i,OLED_CMD);    //设置页地址(0~7)
        OLED_WR_Byte(0x00,OLED_CMD);        //设置显示位置 - 列低地址
        OLED_WR_Byte(0x10,OLED_CMD);        //设置显示位置 - 列高地址
        for(n = 0;n < 128;n++)OLED_WR_Byte(0,OLED_DATA);
    } //更新显示
}
//在指定位置显示一个字符,包括部分字符
//x:0~127
//y:0~63
```

```
//mode:0,反白显示;1,正常显示
//size:选择字体 16/12
void OLED_ShowChar(u8 x,u8 y,u8 chr)
{
     unsigned char c = 0,i = 0;
     c = chr - '';          //得到偏移后的值
     if(x > Max_Column - 1){x = 0;y = y + 2;}
     if(SIZE == 16)
     {
          OLED_Set_Pos(x,y);
          for(i = 0;i < 8;i++)
          OLED_WR_Byte(F8x16[c * 16 + i],OLED_DATA);
          OLED_Set_Pos(x,y + 1);
          for(i = 0;i < 8;i++)
          OLED_WR_Byte(F8X16[c * 16 + i + 8],OLED_DATA);
     }
     else{
            OLED_Set_Pos(x,y + 1);
            for(i = 0;i < 6;i++)
            OLED_WR_Byte(F6x8[c][i],OLED_DATA);
          }
}
//m^n 函数
u32 oled_pow(u8 m,u8 n)
{
     u32 result = 1;
     while(n-- ) result *= m;
     return result;
}
//显示 2 个数字
//x,y:起点坐标
//len:数字的位数
//size2:字体的大小
//mode:模式:0,填充模式;1,叠加模式
//num:数值(0～4294967295);
void OLED_ShowNum(u8 x,u8 y,u32 num,u8 len,u8 size2)
{
     u8 t,temp;
     u8 enshow = 0;
     for(t = 0;t < len;t++)
     {
          temp = (num/oled_pow(10,len - t - 1)) % 10;
          if(enshow == 0&&t <(len - 1))
          {
               if(temp == 0)
               {
                 OLED_ShowChar(x + (size2/2) * t,y,'');
```

```
                continue;
            }else enshow = 1;

        }
        OLED_ShowChar(x + (size2/2) * t,y,temp + '0');
    }
}
//显示一个字符串
Void OLED_ShowString(u8 x,u8 y,u8 * chr)
{
    unsignedcharj = 0;
    while(chr[j]!= '\0')
    {
        OLED_ShowChar(x,y,chr[j]);
            x += 8;
        if(x > 120){x = 0;y += 2;}
            j++;
    }
}
//显示汉字
void OLED_ShowCHinese(u8 x,u8 y,u8 no)
{
    u8t,adder = 0;
    OLED_Set_Pos(x,y);
    for(t = 0;t < 16;t++)
    {
      OLED_WR_Byte(Hzk[2 * no][t],OLED_DATA);
      adder += 1;
    }
    OLED_Set_Pos(x,y + 1);
    for(t = 0;t < 16;t++)
    {
      OLED_WR_Byte(Hzk[2 * no + 1][t],OLED_DATA);
      adder += 1;
    }
}
/********* 功能描述:显示 BMP 图片 128×64 起点坐标(x,y),x 范围 0~127,y 为页范围 0~7
************/
void OLED_DrawBMP(unsigned char x0, unsigned char y0, unsigned char x1, unsigned char y1,
unsigned char BMP[])
{
    unsigned int j = 0;
    unsigned char x,y;
    if(y1 % 8 == 0) y = y1/8;
    else y = y1/8 + 1;
    for(y = y0;y < y1;y++)
    {
```

```
        OLED_Set_Pos(x0,y);
        for(x = x0;x < x1;x++)
        {
            OLED_WR_Byte(BMP[j++],OLED_DATA);
        }
    }
}
  //初始化 SSD1306
  void OLED_Init(void)
  {
    OLED_RST_Set();
    delay_ms(100);
    OLED_RST_Clr();
    delay_ms(100);
    OLED_RST_Set();
    OLED_WR_Byte(0xAE,OLED_CMD);   //--关闭 OLED
    OLED_WR_Byte(0x00,OLED_CMD);   //--- 设置低列地址
    OLED_WR_Byte(0x10,OLED_CMD);   //--- 设置高列地址
    OLED_WR_Byte(0x40,OLED_CMD);
    //--设置映射 RAM 显示起始行起始地址(0x00～0x3F)
    OLED_WR_Byte(0x81,OLED_CMD);   //-- 设置对比度控制寄存器
    OLED_WR_Byte(0xCF,OLED_CMD);   //--设置亮度
    OLED_WR_Byte(0xA1,OLED_CMD);   //--左右反置 0xa1 正常
    OLED_WR_Byte(0xC8,OLED_CMD);   //--上下反置 0xc8 正常
    OLED_WR_Byte(0xA6,OLED_CMD);   //--正常显示设置
    OLED_WR_Byte(0xA8,OLED_CMD);   //--设置复用率(1～64)
    OLED_WR_Byte(0x3f,OLED_CMD);   //-- 1/64 工作
    OLED_WR_Byte(0xD3,OLED_CMD);
    //--设置显示移位映射 RAM 计数器(0x00～0x3F)
    OLED_WR_Byte(0x00,OLED_CMD);   //---不偏移
    OLED_WR_Byte(0xd5,OLED_CMD);   //-- 设置显示时钟振荡器频率
    OLED_WR_Byte(0x80,OLED_CMD);   //-- 设置分频比,设置时钟为 100 帧/s
    OLED_WR_Byte(0xD9,OLED_CMD);   //-- 设定预充电时间
    OLED_WR_Byte(0xF1,OLED_CMD);   //-- 设置预充电 15 个时钟和放电 1 个时钟
    OLED_WR_Byte(0xDA,OLED_CMD);   //-- COM 引脚的硬件配置
    OLED_WR_Byte(0x12,OLED_CMD);
    OLED_WR_Byte(0xDB,OLED_CMD);   //--设置 VCOMH
    OLED_WR_Byte(0x40,OLED_CMD);   //--设置 VCOM 取消级别
    OLED_WR_Byte(0x20,OLED_CMD);   //--设置页面寻址模式(0x00/0x01/0x02)
    OLED_WR_Byte(0x02,OLED_CMD);   //
    OLED_WR_Byte(0x8D,OLED_CMD);   //-- 设置充电启用/禁用
    OLED_WR_Byte(0x14,OLED_CMD);   //-- 设置(0x10) 禁用
    OLED_WR_Byte(0xA4,OLED_CMD);   //-- 禁用显示(0xa4/0xa5)
    OLED_WR_Byte(0xA6,OLED_CMD);   //-- 禁用反向显示(0xa6/a7)
    OLED_WR_Byte(0xAF,OLED_CMD);   //-- 打开 OLED
    OLED_Clear();
    OLED_Set_Pos(0,0);
}
```

实物照片如图 4-19 所示。

图 4-19　OLED 显示屏显示图

4.4　触摸屏

DMG10600C070_03W 触摸屏属于迪文科技的 T5L 系列新款触摸屏，主要特点如下：

(1) 采用应用最广泛的 8051 核，1T(单指令周期)高速工作，最高主频 300MHz。

(2) 独立的 CPU 核(GUICPU)运行 DGUS2 系统：内置高速显存，分辨率达 1366×768；1920×1080@100fps 的 JPEG 硬件解码器，图片显示仅需 5ms，动画和图标为主的 UI 极其炫酷、流畅。

(3) 独立的 CPU 核(OSCPU)运行 8051 代码或迪文 DWINOS 系统：标准 8051 架构和指令集，64KB 代码空间，32KB 片内 RAM。64bit 整数型数学运算单元(MDU)，包括 64bit MAC 和 64bit 除法器。内置软件 WDT，3 个 16bit Timers，12 路中断信号支持最高四级中断嵌套。22 个 I/O 口，4 路 UART，1 路 CAN 接口，最多 8 路 12bit A/D 转换器，1 路 16bit 分辨率可调的 PWM。支持 IAP 在线仿真和调试，断点数量无限制。

(4) 1MB 片内 Flash，迪文专利加密技术，确保代码和数据安全，杜绝山寨和克隆。

(5) 支持 SD 接口下载和配置，支持 SD 卡文件的读取和改写，适合批量配置。

提示：迪文触摸屏是目前流行的串口屏，应用简单，掌握串口通信就会使用触摸屏；触摸屏配置不复杂，通常观看演示视频就能轻松学会，希望读者能掌握其应用方法。

4.4.1　T5L_DGUSⅡ开发体系

DGUS(DWIN Graphic Utilized Software)开发体系是由 DGUS 屏和 DGUS 开发软件构成的。

DGUS 屏基于配置文件工作，用户利用 PC 端 DGUS 开发软件辅助设计完成变量配置文件。开发体系包括下面几个内容：

1. 变量规划

用户可在做工程前制作一个表格，对所需要的变量地址作一个框定和规划，以便后续工程的修改和维护。

2. 界面设计

简单界面用户可自己制作，复杂或美观度要求较高的界面可让专业美工制作。图标图片制作和图片一样。

3. 界面配置

通过 PC 端 T5L_DGUSⅡ软件对界面进行配置，做完工程后，依次点击软件左上角“文件”选项的“保存”与“生成”，会生成 13.BIN 触控配置文件、14.BIN 显示配置文件以及 22.BIN 变量初始化文件。

4. 测试修改

将需要的文件放到 DWIN_SET 文件夹，通过 SD 卡下载到屏里。顺序为：屏掉电→插卡→上电→蓝屏读取 SD 卡内容，下载完成显示“SDCardProcess…END!”→掉电、退出 SD 卡→上电。

5. 定版归档

定版后将配置文件、图片文件、图标、字库等放到 DWIN_SET 文件夹，量产通过 SD 卡下载即可。

4.4.2 触摸屏软件配置

1. 设计图片

由于触摸屏分辨率为 1024×600 像素，所以选择图片分辨率为 1026×600 像素。本例设计两幅图，如图 4-20 所示，一幅主图作背景用，另一幅图作按键背景用。两幅图采用相同尺寸和图案，但色彩有区别，目的是按下键后背景图片有明显变化，提示按键按下。

(a) 背景图

(b) 触摸屏按键显示底图

图 4-20 触摸屏背景图片

2. 设置触摸屏显示控件和触摸控件

操作界面如图 4-21 所示，界面中间为设置对象，右侧为设置属性。

1）配置参数

数码管测试区：

变量地址：1002

显示数据：一个字，只显示一位

发送数据：5A A5 05 82 10 02 00 07 显示 7

按钮发送指令：

开灯按钮：5A A5 06 83 00 00 01 29 30

关灯按钮：5A A5 06 83 00 00 01 21 31

2）写变量存储器指令(0x82)

此处以向 1000 变量地址里写数值 2 为例：

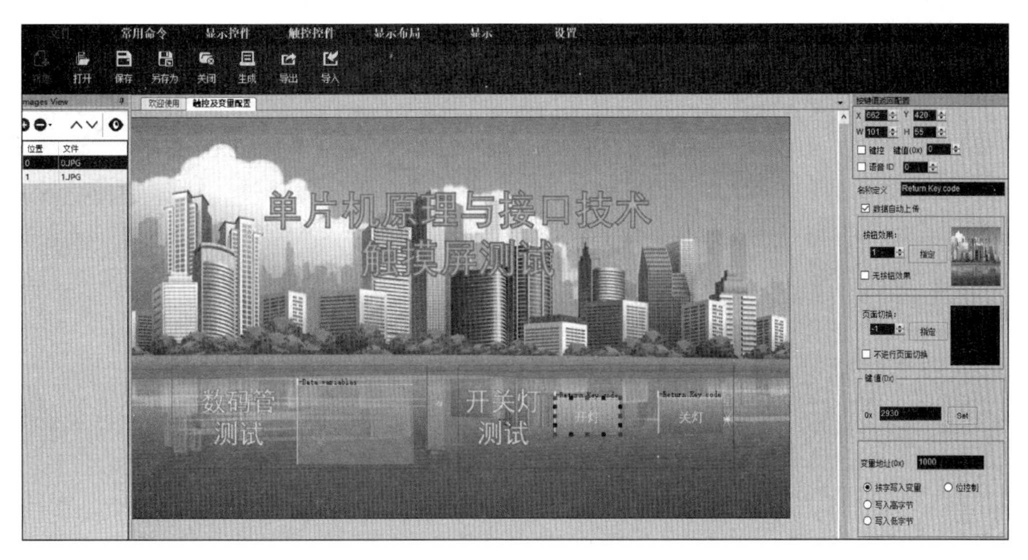

图 4-21 触摸屏配置软件设计界面

5A A5 05 82 10 00 00 02

5A A5 表示：帧头

05 表示：数据长度

82 表示：写变量存储器指令

10 00 表示：变量地址(两字节)

00 02 表示：数据 2(两字节)

解释：通过指令向 10 00 地址赋值 2，屏上显示的数据为整数类型 2。

3) 触摸按键返回到串口数据(0x83)

此处以变量地址 0x1001，返回键值 0x0002 为例：

5A A5 06 83 10 01 01 00 02

5A A5 表示：帧头

06 表示：数据长度

83 表示：读变量存储器指令指令

10 01 表示：变量地址(两个字节)

01 表示：1 个字长度数据

00 02 表示：键值 0002

按键返回(非基本触控)在系统配置 CFG 文件配置了数据上传之后，可以通过串口发出。

上传的协议格式：(按键返回地址 1001 键值 000A)5AA50683100101000A

3. 保存工程并生成配置文件

把文件存入 SD 卡并插入触摸屏，然后上电，触摸屏会自动配置，配置成功后，取出 SD 卡即可正常使用触摸屏。

提高篇

用触摸屏显示开发板的矩阵键盘的按键值,并控制指示灯的开关。主要代码如下:

```
#include "STC15F2K60S2.h"
#include "intrins.h"
#define uchar unsigned char
sbit LED = P4^1;
unsigned char key = 10;      //按键赋初值
void Uart_SendScreen(uchar add,uchar High_dat,uchar Low_dat);
unsigned char kscan(void);
void UartInit(void);
void delay(unsigned char z) //延时
{
  unsigned char x,y;
  for(x = z;x > 0;x -- )
  for(y = 110;y > 0;y -- );
}
void main()
{
    UartInit();              //串口初始化
    while(1){
        key = kscan();
        if(key >= 0&&key < 10) Uart_SendScreen(0x02,0,key);
        }
}

void UartInit(void)          //115200bps@11.0592MHz
{
    PCON &= 0x7F;            //波特率不倍速
    SCON = 0x50;             //8 位数据,可变波特率
    AUXR |= 0x40;            //定时器 1 时钟为 Fosc,即 1T
    AUXR &= 0xFE;            //串口 1 选择定时器 1 为波特率发生器
    TMOD &= 0x0F;            //清除定时器 1 模式位
    TMOD |= 0x20;            //设定定时器 1 为 8 位自动重装方式
    TL1 = 0xFD;              //设定定时初值
    TH1 = 0xFD;              //设定定时器重装值
    ET1 = 0;                 //禁止定时器 1 中断
    TR1 = 1;                 //启动定时器 1
    ES = 1;                  //开串口中断
    EA = 1;                  //开总中断
}
/******** 键盘扫描子程序 *****/
unsigned char kscan(void)
{
```

```
    unsigned char i,temp,key = 16;
    for(i = 0;i < 4;i++)
    {
        P0 = _crol_(0xFE,i);                //逐行扫描
        temp = P0;                          //读取键值
        temp = temp&0xF0;                   //屏蔽低 4 位行值
        if(temp!= 0xF0)                     //高 4 位列值不全为 1,说明有键按下,延时去抖动
        {
            Delay5ms();                     //延时,按键消抖动
            temp = P0;                      //读取键盘状态
            temp = temp&0xF0;               //屏蔽低 4 位
            if(temp!= 0xF0)                 //有键按下
            {
                temp = P0;                  //读取键盘状态
                switch(temp)                //根据按键所在行与列位置确定键号
                {
                    case 0xee:key = 1;break;  //按下按键"1"
                    case 0xde:key = 2;break;  //按下按键"2"
                    case 0xbe:key = 3;break;  //按下按键"3"
                    case 0x7e:key = 11;break; //按下按键"M1"
                    case 0xed:key = 4;break;  //按下按键"4"
                    case 0xdd:key = 5;break;  //按下按键"5"
                    case 0xbd:key = 6;break;  //按下按键"6"
                    case 0x7d:key = 12;break; //按下按键"M2"
                    case 0xeb:key = 7;break;  //按下按键"7"
                    case 0xdb:key = 8;break;  //按下按键"8"
                    case 0xbb:key = 9;break;  //按下按键"9"
                    case 0x7b:key = 13;break; //按下按键"M3"
                    case 0xe7:key = 0;break;  //按下按键"0"
                    case 0xd7:key = 15;break; //按下按键"OK"
                    case 0xb7:key = 10;break; //按下按键"C"
                    case 0x77:key = 14;break; //按下按键"M4"
                    default:break;
                }
                while((temp&0xF0)!= 0xF0)   //等待按键释放
                {
                    temp = P0;
                    temp = temp&0xF0;
                }
            }
        }
    }
    return key;
}

void RECEIVE_DATA(void) interrupt 4 using 3     //与触摸屏通信判断数据
{
    if(RI){
```

```
            RI = 0;
            if(SBUF == 0x30) LED = 0; //收到开灯按键值
            if(SBUF == 0x31) LED = 1; //收到关灯按键值
        }
    }
    void UartScreen(unsigned char a,unsigned char b,unsigned char c)    //发送触摸屏的一串字符
    {                           //a 为变量地址,b、c 为数据
        SBUF = 0x5A;
        while(TI == 0);         //等待发送结束
        TI = 0;                 //清中断标志
        SBUF = 0xA5;            //发送触摸屏标志数据
        while(TI == 0);         //等待发送结束
        TI = 0;                 //清中断标志
        SBUF = 0x05;            //发送触摸屏数据位数
        while(TI == 0);         //等待发送结束
        TI = 0;                 //清中断标志
        SBUF = 0x82;            //发送触摸屏关键字
        while(TI == 0);         //等待发送结束
        TI = 0;                 //清中断标志
        SBUF = 0x10;            //发送触摸屏变量地址高位
        while(TI == 0);         //等待发送结束
        TI = 0;                 //清中断标志
        SBUF = a;               //发送触摸屏变量地址低位
        while(TI == 0);         //等待发送结束
        TI = 0;                 //清中断标志
        SBUF = b;               //发送触摸屏显示数据
        while(TI == 0);         //等待发送结束
        TI = 0;                 //清中断标志
        SBUF = c;               //发送触摸屏显示数据
        while(TI == 0);         //等待发送结束
        TI = 0;                 //清中断标志
      }
    }
```

实物照片如图 4-22 所示。

图 4-22 触摸屏显示图

4.5　键盘的应用

单片机最常用的输入电路是键盘，键盘主要分为两类，一类是独立式键盘，另一类是矩阵式键盘。图 4-23 所示为独立式键盘和电路连接图，当键盘按下后，相应端口变成低电平；程序通过查询法判断端口是否为低电平，如果是，就进入此键盘处理程序。

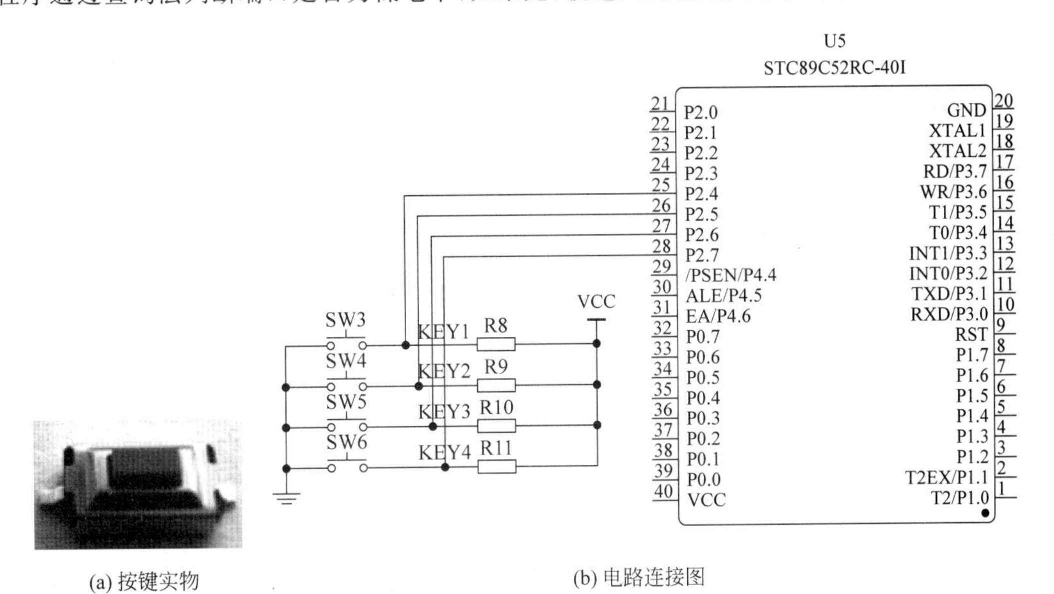

(a) 按键实物　　(b) 电路连接图

图 4-23　独立式按键和电路连接图

提高篇

按下 KEY1、KEY2、KEY3、KEY4 按键，数码管分别对应显示 1、2、3、4，数码管电路连接见图 4-23。

解题过程：

```
#include<reg52.h>
unsigned char const dofly[] = {0x3f,0x06,0x5b,0x4f,0x66,0x6d,0x7d,0x07,0x7f,0x6f};
                                                    //0123456789
unsigned char code seg[] = {0,1,2,3,4,5,6,7};       //位码
unsigned char chi[] = {2,0,1,8,1,2,3,4};
void delay_ms(unsigned int ms);
sbit key1 = P2^4;
sbit key2 = P2^5;
sbit key3 = P2^6;
sbit key4 = P2^7;
```

```
main()
{
unsigned char i;
while(1)
{
    if(!key1)                              //等同于(key1 == 0)
    {
      delay_ms(1);                         //消抖动
      while(!key1);                        //等待释放按键
      P0 = dofly[1];                       //数码管显示数字"1"
    }
    if(!key2)
    {
      delay_ms(1);                         //消抖动
      if(!key2)
        {
            while(!key2);                  //等待释放按键
            P0 = dofly[2];                 //数码管显示数字"2"
        }
      }
        if(!key3)
        {
          delay_ms(1);                     //消抖动
          if(!key3)
          {
            while(!key3);                  //等待释放按键
            P0 = dofly[3];                 //数码管显示数字"3"
          }
        }
        if(!key4)
        {
          delay_ms(1);                     //消抖动
          if(!key4)
          {
            while(!key3);                  //等待释放按键
            P0 = dofly[4];                 //数码管显示数字"4"
          }
        }
      }
}
void delay_ms(unsigned int ms) //延时程序
{
    unsignedinta;
    while(ms)
    {
        a = 80;              //根据单片机型号和晶振频率的经典设置参数
        while(a--);
        ms--;
    }
}
```

实物照片如图 4-24 所示。矩阵式键盘和接线原理图如图 4-25 所示。

图 4-24 独立按键实物图

独立式键盘适合键盘数量较少的场合，因为占用单片机的端口较多，比如 8 个键盘都采用独立式键盘，就需要占用单片机 8 个端口；而矩阵式键盘可以节省单片机端口，4×4 的矩阵键盘占用 8 个端口，可以实现 16 个按键。

矩阵式键盘通常采用扫描法识别按键。常用行扫描法的工作原理：如果把行线设置为单片机的输入口线，列线设置为单片机的输出口线，则按键号的识别过程是先令 0 行线 P0.0 为低电平“0”，其余 3 根列线都为高电平，逐行检查行线状态。如果列线 P0.4～P0.7 都为高电平“1”，则 P0.0 这一行上没有按键闭合，若 P0.4～P0.7 中有一列为低电平，则该行线与列线交叉的按键按下。如果 P0.0 这一行上没有按键闭合，接着再使 P0.1 为低电平，其余行线为高电平。用同样的方法检查 P0.1 这一行上有无按键闭合，以此类推。这样逐列扫描(只有一行为低)，读入各列线的电平，然后根据行列的状态进行计算键值。

提示：键盘动态扫描方法相对复杂，但能够节省按键和单片机端口，目前应用较广泛；采用动态扫描的矩阵键盘算法较多，至少需要掌握一种。

对于键盘操作还有一个重要问题，即按键抖动现象。通常的按键所用开关为机械弹性开关。由于机械触电的弹性作用，按键在闭合及断开的瞬间均伴随有一连串的抖动。键抖动会引起一次按键被误读多次。如图 4-26 所示的 t_1 和 t_3 分别为键的闭合和断开过程中的抖动期(呈现一串负脉冲)，抖动时间长短与开关机械特性有关，一般为 5～10ms；t_2 为稳定的闭合期，其时间由按键动作确定，一般为十分之几秒到几秒；t_0、t_4 为断开期。常用按键消抖方法是软件消抖，检测到按键按下后，延迟一段时间(10ms 左右)后再检测按键，如果确认有键按下，才开始处理对应程序。

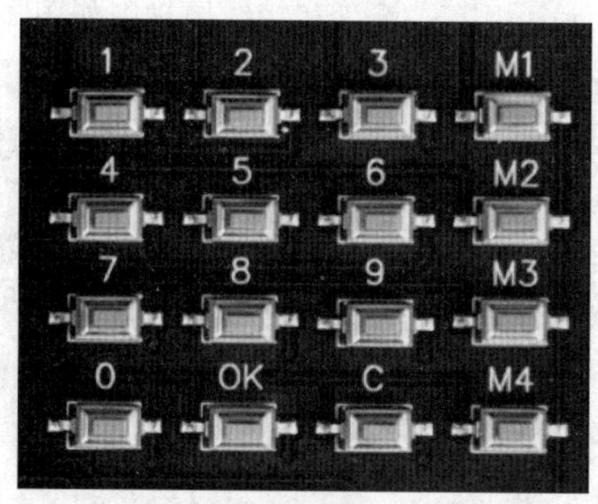

(a) 实物图

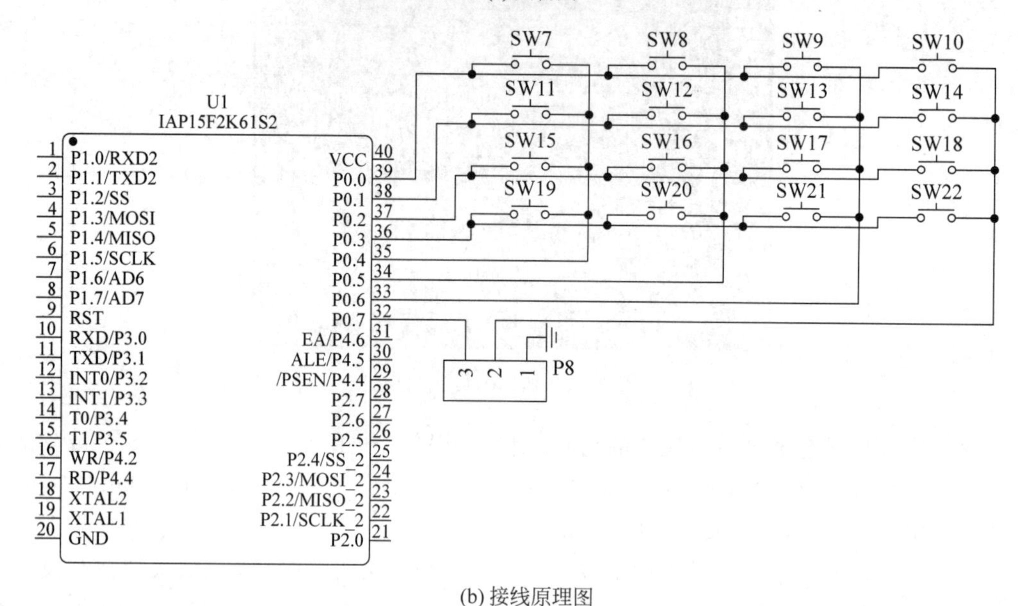

(b) 接线原理图

图 4-25 矩阵式键盘和接线原理图

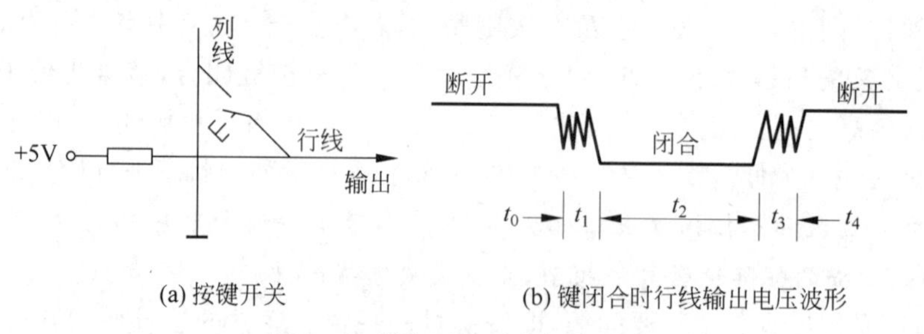

(a) 按键开关　　(b) 键闭合时行线输出电压波形

图 4-26 键盘开关及其行线波形

提高篇

按下矩阵键盘的按键，在 OLED 显示屏上分别显示相应的键值。电路如图 4-27 所示。

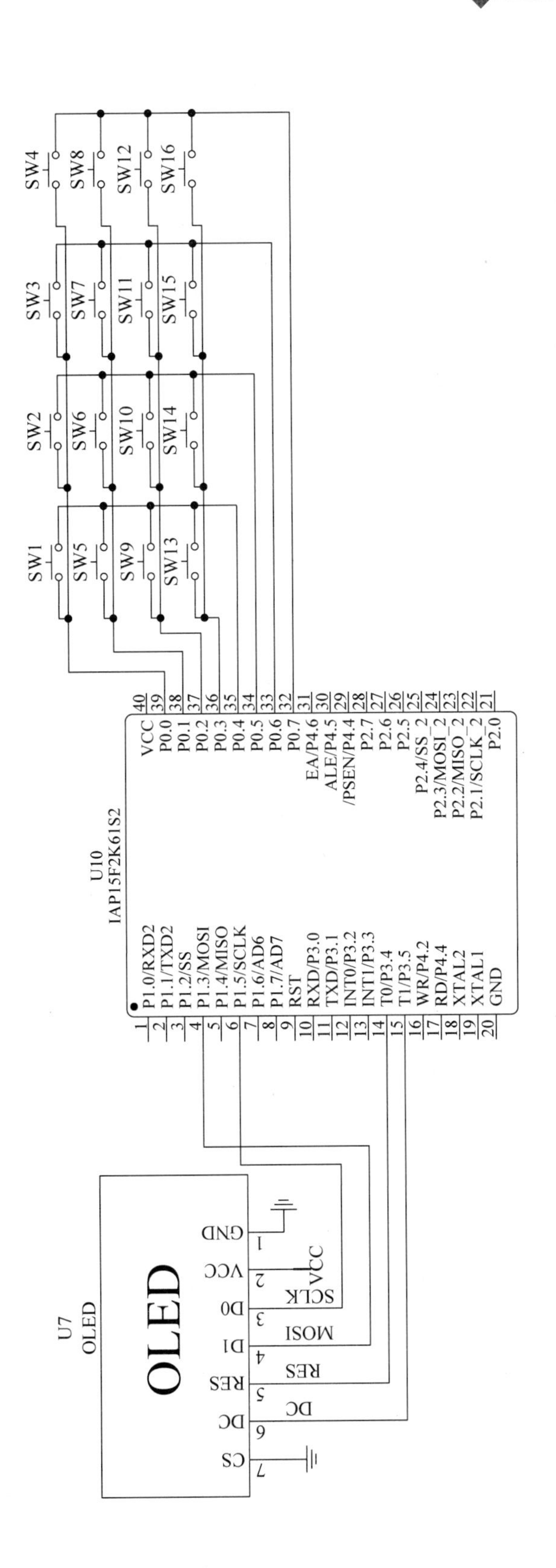

图 4-27 矩阵键盘电路原理图

代码如下。

```
#include "REG51.h"
#include "oled.h"
#include "intrins.h"
unsigned char kscan(void);
/********键盘扫描子程序*****/
void Delay5ms()                    //11.0592MHz 下延时 5ms
{
    unsigned char i, j;
    i = 54;
    j = 199;
    do
    {
      while (--j);
    } while (--i);
}
unsigned char kscan(void)
{
    unsigned char i,temp,key=16;
    for(i=0;i<4;i++)
    {
        P0=_crol_(0xFE,i);                      //逐行扫描
        temp=P0;                                //读取键值
        temp=temp&0xF0;                         //屏蔽低4位行值
        if(temp!=0xF0)                        //高4位列值不全为1,说明有键按下,延时去抖动
        {
            Delay5ms();                         //延时,按键消抖动
            temp=P0;                            //读取键盘状态
            temp=temp&0xF0;                     //屏蔽低4位
            if(temp!=0xF0)                      //有键按下
            {
                temp=P0;                        //读取键盘状态
                switch(temp)                    //根据按键所在行与列位置确定键号
                {
                    case 0xee:key=1;break;      //按下按键"1"
                    case 0xde:key=2;break;      //按下按键"2"
                    case 0xbe:key=3;break;      //按下按键"3"
                    case 0x7e:key=11;break;     //按下按键"M1"
                    case 0xed:key=4;break;      //按下按键"4"
                    case 0xdd:key=5;break;      //按下按键"5"
                    case 0xbd:key=6;break;      //按下按键"6"
                    case 0x7d:key=12;break;     //按下按键"M2"
                    case 0xeb:key=7;break;      //按下按键"7"
                    case 0xdb:key=8;break;      //按下按键"8"
                    case 0xbb:key=9;break;      //按下按键"9"
                    case 0x7b:key=13;break;     //按下按键"M3"
                    case 0xe7:key=0;break;      //按下按键"0"
                    case 0xd7:key=15;break;     //按下按键"OK"
                    case 0xb7:key=10;break;     //按下按键"C"
                    case 0x77:key=14;break;     //按下按键"M4"
```

```
                    default:break;
                }
                while((temp&0xF0)!= 0xF0)               //等待按键释放
                {
                    temp = P0;
                    temp = temp&0xF0;
                }
            }
        }
    }
    return key;
}
void main(void)
{
    u8 key = 0;
    LED_Init();                                         //LED 端口初始化
    OLED_Init();                                        //初始化 OLED
    OLED_Clear() ;
    OLED_ShowCHinese(0,0,0);                            //显示字符"矩" 第一行显示
    OLED_ShowCHinese(18,0,1);                           //显示字符"阵"
    OLED_ShowCHinese(36,0,2);                           //显示字符"键"
    OLED_ShowCHinese(54,0,3);                           //显示字符"盘"
    OLED_ShowCHinese(72,0,4);                           //显示字符"测"
    OLED_ShowCHinese(90,0,5);                           //显示字符"试"
    OLED_ShowCHinese(0,2,6);                            //显示字符"按" 第二行显示
    OLED_ShowCHinese(18,2,7);                           //显示字符"下"
    OLED_ShowCHinese(36,2,8);                           //显示字符"了"
    OLED_ShowCHinese(54,2,9);                           //显示字符"以"
    OLED_ShowCHinese(72,2,10);                          //显示字符"下"
    OLED_ShowCHinese(90,2,11);                          //显示字符"按"
    OLED_ShowCHinese(108,2,12);                         //显示字符"键"
    while(1)
    {
        key = kscan();
        if(key < 10) OLED_ShowChar(0,4,key + '0');      //第三行显示"0~9"
        switch(key)
        {
            case 11:OLED_ShowString(0,6,"M1");break;    //第四行显示"M1"
            case 12:OLED_ShowString(0,6,"M2");break;    //第四行显示"M2"
            case 13:OLED_ShowString(0,6,"M3");break;    //第四行显示"M3"
            case 14:OLED_ShowString(0,6,"M4");break;    //第四行显示"M4"
            case 15:OLED_ShowString(0,6,"OK");break;    //第四行显示"OK"
            case 10:OLED_ShowString(0,6,"C ");break;    //第四行显示"C"
        }
    }
}
```

实物照片如图 4-28 所示。

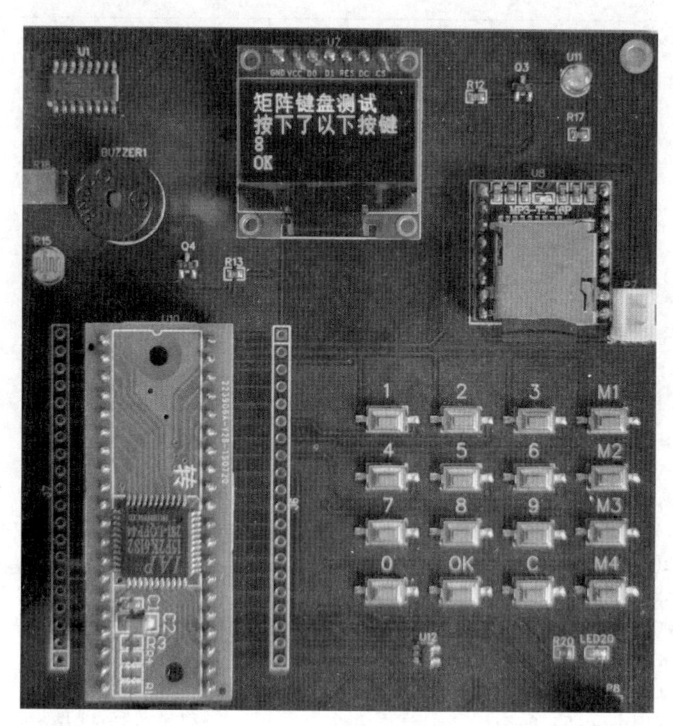

图 4-28　矩阵键盘实物图

习题与思考

4-1　普通发光二极管的电流是多少？如何与单片机连接？

4-2　共阴极数码管和共阳极数码管有什么区别？

4-3　数码管动态显示和静态显示有什么区别？阐述动态显示的原理。

4-4　迪文触摸屏的工作原理是什么？试描述其开发流程。

4-5　键盘扫描的原理是什么？

4-6　编写程序实现矩阵键盘在数码管上的显示，比如按下数字 1，数码管显示 1。

第5章

单片机中断系统设计

【学习指南】

通过本章的学习，了解单片机中断的基本原理，理解中断优先级和中断嵌套，学会设置中断优先级；掌握中断允许的条件，掌握中断标志的触发条件和清除要求，会编写中断服务程序。中断系统是单片机的一个重要功能，它保证一些级别较高或比较重要的事件能够避免等待，立刻执行，对于检测或控制实时性要求较高的场合非常有用。本章的难点在于无法掌握中断发生具体时刻或在哪行程序上中断，学习中主要理解中断工作原理，通过原理判断中断执行时机，从而熟练掌握中断系统。

5.1 中断系统概述

中断是指 CPU 在执行程序的过程中，有某随机事件发生，CPU 暂停正在执行的程序，转去执行处理该事件，处理完该事件后，又返回被中止的程序处继续执行。

在中断系统中，通常将 CPU 正常运行的程序称为主程序，把引起中断的设备或事件称为中断源。由中断源向 CPU 所发出的请求中断的信号称为中断请求信号。CPU 接受中断申请，终止当前程序，而转去执行中断服务程序称为中断响应。服务于中断事件的程序称为中断服务程序，也称为中断处理程序。当前程序被中断的地方称为断点，执行完中断服务程序后返回源程序断点处称为中断返回。

很多读者对中断很困惑，不能理解其含义，也不知道如何应用？举个例子，如果你正在网上看电影（运行主程序），突然热水壶响了（中断产生），你不得不去冲水（在主程序中断那一刻不再运行下一程序语句），你只得先把电影暂停（单片机自动操作），去冲水后（运行中断服务程序）再继续看电影，这就涉及许多中断概念；按电影暂停键，有个专有名词叫断点；等冲水结束了，你又继续看电影，等于又重新从断点继续。

中断不同于一般的查询方法，查询法查询开水状态会消耗主人大量精力，而热水壶会发出响声提醒主人水开，即热水壶（中断源）主动推送水开消息，主人收到消息后会执行(中断响应),可以大大提高 CPU 效率。中断执行事件不会占用 CPU 大量时间,并且提高了响应事件效率,在一些工业领域的数据采集、监控等方面非常有用。中断流程如图 5-1 所示。

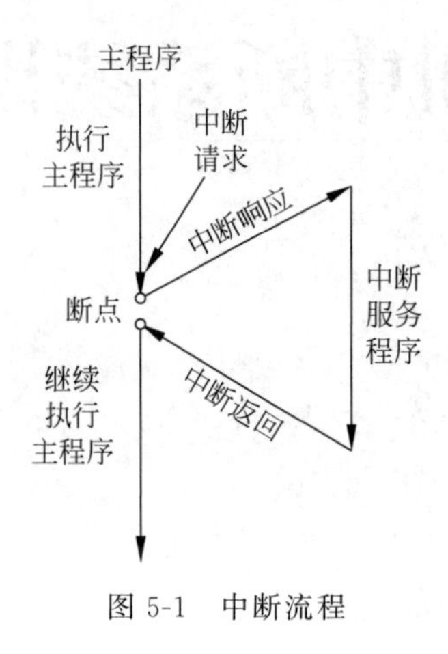

图 5-1 中断流程

5.2 中断优先级含义

一个单片机应用系统,特别是单片机实时测控系统,往往有多个中断源,各中断源所要求的处理具有不同的轻重、缓急程度。与人处理问题的思路一样,希望重要紧急的事件先处理。如果当前正在处理某个事件中,有更重要、更紧急的事件到来,就应当暂停当前事件的处理,转去处理新事件,这就是中断系统优先级控制所要解决的问题。中断优先级的控制可以形成中断嵌套,见图 5-2。

所谓中断优先级,就是当有多个中断时优先执行哪一个。当中断正在进行时,优先级高的中断可以打断现有的中断,优先执行。如果你正在看电影(主程序),电话铃响了,你去接电话(响应一个中断),这时水又开了,你暂停电话先冲水(前一个中断没有结束又响应了一个中断),冲完水再接电话,接完电话后你继续看电影,这种方式叫中断嵌套。

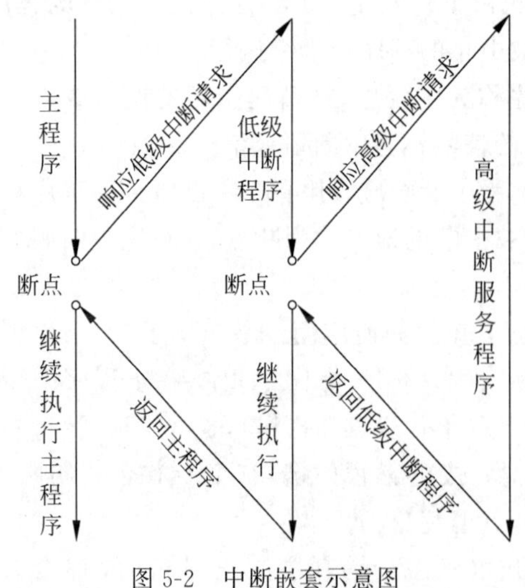

图 5-2 中断嵌套示意图

中断是如何发生的呢?中断处理过程可分为中断请求、中断响应、中断服务和中断返回。中断源发出中断申请,但要执行(响应)中断还要 CPU 许可,也叫中断允许条件,以图 5-3 为例说明。

MCS-51 单片机有 5 个中断源,其中 2 个外部中断、2 个定时器/计数器中断和 1 个串行中断,下面分别介绍。

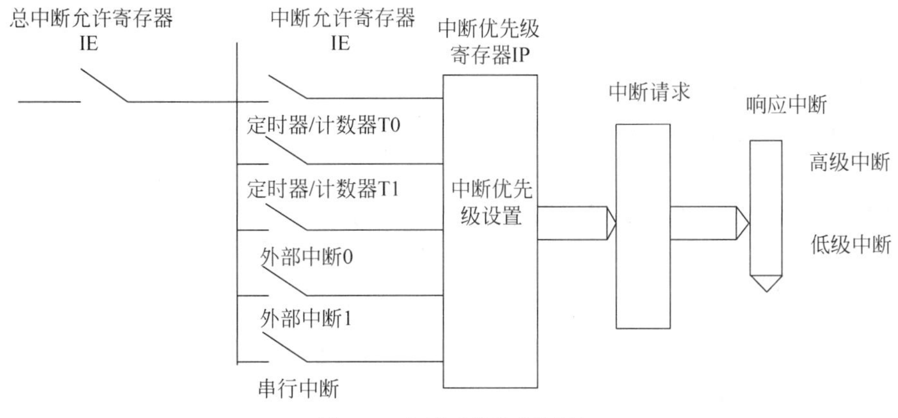

图 5-3　中断系统控制原理

(1) 外部中断源。外部中断是由外部请求信号引起的，共有 2 个中断源：$\overline{\text{INT0}}$ 和 $\overline{\text{INT1}}$。$\overline{\text{INT0}}$：外部中断 0，由 P3.2 端口线引入，低电平或下降沿触发。所谓低电平触发，是指只要是低电平，中断一直进行。所谓下降沿触发，即当端口由高电平变成低电平时，中断才能发生。$\overline{\text{INT1}}$：外部触中断 1，由 P3.3 端口线引入，低电平或下降沿触发。

(2) 定时器/计数器中断源。单片机内有 2 个定时器/计数器 T0、T1，通过一种计数结构，实现定时/计数功能，当计数值发生溢出时，表明已经达到预期定时时间或计数值，定时器/计数器的中断请求标志位 TF0 或 TF1 被置 1，也就向 CPU 发出了中断请求的申请。

(3) 串行口中断源。当串行口接收或发送完一组数据时，便产生一个中断请求，特殊功能寄存器 SCON 中的 RI 或 TI 被置 1。TI/RI：串行通信中断，完成一帧字符发送/接收后触发。

5.3　中断源及中断请求

5.3.1　中断源的中断入口地址

以 MCS-51 单片机为例，每一个中断源都有对应的固定不变的中断入口地址，哪一个中断源中断，CPU 就自动跳转到相应的中断入口地址执行程序。中断源及中断号见表 5-1。

表 5-1　中断源及中断号

中　断　源	C51 中断号
外部中断源 $\overline{\text{INT0}}$	0
定时器/计数器 T0 溢出中断	1
外部中断源 $\overline{\text{INT1}}$	2
定时器/计数器 T1 溢出中断	3
串行口中断源	4

5.3.2 中断请求

要实现中断，首先中断源要提出中断请求，单片机响应中断请求的过程是寄存器TCON和SCON相关状态位(中断请求标志位)置1的过程。CPU响应中断后，中断请求标志位要由硬件或软件清0。

定时器控制寄存器(TCON)用于保存外部中断请求，以及作为定时器/计数器的计数溢出标记；既可以对其整个字节寻址，又可以对其位寻址。寄存器地址88H，位地址8FH～88H，各位内容如表5-2所示。

表5-2 TCON的结构、位名称及其功能

TCON	D7	D6	D5	D4	D3	D2	D1	D0
位名称	TF1	TR1	TF0	TR0	IE1	IT1	IE0	IT0
功能	T1中断申请标志位	T1启动位	T0中断申请标志位	T0启动位	$\overline{\text{INT1}}$中断申请标志位	$\overline{\text{INT1}}$触发方式	$\overline{\text{INT0}}$中断申请标志位	$\overline{\text{INT0}}$触发方式

TCON寄存器既有定时器/计数器的控制功能，又有中断控制功能，其中与中断有关的控制位共6位：IE0和IE1、IT0和IT1以及TF0和TF1。

TR0：定时器/计数器T0运行启停控制位(由用户通过软件设置)。

TR0=0：定时器/计数器T0停止运行；

TR0=1：定时器/计数器T0启动运行。

TR1：定时器/计数器T1运行启停控制位(由用户通过软件设置)。

TR1=0：定时器/计数器1停止运行；

TR1=1：定时器/计数器1启动运行。

TF0：定时器/计数器T0溢出中断申请标志位(由硬件自动置位)。

TF0=0时定时器/计数器T0未溢出；

TF0=1时定时器/计数器T0溢出(由全"1"变成全"0")，此时由硬件自动置位，申请中断，中断被CPU响应后由硬件自动清0，使用定时器/计数器但没有采用中断模式，需要手工清0。

TF1：定时器/计数器T1溢出中断申请标志位(由硬件自动置位)。

TF1=0时定时器/计数器T1未溢出；

TF1=1时定时器/计数器T1溢出(由全"1"变成全"0")，此时由硬件自动置位，申请中断，中断被CPU响应后由硬件自动清0，使用定时器/计数器但没有采用中断模式，需要手工清0。

IE0：外部中断0申请标志位(由硬件自动置位，中断响应后转向中断服务程序时，由硬件自动清0)。

IE0=0时没有外部中断0申请；

IE0=1时有外部中断0申请。

IE1：外部中断1申请标志位(由硬件自动置位，中断响应后转向中断服务程序时，由硬件自动清0)。

IE0=0时没有外部中断1申请；

IE1＝1 时有外部中断 1 申请。

IT0：外部中断 0 请求的触发方式控制位(可由用户通过软件设置)。

IT0＝0 时在 $\overline{\text{INT0}}$ 端申请中断的信号低电平有效；

IT0＝1 时在 $\overline{\text{INT0}}$ 端申请中断的信号下降沿有效。

IT1：外部中断 1 请求的触发方式控制位(可由用户通过软件设置)。

IT1＝0 时在 $\overline{\text{INT1}}$ 端申请中断的信号低电平有效；

IT1＝1 时在 $\overline{\text{INT1}}$ 端申请中断的信号下降沿有效。

SCON 中的串行中断标志位，SCON 寄存器地址 98H，位地址 9FH～98H，各位内容如表 5-3 所示。

表 5-3 SCON 的结构、位名称及其功能

SCON	D7	D6	D5	D4	D3	D2	D1	D0
位名称	SM0	SM1	SM2	REN	TB8	RB8	TI	RI
功能	—	—	—	—	—	—	串行口发送中断申请标志位	串行口接收中断申请标志位

其中，高 6 位用于串行口工作方式设置和串行口发送/接收控制，低 2 位 RI 和 TI 锁存串行口的接收中断和发送中断的申请标志位。由硬件自动置位，但必须由用户在程序中用软件清 0。

TI＝0 时没有串行口发送中断申请；TI＝1 时有串行口发送中断申请。

RI＝0 时没有串行口接收中断申请；RI＝1 时有串行口接收中断申请。

提示：表 5-2 以及表 5-3 中的 TI、RI 等内容是中断应用的基础，要好好掌握，其标志位要记牢。

5.4 中断允许控制

中断源申请中断后，中断能否被响应，取决于 CPU 对中断源的开放或屏蔽状态，由内部的中断允许寄存器 IE 进行控制，IE 的地址是 A8H，位地址为 AFH～A8H，各位内容如表 5-4 所示。

表 5-4 IE 的结构、位名称及其功能

IE	D7	D6	D5	D4	D3	D2	D1	D0
位名称	EA	—	—	ES	ET1	EX1	ET0	EX0
功能	总开关	—	—	串行口	T1	$\overline{\text{INT1}}$	T0	$\overline{\text{INT0}}$

EA：总的中断允许控制位(总开关)，EA＝0 时禁止全部中断；EA＝1 时允许中断。

EX0：$\overline{\text{INT0}}$ 的中断允许控制位。EX0＝0 时禁止 $\overline{\text{INT0}}$ 中断；EX0＝1 时允许 $\overline{\text{INT0}}$ 中断。

EX1：$\overline{\text{INT1}}$ 的中断允许控制位。EX1＝0 时禁止 $\overline{\text{INT1}}$ 中断；EX1＝1 时允许 $\overline{\text{INT1}}$ 中断。

ET0：T0 的中断允许控制位。ET0＝0 时禁止 T0 中断；ET0＝1 时允许 T0 中断。

ET1：T1 的中断允许控制位。ET1＝0 时禁止 T1 中断；ET1＝1 时允许 T1 中断。

ES：串行口的中断允许控制位。ES＝0 时禁止串行口中断；ES ＝1 时允许串行口中断。

提示：表 5-4 是中断应用的基础，要好好掌握，其标志位建议记牢。

5.5 中断优先权管理

MCS-51 单片机有两个中断优先级，每个中断源均可通过软件设置为高优先级或低优先级中断，实现 2 级中断嵌套。特殊功能寄存器 IP 为中断优先级控制寄存器，其地址为 B8H，位地址为 BFH～B8H，各位内容如表 5-5 所示。

表 5-5 IP 的结构、位名称及其功能

IP	D7	D6	D5	D4	D3	D2	D1	D0
位名称	—	—	—	PS	PT1	PX1	PT0	PX0
功能	—	—	—	串行口	T1	$\overline{\text{INT1}}$	T0	$\overline{\text{INT0}}$

PX0：外部中断 0 中断优先级控制位。PX0＝1，外部中断 0 定义为高优先级中断；PX0＝0，定义为低优先级中断。

PT0：定时器/计数器 T0 中断优先级控制位。PT0＝1，定时器/计数器 T0 中断定义为高优先级中断；PT0＝0，定义为低优先级中断。

PX1：外部中断 1 中断优先级控制位。PX1＝1，外部中断 1 定义为高优先级中断；PX1＝0，定义为低优先级中断。

PT1：定时器/计数器 T1 中断优先级控制位。PT1＝1，定时器/计数器 T1 中断定义为高优先级中断；PT1＝0，定义为低优先级中断。

PS：串行口中断优先级控制位。PS＝1 时，串行口中断定义为高优先级中断；PS＝0 时，定义为低优先级中断。

当系统复位后，IP 的所有位被清 0，所有中断源均被定义为低优级中断。IP 的各位都可用程序置位和复位，可用位操作指令或字节操作指令更新 IP 的内容，以改变各中断源的中断优先级。

MCS-51 单片机中断系统，遵循下列基本准则：

(1) 低优先级中断可以被高优先级中断请求中断，高优先级中断不能被低优先级或同优先级中断请求中断。

(2) 多个同级别中断源同时提出中断申请时，在默认状态下，响应顺序取决于内部规定的顺序，即自然优先级：外部中断 0、定时中断 0、外部中断 1、定时中断 1、串行中断，外部中断 0 优先级最高，串行中断优先级最低，如表 5-6 所示。

表 5-6　中断源优先级排列

中　断　源	同级自然优先级
外部中断 0	最高级
定时器/计数器 T0	↑
外部中断 1	│
定时器/计数器 T1	│
串行口中断	最低级

5.6　中断响应

5.6.1　中断响应条件

(1) IE 寄存器中的总中断允许位 EA=1。

(2) 该中断源发出中断请求,即该中断源对应的中断请求标志为"1"。

(3) 该中断源的中断允许位=1,即该中断没有被屏蔽。

(4) 无同级或更高级中断正在被服务。

CPU 响应中断的过程如下:

(1) 将相应的优先级状态触发器置 1(以阻断后来的同级或低级的中断请求);

(2) 自动执行一条硬件跳转指令,即把程序计数器 PC 的内容压入堆栈保存;

(3) 跳到中断函数,执行中断服务程序。

5.6.2　中断现场保护和恢复

中断的现场保护主要是在中断时保存单片机存储单元中的数据和状态。中断的恢复是保存单片机在被中断前存储单元中的数据和状态。

保护现场就是在程序进入中断服务程序入口之前,将相关寄存器的内容、标志位状态等压入堆栈保存,避免在运行中断服务程序时破坏这些数据或状态,保证中断返回后,主程序能够正常运行。

中断程序中的现场保护,主要是对变量传递的控制,注意使用全局变量或局部变量实现保护现场的目的。

5.6.3　开关中断和中断标志位的清除

对于一个不允许在执行中断服务程序时被打扰的重要中断,可以在进入中断服务程序时关闭中断系统,在执行完中断服务程序后,再开放中断系统。由于 MCS-51 单片机不具有自动关闭中断的功能,因此进入服务子程序后,必须通过指令关闭中断。然后,在执行完中断服务程序返回断点之前再通过指令打开中断,允许响应别的中断请求。

在电平触发的外部中断请求响应后,硬件不能自动对中断请求标志位 IE0 或 IE1 清 0。中断的撤除,需要撤除 $\overline{\text{INT0}}$ 或 $\overline{\text{INT1}}$ 引脚上的低电平才能有效。

对于串口中断,无论是发送中断产生,还是接收中断产生,硬件都不能自动清除 TI 和 RI 标志,需要手工清除。

其他中断被响应后,其中断请求标志都由硬件自动清除,无须采取其他措施。

表 5-7 对中断的相关知识点进行了总结,有助于增加对中断系统的了解。

表 5-7 相关中断内容总结

中断源	中断允许控制位	中断请求标志位	中断触发方式	优先级设置位	中断标志位清除方式
外部中断源 0	EX0=1 允许 EX0=0 禁止	IE0=1 有请求 IE0=0 无请求	IT0=1 脉冲触发 IT0=0 电平触发	PX0=1 高级 PX0=0 低级	跳沿触发的硬件自动清 0 电平触发的低电平撤销
定时器/计数器 T0 溢出中断	ET0=1 允许 ET0=0 禁止	TF0=1 有请求 TF0=0 无请求	TR0=1 开始启动 TR0=0 停止工作	PT0=1 高级 PT0=0 低级	硬件自动清 0
外部中断源 1	EX1=1 允许 EX1=0 禁止	IE1=1 有请求 IE1=0 无请求	IT1=1 脉冲触发 IT1=0 电平触发	PX1=1 高级 PX1=0 低级	跳沿触发的硬件自动清 0 电平触发的低电平撤销
定时器/计数器 T1 溢出中断	ET1=1 允许 ET1=0 禁止	TF1=1 有请求 TF1=0 无请求	TR1=1 开始启动 TR1=0 停止工作	PT1=1 高级 PT1=0 低级	硬件自动清 0
串行口中断源	ES=1 允许 ES=0 禁止	TI=1 有发送请求 TI=0 无发送请求 RI=1 有接收请求 RI=0 无接收请求		PS=1 高级 PS=0 低级	软件清 0

5.7 C51 的中断函数格式

C51 的中断服务程序是一种特殊的程序,其定义如下:

```
void  函数名(void)  interrupt  n  using  m
      { 函数体语句; }
```

interrupt 和 using 是为编写 C51 中断服务程序而引入的关键字,interrupt 表示该函数是一个中断服务程序,其后的 n 是指该中断服务程序对应于哪一个中断源,见表 5-1; using 用于指定该中断服务程序要使用的工作寄存器组编号,m 的取值为 0~3。

若不使用关键字 using,则编译系统会自动给该服务函数分配寄存器组,并将当前工作寄存器组的 8 个寄存器压入堆栈。

满足中断条件后,中断服务程序会自动执行,用户程序中不允许任何程序调用中断服务程序。

例 1 请设置下列中断源的优先级,满足以下条件:从左向右优先级降低,定时器/计数器 T0、外部中断 1、串行口中断、外部中断 0、定时器/计数器 T1,并进行初始化编程。

解题过程:先按默认优先级顺序排列中断源如下:

外部中断 0、定时器/计数器 T0、外部中断 1、定时器/计数器 T1、串行口中断

0　　　　1　　　　1　　　　0　　　　1

用位操作指令编写程序段如下：

```
PT0 = 1   ;定时器/计数器 0 中断优先级置 1
PX1 = 1   ;外部中断 1 中断优先级置 1
PS = 1    ;串行口中断优先级置 1
PX0 = 0   ;外部中断 0 中断优先级置 0
PT1 = 0   ;定时器/计数器 1 中断优先级置 0
```

或用字节操作语句编写为：IP＝0x16

例 2 若允许外部中断 0 和外部中断 1 中断，禁止其他中断源的中断请求，请编写设置 IE 的相应程序段。

解题过程：用位操作指令编写程序段如下：

```
ES = 0      ;禁止串口中断
ET1 = 0     ;禁止定时器/计数器 T1 中断
EX1 = 1     ;允许外部中断 1 中断
ET0 = 0     ;禁止定时器/计数器 T0 中断
EX0 = 1     ;允许外部中断 0 中断
EA = 1      ;CPU 开中断
```

或用字节操作语句编写为：IE＝0x85

例 3 见图 5-4，采用外部中断方法用按钮 SW1 控制指示灯 P1.0 的亮灭状态。

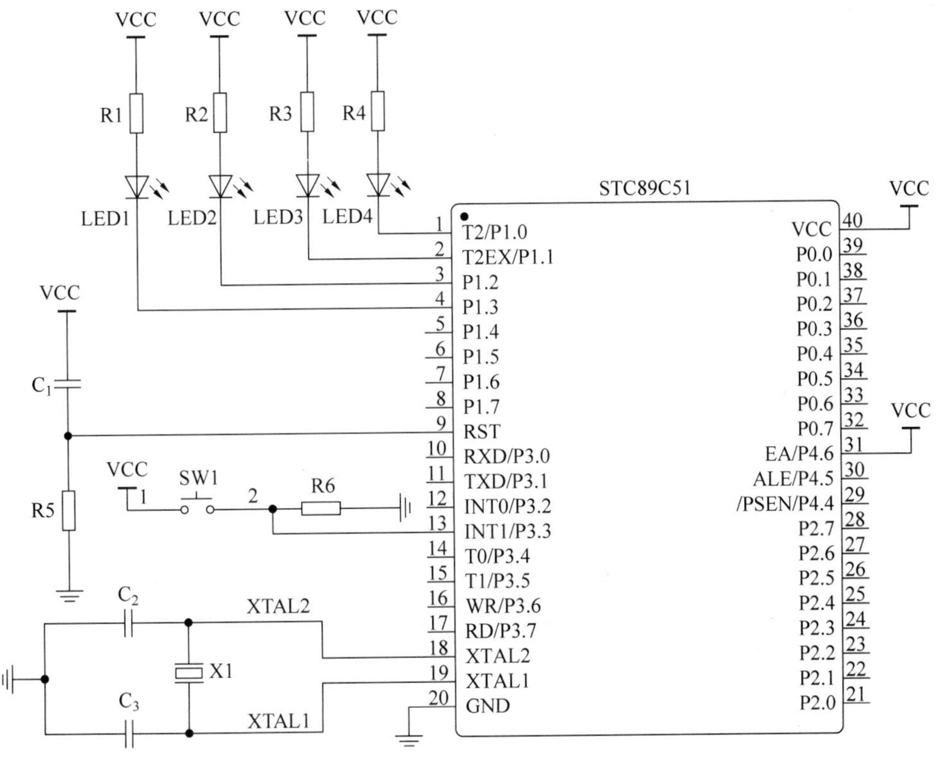

图 5-4 LED 控制电路

解题过程：

```
#include <reg51.h>              //寄存器声明头文件
sbit LED = P1^0;                //发光二极管控制引脚位定义
```

```
void INT1_srv(void) interrupt 2 using 1 //外部中断 0 处理程序
{
  LED = ! LED;                          //指示灯状态翻转
}
void main( )
{
  LED = 1;                              //关闭指示灯
  IT1 = 1;                              //外部中断 1 为边沿触发方式
  EA = 1;                               //中断允许
  EX1 = 1;                              //外部中断 1 允许
  while( 1 );
}
```

习题与思考

5-1 什么是中断？中断与查询程序及子程序有什么区别？

5-2 什么是中断优先级？MCS-51 单片机有几个优先级，顺序怎么排列？

5-3 中断响应的条件是什么？

5-4 外部触发中断的触发方式有哪几种，有什么区别？如何分别清除中断标志？

5-5 用外部中断 1 的中断方式控制 P1 口 1 盏发光管的亮暗，要求每按一次开关 K，灯由亮变暗或由暗变亮，见图 5-5，请编程实现。

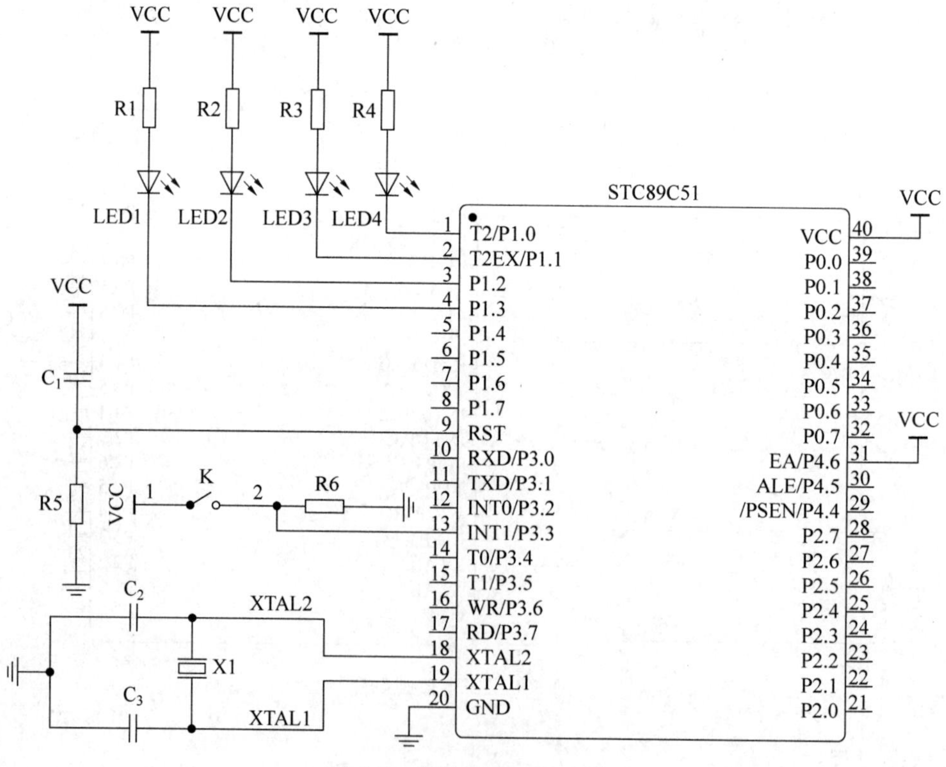

图 5-5 按键控制 LED 电路

5-6 简述单片机系统产生中断的完整过程。

第6章

定时器/计数器

【学习指南】

通过本章的学习，理解定时器/计数器内部结构组成，熟练掌握定时器/计数器的寄存器的含义和使用方法，重点掌握定时器/计数器的两种工作方式，了解其他工作方式；学会设置定时器/计数器初值，熟练使用查询和中断法编写基本定时程序。本章知识非常重要，经常应用在工业产品的计数和精确计时等方面，但学习难度不大；本章将进一步夯实中断系统知识，特别是定时器/计数器与中断系统知识的相互结合，重在理解工作原理，进行编程实践。

6.1 概述

古代计时的工具——沙漏，又称“沙钟”，它是根据流沙从一个容器漏到另一个容器的数量计量时间，当上面的容器空了后表示计时结束，如图 6-1 所示。

计时的原理：容器里的沙子漏下来需要一定时间（设为 T 秒），在容器放满沙子（设为 N 粒），那么整个容器的沙子漏下来的时间一般是固定的（$N \cdot T$ 秒）。

这种计时方法把满容器的沙子漏完，属于减法计时，计时结束的依据是判断容器是否为空，即触发点是容器空。

类似的计数方法是加法计数，判断计数结束的依据是被测物溢出状态。

图 6-1　沙漏计时

假设有个 5L 容器，需要测量出 2.6L 的液体，用加法计数的方法：先向容器中注入 5－2.6＝2.4(L)的液体，然后把测量的液体放进容器，如果容器液体溢出，说明后来容器中加了 2.6L 的液体。

这种方法判断的依据是溢出，采用的是加法计量，测量溢出可以用电子设备检测和判断，所以单片机通常采用溢出方法判断计数或定时结束。单片机的定时器/计数器结构原理如图 6-2 所示。

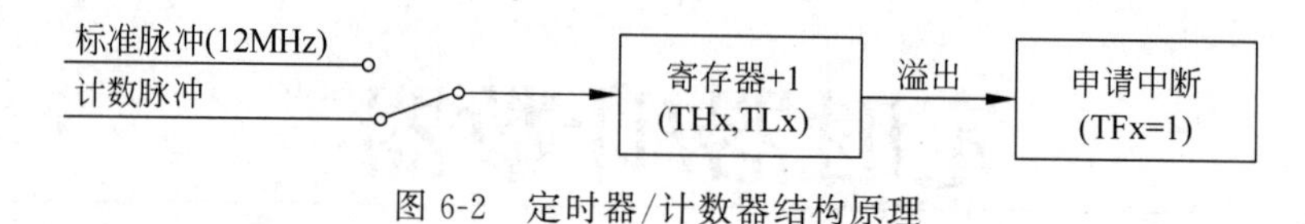

图 6-2 定时器/计数器结构原理

工作原理：定时器/计数器收到一个脉冲，相应的寄存器加 1(假定采用 16 位寄存器 THx，TLx，x=0 或者 1)，首先 TLx+1，如果 TLx 溢出(即 TLx>0xFF)，THx+1，同时 TLx=0；每次 TLx 溢出，才会 THx+1；如此循环，直到 THx>0xFF 且 TLx>0xFF，定时器/计数器溢出，TFx 自动置 1，向 CPU 发出中断申请信号，如果中断打开，会执行中断程序。

如果计数脉冲是周期固定的标准脉冲，可以作为定时器使用；假定单片机的晶振频率是 12MHz，机器周期是 1μs，单片机把机器周期 1μs 的信号送到定时器/计数器端口，就可以定时了。

计数器在工业场合应用广泛，用传感器(光电、光栅传感器等)进行检测，传感器输出脉冲用计数器进行统计，实现零件计数、长度测量；定时器用途则更广泛。计时是自动控制的基础，所以定时器/计数器的知识非常有用。

MCS-51 单片机有 2 个 16 位可编程的定时器/计数器，分别为 T0 和 T1，两者结构、原理和用法均相同。

6.2 定时器/计数器 T0、T1 的结构及工作原理

6.2.1 定时器/计数器 T0、T1 的结构

定时器/计数器 T0、T1 核心组成部分为 16 位的加 1 计数器，它们的工作状态和工作方式分别由两个特殊功能寄存器 TCON 和 TMOD 决定。定时器/计数器的内部结构如图 6-3 所示，下面介绍各部分的功能。

定时器/计数器 T0、T1 是 16 位的加 1 计数器。定时器/计数器 T0 由 8 位特殊功能寄存器 TH0 和 TL0 组成，TH0 为高 8 位，TL0 为低 8 位；定时器/计数器 T1 由 8 位特殊功能寄存器 TH1 和 TL1 组成，TH1 为高 8 位，TL1 为低 8 位。加 1 计数器的初值可以通过程序进行设定，设定不同的初值，就可以获得不同的计数值或定时时间。对外部事件脉冲计数，是计数器功能；对单片机内部机器周期产生的脉冲进行计数，是定时器功能。

6.2.2 控制寄存器 TCON

控制寄存器 TCON 是一个 8 位寄存器，它不仅参与定时控制，还参与中断请求控制；既可以对其整个字节寻址，又可以对其位寻址，各位内容见表 6-1。

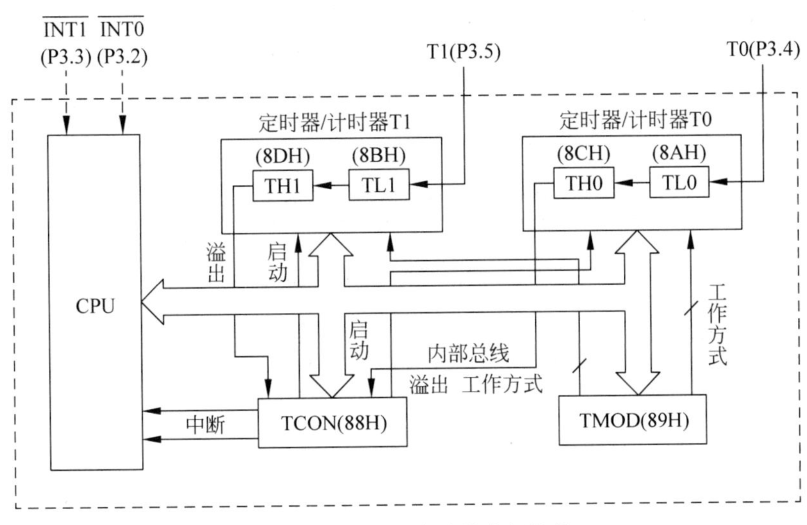

图 6-3　定时器/计时器内部结构

表 6-1　TCON 寄存器

TCON	T1 中断标志	T1 运行标志	T0 中断标志	T0 运行标志	INT1 中断标志	INT1 触发方式	INT0 中断标志	INT0 触发方式
位名称	TF1	TR1	TF0	TR0	IE1	IT1	IE0	IT0

TF1：定时器/计数器 T1 溢出标志，当计数值计满或定时时间到时，自动置 1；中断响应后自动清 0，查询法使用定时器/计数器必须手工清 0。

TF0：定时器/计数器 T0 溢出标志，当计数值计满或定时时间到时，自动置 1；中断响应后自动清 0，查询法使用定时器/计数器必须手工清 0。

TR1：定时器/计数器 T1 运行控制位。TR1=1，T1 运行；TR1=0，T1 停止。

TR0：定时器/计数器 T0 运行控制位。TR0=1，T0 运行；TR0=0，T0 停止。

其他各位的功能在第 5 章已介绍。

6.2.3　控制寄存器 TMOD

控制寄存器 TMOD，用来设置定时器/计数器 T0、T1 的工作方式。TMOD 寄存器不能进行位操作，只能通过字节赋值。TMOD 寄存器高 4 位用于定时器/计数器 T1，低 4 位用于定时器/计数器 T0，各位内容如表 6-2 所示。

表 6-2　TMOD 结构、位名称及功能

高 4 位控制 T1				低 4 位控制 T0			
门控位	定时计数方式选择	工作方式选择		门控位	定时计数方式选择	工作方式选择	
GATE	$C/\overline{T}$	M1	M0	GATE	$C/\overline{T}$	M1	M0

GATE：定时器/计数器运行控制位(门控位)。以定时器/计数器 T0 低 4 位为例，当 GATE=0 时，只要 TRx=1 时，则启动定时器/计数器 Tx；TRx=0 时，则关闭定时器/计数器 T0。当 GATE=1 时，仅当 TRx=1 且 $\overline{INTx}$ 位于高电平时，才能启动定时器/计数器 Tx

工作。如果 $\overline{INTx}$ 上出现低电平,则停止工作,利用门控位,可以测量外信号的脉冲宽度。(注:x=0,1,其中 0 代表定时器/计数器 T0,1 代表定时器/计数器 T1。)

M1M0:工作模式控制位。M1M0 对应 4 种不同的二进制组合,分别对应 4 种工作方式:方式 0、方式 1、方式 2 和方式 3,如表 6-3 所示。

表 6-3 工作方式及其功能

M1	M0	工作方式	功能
0	0	方式 0	13 位定时器/计数器
0	1	方式 1	16 位定时器/计数器
1	0	方式 2	可自动重新装载 8 位定时器/计数器
1	1	方式 3	T0 分为两个 8 位定时器/计数器(T1 不能工作在方式 3,否则停止工作)

$C/\overline{T}$:定时器方式和计数器方式选择控制位。通过软件设置 $C/\overline{T}$,实现定时或计数的功能选择。当 $C/\overline{T}=0$ 时,具有定时功能;当 $C/\overline{T}=1$ 时,实现计数功能。

计数功能:对外部事件产生的脉冲进行计数。对于 MCS-51 单片机,当 $C/\overline{T}=1$,T0(P3.4)或 T1(P3.5)两个信号引脚输入信号产生负跳变脉冲时,加 1 计数器自动加 1。

定时功能:对单片机内部机器周期产生的脉冲进行计数,即当 $C/\overline{T}=0$ 时,每个机器周期计数器自动加 1。如果单片机的晶体频率为 12MHz,则计数频率为 1MHz,或者说计数器每加 1 的时间是 1μs。

提示:要熟练掌握寄存器 TCON 和 TMOD 每一位的含义,这是定时器/计数器的应用基础。

6.3 定时器/计数器 T0、T1 的 4 种工作方式

定时器/计数器 T0、T1 可以有 4 种不同工作方式:方式 0、方式 1、方式 2 和方式 3。

1. 方式 0

定时器/计数器工作方式 0 结构原理如图 6-4 所示。

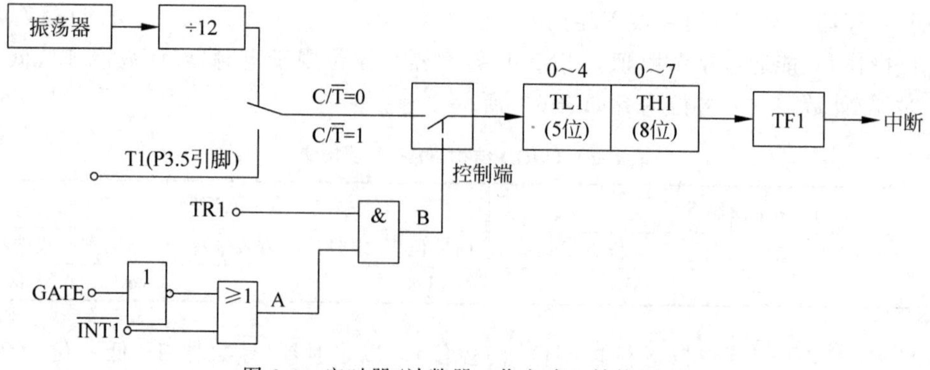

图 6-4 定时器/计数器工作方式 0 结构原理

当 TMOD 中 M1M0＝00 时，定时器/计数器选定方式 0 进行工作。此时，选择定时器/计数器的高 8 位和低 5 位组成一个 13 位的定时器/计数器。

当 GATE＝0 时，只要 TCON 中的 TR0(TR1)为 1 时，TH0(TH1)和 TL0(TL1)组成的 13 位计数器就开始计数。

当 GATE＝1 时，不仅 TCON 中的 TR0(TR1)为 1，还要 $\overline{\text{INT0}}$($\overline{\text{INT1}}$)为 1 才能使计数器开始计数。

当 13 位计数器 THx，TLx 加到全为 0xFF 以后，再加 1 就产生溢出，这时，TCON 的 TF1(TF0)位由硬件自动置 1，同时把计数器全变为 0。若要定时器/计数器继续工作，则应重新赋初值。

在该工作方式下，当作计数器使用时，计数脉冲个数为

$$N=2^{13}-x=8192-x$$

式中，x 为计数初值，其值是 TH0(TH1)、TL0(TL1)设定的初值；当 $x=8191$ 时，N 为最小计数值 1；当 $x=0$ 时，N 为最大计数值 8192；方式 0 的计数范围是 1～8192(2^{13})。

当作定时器使用时，定时器的定时时间为

$$T_{d}=(2^{13}-x)\cdot T_{cy}$$

其中，T_{cy} 是系统的机器周期。

MCS-51 单片机的机器周期，规定一个机器周期就有 12 个时钟周期。晶振频率 $f_{osc}=12\text{MHz}$，则 $T_{cy}=12T_{osc}=12\times\frac{1}{f_{osc}}=12\times\frac{1}{12\text{MHz}}=1\mu\text{s}$。

假定单片机晶振频率 12MHz，要求 T0 产生 500μs 定时，由于计数周期 $T=1\mu\text{s}$，产生 500μs，则需要"＋1"计数 500，定时器方能溢出。TH0、TL0 的初值为

TH0＝(8192－500)/32

TL0＝(8192－500)%32

注意：如果单片机晶振为 6MHz，计数周期 $T=2\mu\text{s}$，则 TH0、TL0 的初值为

TH0＝(8192－500/2)/32

TL0＝(8192－500/2)%32

2. *方式 1*

定时器/计数器工作方式 1 结构原理如图 6-5 所示。

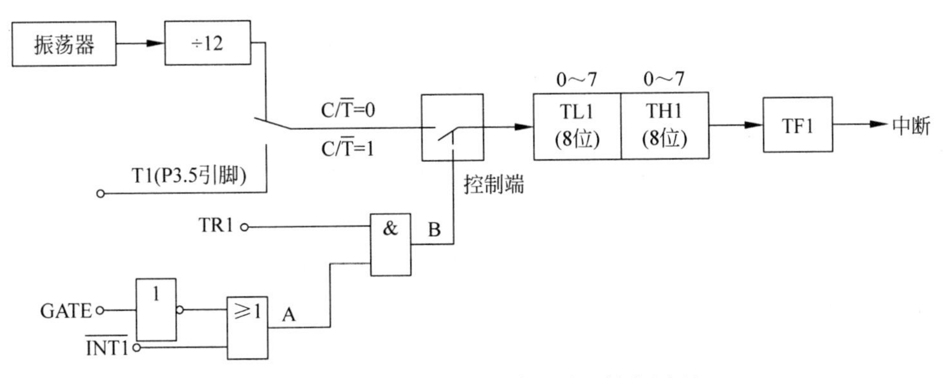

图 6-5　定时器/计数器工作方式 1 结构原理

当 TMOD 中 M1M0＝01 时，定时器/计数器选定方式 1 进行工作。其逻辑结构与方式 0 不同的是两个 8 位寄存器 TH0 和 TL0 全部构成了一个 16 位的定时器/计数器，其他与工作方式 0 完全相同。

假定单片机晶振频率 12MHz，要求 T0 产生 500μs 定时，由于计数周期 $T=1\mu s$，产生 500μs，则需要“＋1”计数 500，定时器方能溢出。则 TH0、TL0 的初值为

TH0＝(65536－500)/256

TL0＝(65536－500)%256

注意：如果单片机晶振频率为 6MHz，计数周期 $T=2\mu s$，则 TH0、TL0 的初值为

TH0＝(65536－500/2)/256

TL0＝(65536－500/2)%256

3. 方式 2

当 TMOD 中 M1M0＝10 时，定时器/计数器选定方式 2 进行工作。定时器/计数器工作方式 2 结构原理如图 6-6 所示。

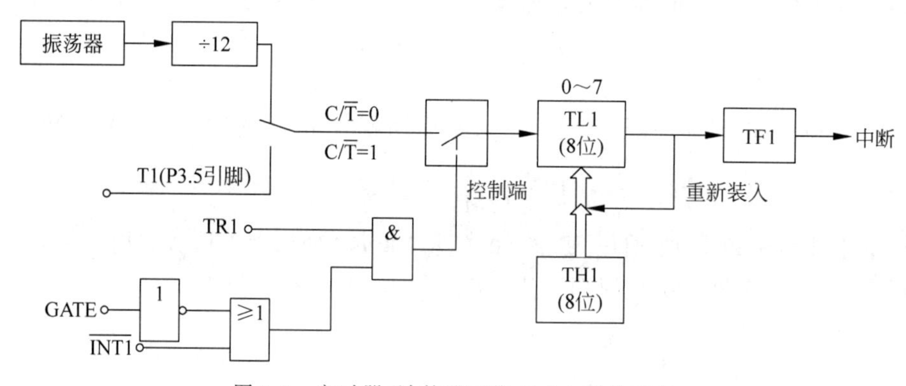

图 6-6　定时器/计数器工作方式 2 结构原理

以上工作方式 0、方式 1 计数器具有共同的特点，即计数器发生溢出现象后，自动清 0；因此，如果要实现循环计数或定时，就需要程序不断给定时器/计数器赋初值，这样比较麻烦。自动重新加载初值功能的工作方式 2 解决了这个问题。在该方式下，16 位计数器被分为两个 8 位寄存器：TL0 和 TH0，其中 TL0 作为计数器，TH0 作为计数器 TL0 的初值预置寄存器，并始终保持为初值常数。当 TL0 计数溢出时，系统在 TF0 位置位，并向 CPU 申请中断的同时，将 TH0 的内容重新装入 TL0，继续计数。

TH0 的内容重新装入 TL0 后，其自身保持不变。这样，计数器具有重复加载、循环工作的特点，可用于产生固定脉宽的脉冲信号，还可用作串行口波特率发生器使用。

假定单片机晶振频率为 12MHz，要求 T0 产生 250μs 定时，由于计数周期 $T=1\mu s$，产生最大时间为 256μs，则需要“＋1”计数 250，则 TH0、TL0 的初值为

TH0＝256－250

TL0＝256－250

注意：如果单片机晶振频率为 6MHz，计数周期 $T=2\mu s$，则 TH0、TL0 的初值为

TH0＝256－256/2

TL0＝256－256/2

4. 方式 3

当 TMOD 中 M1M0＝11 时，定时器/计数器处于定时工作方式 3 下工作。在前三种定时工作方式中，两个定时器/计数器 T0、T1 具有相同的功能，但在该工作方式下，T0 和 T1 具有完全不同的功能。

在工作方式 3 下，定时器/计数器 T0 被拆分成两个独立的 8 位计数器 TL0 和 TH0。其中 TL0 既可以计数使用，又可以定时使用，定时器/计数器 T0 的控制位 $C/\overline{T}$、GATE、TR0、$\overline{INT0}$ 和引脚信号全归它使用。其功能和操作与方式 0 或方式 1 完全相同，而且逻辑电路结构也极其类似，如图 6-7 所示。

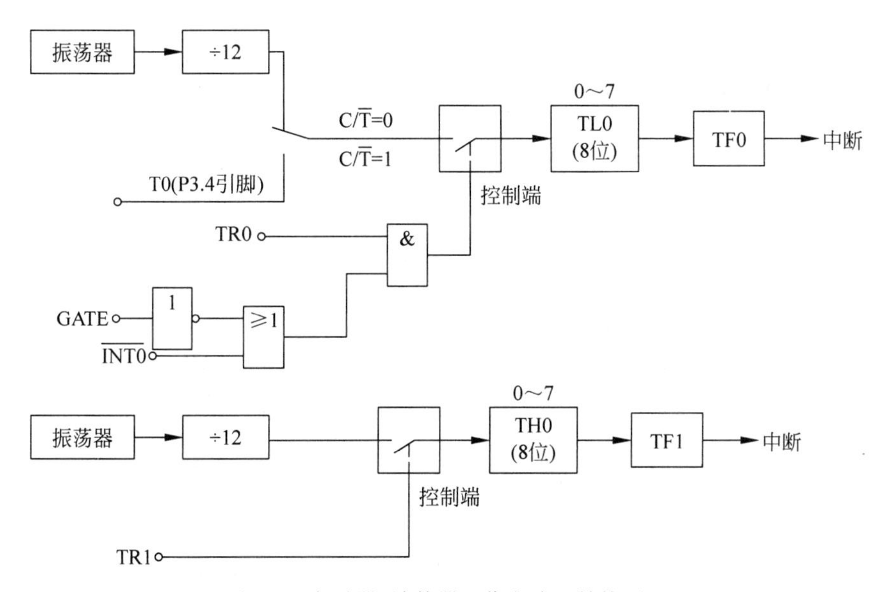

图 6-7 定时器/计数器工作方式 3 结构原理

与 TL0 的情况相反，对于 T0 的另一半 TH0，则只能作为简单的定时器使用。而且由于 T0 的控制位已被 TL0 独占，因此只能借用定时器/计数器 T1 的控制位 TR1 和 TF1，定时溢出会置位 TF1，启动和停止则受 TR1 控制。

由于 TL0 既能作定时器使用，也能作计数器使用，而 TH0 只能作定时器使用却不能作计数器使用，因此在工作方式 3 下，定时器/计数器 0 可以构成 2 个定时器或 1 个定时器、1 个计数器。

如果定时器/计数器 T0 已工作在工作方式 3 下，则定时器/计数器 T1 只能工作在方式 0、方式 1 或方式 2 下，它的运行控制位 TR1 及计数溢出标志位 TF1 已被定时器/计数器 0 借用。

在这种情况下定时器/计数器 T1 通常是作为串行口的波特率发生器使用的，以确定串行通信的速率。因为已没有计数溢出标志位 TF1 可供使用，因此只能把计数溢出直接送给串行口。当作为波特率发生器使用时，只需设置好工作方式，便可自动运行。如要停止工作，只需送入方式 3 的方式控制字。因为定时器/计数器 T1 不能在方式 3 下使用，如果硬把它设置为方式 3，则停止工作。

定时器/计数器 T0、T1 的四种工作方式见表 6-4。

表 6-4 定时器/计数器 4 种工作方式

方式	M1M0	计数器位数	定时范围(12MHz)
0	00	13	1～8192μs
1	01	16	1～65536μs
2	10	8	1～256μs
3	11	8	1～256μs

提示：方式 1、2 应用较广，要熟练掌握；而方式 0 主要是兼容 MCS-48 单片机；方式 3 应用也较少，了解其应用即可。

6.4 定时器/计数器的初始化

MCS-51 单片机的定时器/计数器具有定时和计数功能，并有 4 种工作方式。在使用定时器/计数器前必须对其进行初始化，初始化内容包括以下 4 个步骤。

(1) 设置工作方式，即设置 TMOD 中的各位：GATE、C/$\overline{T}$、M1、M0。

(2) 常见的定时器/计数器初值的计算：

方式 0：定时器初值 $THx=(8192-T_d/T_{cy})/32$

$TLx=(8192-T_d/T_{cy})\%32$

计数器初值 $THx=(8192-X_c)/32$

$TLx=(8192-X_c)\%32$

方式 1：定时器初值 $THx=(65536-T_d/T_{cy})/256$

$TLx=(65536-T_d/T_{cy})\%256$

计数器初值 $THx=(65536-X_c)/256$

$TLx=(65536-X_c)\%256$

方式 2：定时器初值 $THx=256-T_d/T_{cy}$

$TLx=256-T_d/T_{cy}$

计数器初值 $THx=256-X_c$

$TLx=256-X_c$

注：上式中 $x=0$ 或 1，T_{cy} 为机器周期，T_d 为定时时间，X_c 为计数值。

(3) 启动计数器工作，即将 TRx 置 1。

(4) 若采用中断方式，则将对应的定时器/计数器(ETx)及总中断(EA)打开。

例 MCS-51 单片机的 P1.0 引脚产生周期为 200μs 的方波，已知晶振频率 12MHz。

解题过程：采用方式 1 或方式 2 定时 100μs；把 P1.0 取反，再定时 100μs；把 P1.0 再次取反；反复循环。

```
方法一,采用方式 1 查询法
#include "reg51.h"
sbit P1_0 = P1^0;
main()
```

```
{
 TMOD = 0x01;                    //设置定时器 T0,方式 1
 TH0 = (65536 - 100/1)/256;      //设置定时初值
 TL0 = (65536 - 100/1) % 256;    //设置定时初值
 TR0 = 1;                        //启动定时器 T0
  for( ; ; )
  {
    while(!TF0);                 //等待定时时间到
    TF0 = 1;                     //TF0 需要手工清 0
    P1_0 = ~P1_0;                //取反
    TH0 = (65536 - 100/1)/256;   //重载初值
    TL0 = (65536 - 100/1) % 256; //重载初值
  }
}
```

方法二,采用方式 2 查询法

```
#include "reg51.h"
sbit P1_0 = P1^0;
main()
{
 TMOD = 0x02;                    //设置定时器 T0,方式 2
 TH0 = 256 - 100/1;
 TL0 = 256 - 100/1;
 TR0 = 1;
  for( ; ; )
  {
    while(!TF0);                 //等待定时时间到
    TF0 = 1;                     //TF0 需要手工清 0
    P1_0 = ~P1_0;                //取反
  }
}
```

方法三,采用方式 1 中断法

```
#include "reg51.h"
sbit P1_0 = P1^0;
main()
{
 TMOD = 0x01;
 TH0 = (65536 - 100/1)/256;      //分解 16 位数,得到高 8 位
 TL0 = (65536 - 100/1) % 256;    //分解 16 位数,得到低 8 位
 ET0 = 1;                        //开定时器 T0 中断
 EA = 1;                         //开总中断
 TR0 = 1;                        //启动定时器 T0
 while(1);                       //死循环
}
void int_T0() interrupt 1 using 0
{
  TH0 = (65536 - 100/1)/256;     //重新赋初值
  TL0 = (65536 - 100/1) % 256;   //重新赋初值
  P1_0 = ~P1_0;                  //取反
}
```

```
方法四,采用方式 2 中断法
#include "reg51.h"
sbit P1_0 = P1^0;
main()
{
  TMOD = 0x02;          //设置定时器工作方式
  TH0 = 256 - 100/1;    //设置定时器初值
  TL0 = 256 - 100/1;    //设置定时器初值
  ET0 = 1;              //开定时器 T0 中断
  EA = 1;               //开总中断
  TR0 = 1;              //启动定时器 T0
 while(1);              //死循环,等待中断
}
void int_T0() interrupt 1 using 1
{
  P1_0 = ~P1_0;         //取反
}
```

提高篇

题目：设计一个流水灯，指示灯从左向右轮流点亮，间隔时间为 1s。

发光二极管的点亮电流为 5～20mA，而 P1 口高电平输出电流(拉电流)为 650μA，P1 低电平输入电流(灌电流)为 15mA 左右，所以采用灌电流方式，电路如图 6-8 所示。

解题过程：采用定时器/计数器 T1 方式 1 定时 10ms，并循环 100 次达到 1s 后再对 LED 发光二极管进行移位操作。

由于移位后数据自动补 0，而且 0 状态 LED 发光二极管是点亮的，所以采用取反再移位方案。

```
方法一,采用查询法
#include "reg51.h"
unsigned char i;
unsigned char init_led = 0x01;
main()
{
 TMOD = 0x10;                          //设置定时器/计数器 T1,方式 1
 TH1 = (65536 - 10000/1)/256;          //设置初值
 TL1 = (65536 - 10000/1) % 256;        //设置初值
 TR1 = 1;                              //启动定时器/计数器 T1
while(1)
{
  while(i < 100)
  {
   i++;                                //计数加 1
```

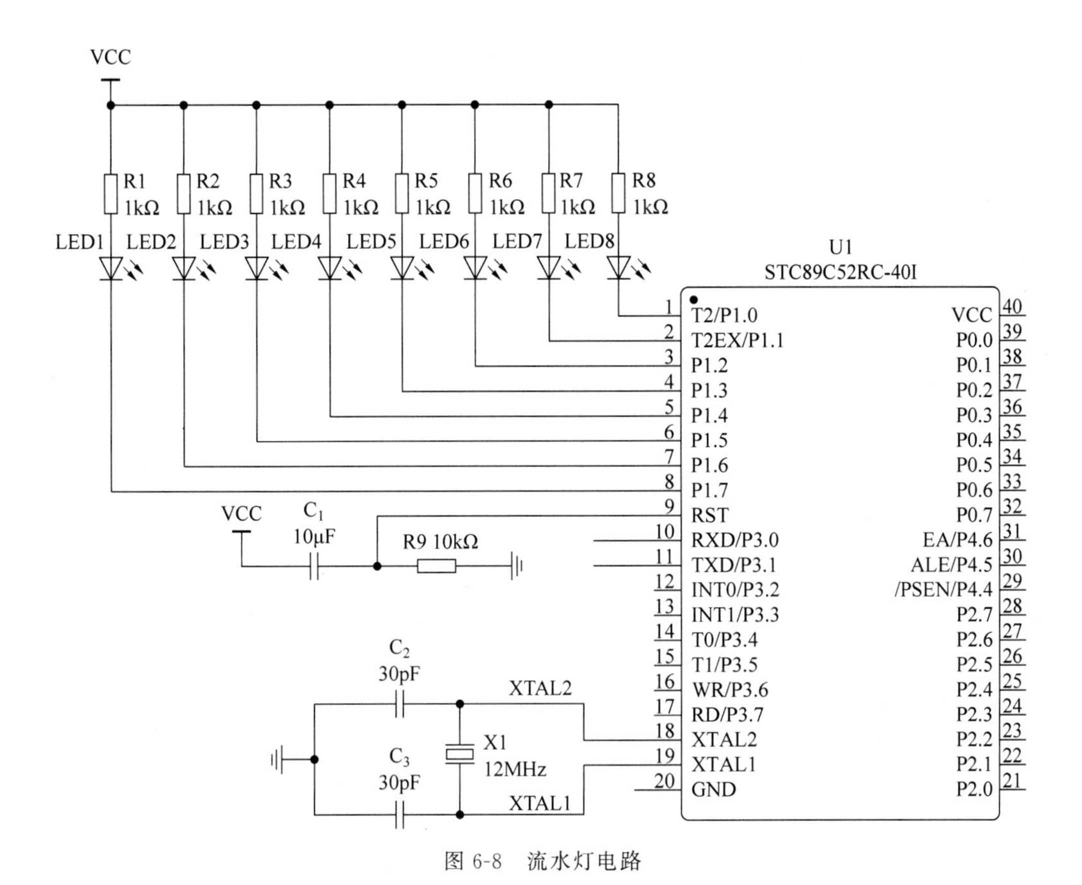

图 6-8 流水灯电路

```
    while(!TF1);                          //等待定时结束
    TF1 = 0;                              //注意清 0
    TH1 = (65536 - 10000/1)/256;          //重新赋初值
    TL1 = (65536 - 10000/1) % 256;        //重新赋初值
   }
   i = 0;                                 //重新赋初值
   P1 = ~init_led;                        //取反
   init_led = init_led << 1;              //左移 1 位
   if(init_led == 0x00) init_led = 0x01;  //重新初始化
 }
 }
方法二,采用中断法
#include "reg51.h"
unsigned char i = 100;
unsigned char init_led = 0x01;
main()
{
  TMOD = 0x10;                            //设置定时器/计数器 T1,方式 1
  TH1 = (65536 - 10000/1)/256;            //设置初值
  TL1 = (65536 - 10000/1) % 256;          //设置初值
  TR1 = 1;                                //启动定时器/计数器 T1
```

```
ET1 = 1;                                         //启动定时器/计数器 T1 中断
EA = 1;                                          //启动总中断
while(1);
}
void int_led() interrupt 3                       //定时器/计数器 T1 中断函数
{
 TH1 = (65536 - 10000/1)/256;                    //重新赋初值
 TL1 = (65536 - 10000/1) % 256                   //重新赋初值
 i -- ;
if(i == 0)
{
  i = 100;                                       //重新赋初值
  P1 = ~init_led;                                //取反
  init_led = init_led << 1;                      //左移 1 位
  if(init_led == 0x00) init_led = 0x01 ;         //重新初始化
}
方法三,综合算法
#include "reg51.h"
typedef unsigned char BYTE;
typedef unsigned int WORD;
#define first_go 1                               //选择使用算法一或算法二
void delayms(WORD num);
BYTE i;
BYTE Init_P0,i_loop;
void main()
{
    /* TMOD 高 4 位代表 T1,低 4 位代表 T0,两者结构完全相同 */
    /* GATE C/T M1 M0 | GATE C/T M1 M0 */
    /* GATE - 门控信号,用于外部控制定时器/计数器,C - COUNTER T - TIMER,M1/M0 - 工作方式 */
    TMOD = 0x10;
    /* 初值 = 满量程 - 计数值 计数值 = 定时时间/机器周期 */
    /* 方式 1 的满量程 65536,方式 2 的满量程 256,fosc = 12MHz 下的机器周期 = 12/fosc = 1μs */
    /* 对 16 位数值进行除法和取模可以得到高 8 位和低 8 位的数值 */
    /* 定时 1000μs 的初值 */
    TH1 = (65536 - 1000/1)/256;
    TL1 = (65536 - 1000/1) % 256;
    /* TR1 = 1 时,启动定时器 */
    TR1 = 1;
    Init_P1 = 0x01;                              //0000 0001
    while(1)
    {
    /* ~对某一位或整个十六进制的每一位取反 */
    /* 算法一:每循环 1 次,进行左移 1 位,移动 8 次后重新开始,并赋初值 ********* /
    #ifdef first_go
        P1 = ~Init_P1; //0000 0001,0000 0010,0000 0100,...,1000 0000,0000 0000
        Init_P1 = Init_P1 << 1;
        if(!Init_P1) Init_P1 = 0x01;         //(!Init_P1) 条件等价于 (Init_P1 == 0)
    /****************************************************************/
    #else
```

```
    /*算法二:每循环 1 次,显示代码左移 0~7 位 ********************************/
        P1 = ~(Init_P1 << i_loop);
        if(++i_loop > 7) i_loop = 0; //(++i_loop > 7)即 i++,i_loop > 7 等价于(i_loop++> 6)即
                                 //i_loop > 6,i++
        delayms(1000);
    /*****************************************************************/
    #endif
    }
}
void delayms(WORD num)
{
    /*第一个参数是赋初值,第二个参数是条件判断*/
    /*第三个参数为函数体内具体操作,比如更改循环条件的参数*/
    for(i = 0;i < num;i++)
    {
        TH1 = (65536 - 1000)/256; //设置初值
        TL1 = (65536 - 1000) % 256; //设置初值
        /*TF1 中断溢出标志,定时/计数到时,TF1 = 1*/
        /*while 语句:等待循环的时间也就是定时器定时时间*/
        while(TF1 == 0) ;
        /*注意对溢出标志要及时清 0*/
        TF1 = 0;
    }
}
```

实验验证图片如图 6-9 所示。

图 6-9 流水灯实验验证

习题与思考

6-1 MCS-51 单片机定时器/计数器 T0 作定时用时,其内部启动信号是________。

6-2 MCS-51 单片机定时器/计数器 T0 的 $C/\overline{T}=1$ 代表________(定时模式、计数模式)。

6-3 MCS-51 单片机的定时器/计数器 T0 的方式 2 与其他方式相比(　　)。

A. 13 位计数值　　B. 计数值可重载

C. 计数值不可重载　　D. 16 位计数值

6-4 MCS-51 单片机的定时器/计数器 T1 的方式 1 与其他方式相比(　　)。

A. 13 位计数值　　B. 计数值可重载

C. 6 位计数值　　D. 16 位计数值

6-5 叙述 TMOD=0xA6 所表示的含义。

6-6 如果采用晶振的频率为 3MHz,定时器/计数器工作在方式 0、1、2 下,其最大定时时间各为多少?

6-7 定时器/计数器的工作方式 2 有什么特点,应用在哪些场合?

6-8 编写程序,要求用定时器/计数器 T1,采用方式 2 定时,在 P1.0 输出周期为 400μs,占空比为 9:1 的矩形脉冲。

6-9 利用定时器/计数器 T0 编写一个延时 5ms 的程序。

6-10 编写一段程序,功能要求:当 P3.2 引脚的电平负跳变时,对 P3.4 的输入脉冲进行计数;当 P3.3 引脚的电平负跳变时,停止计数,并将计数值存放在 0x20、0x21 单元。

第7章

串行通信

【学习指南】

通过本章的学习，了解单片机串口通信基本知识，理解相关寄存器SCON、PCON含义，能根据通信模式设置正确参数，会编写双机通信程序，了解RS-232C、RS-422A和RS-485三种串口协议特点和应用场合。许多功能强大的模块，例如GPS、GSM、WiFi、触摸屏等，它们的通信协议都非常复杂，但它们经常把复杂协议封装起来，统一用串行口进行通信，所以，串行通信的应用非常广，学会串口通信可以轻松实现许多复杂应用。虽然串行通信非常重要，但应用难度不高，掌握串口通信的初始化流程和发送、接收代码后，再经过一定量的编程练习，可轻松学会串口通信应用。

7.1 概述

7.1.1 并行通信与串行通信

计算机与外部设备的数据交换称为通信，通常有并行通信和串行通信两种方式，两种方式的连接如图7-1所示。

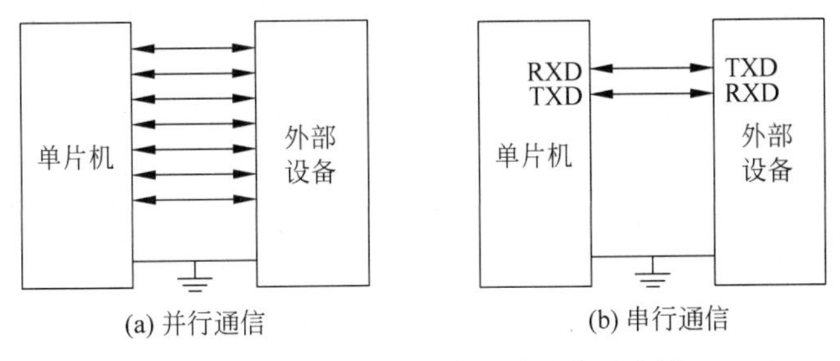

(a) 并行通信　(b) 串行通信

图7-1　并行和串行通信方式连接示意图

并行通信就是所传送数据的各位同时发送或接收，一个并行数据占多少位二进制，就需要多少根传输线；并行通信速度快，但传输线多，成本较高，适合近距离传输，通常用作单片机内部或芯片间的数据传输。

串行通信就是所传送数据的各位按顺序一位一位地发送或接收，其主要缺点是传送速度慢，但它能节省传输线，通常一、两根线即可完成数据的传送，当数据位数很多和远距离传送时，这一优点更加突出。单片机与外界的数据传送大多数为串行通信，其传送距离可以从几米到几千米。

7.1.2 异步通信与同步通信

串行通信有两种基本通信方式，即异步通信和同步通信。

异步同步就是通信双方不需要共同的时钟，接收方不知道发送方何时发送，所以在发送的信息中要有提示接收方的信息，如开始接收(起始位)、结束接收(停止位)。

同步通信就是通信双方有一个共同的时钟，在发送方发送的同时，接收方准备接收。

1. 异步通信

异步通信是按字符传输的，每传输一个字符就用起始位进行收发双方的同步，不会因为收发双方的时钟频率的小偏差导致错误。

异步通信中，帧内部各位均采用固定的时间间隔，而帧与帧之间的间隔是随机的。接收方通过每一帧的起始位和停止位来识别字符是正在传输还是传输结束。

异步通信每发送一个字符要加 1 个起始位和至少 1 个停止位，这就影响了传输速度。因此，需要高速数据传输时，通常采用同步通信方式。

2. 同步通信

同步通信中，进行数据传输时，发送和接收双方要保持完全的同步，因此，要求接收和发送设备必须使用同一时钟。

同步通信的优点是可以实现高速度、大容量的数据传送；缺点是要求发生时钟和接收时钟保持严格同步，同时硬件复杂，提高了对设备的要求。

7.2 MCS-51 单片机串行口

7.2.1 串行通信制式

在串行通信中，数据是在两个工作端点之间进行传输的。按照数据传送方向，串行通信可分为单工、半双工和全双工三种制式。

在单工制式下，通信线的一端是发送器，另一端是接收器，数据只能按照一个固定的方向传送。

在半双工制式下，数据能双向传送，但是不能同时在两个方向上传送，即在一个时刻，只能一端发送，一端接收，其收发切换开关一般是由软件控制的。

在全双工制式下，双端通信设备都有发送器和接收器，可以同时发送和接收，即数据可以在两个方向上同时传送。

MCS-51 单片机片内有一个全双工的串行通信接口，可用作异步通信(Universal Asynchronous Receiver/Transmitter，UART)，与串行传送信息的外部设备相连接；还可通过同步方式，使用 TTL 或 CMOS 移位寄存器来扩充 I/O 口。

7.2.2　波特率

串行数据传输有个重要概念——波特率(bit per second，bps)，是数据传送的速率，其定义是每秒钟传送二进制的位数。

例如，数据传送的速率是 120 字符/s，若每个字符为 10 位的二进制数，则波特率为 1200b/s。在异步通信中，CPU 与外设之间通信，两者波特率必须相同，否则无法成功完成通信。

7.2.3　串行口结构

MCS-51 单片机串行口主要由发送数据寄存器、发送控制器、输出控制门、接收数据寄存器、接收控制器、输入移位寄存器等组成，如图 7-2 所示。

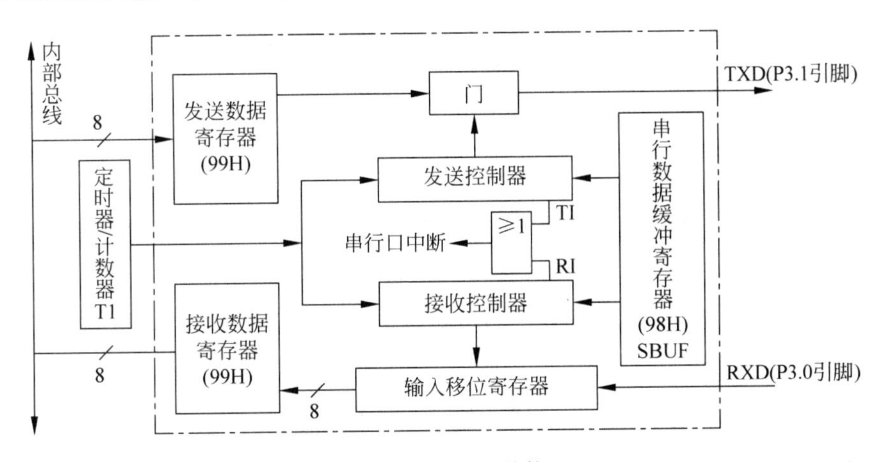

图 7-2　串行口结构

从用户使用的角度，它由三个特殊功能寄存器组成：发送数据寄存器和接收数据寄存器合成的一个特殊功能寄存器 SBUF(串行数据缓冲寄存器)，串行控制寄存器 SCON 和电源管理寄存器 PCON。

7.2.4　串行口相关寄存器

MCS-51 单片机通过引脚 RXD(P3.0，串行数据接收端)和引脚 TXD(P3.1，串行数据发送端)与外界通信。SBUF 为串行口的数据缓冲寄存器，它是一个可寻址的专用寄存器，其中包含接收、发送寄存器，可以实现全双工通信。

MCS-51 单片机有关的特殊功能寄存器有串行数据缓冲寄存器 SBUF、串行控制寄存器 SCON 和电源管理寄存器 PCON。

1. 串行数据缓冲寄存器 SBUF

在逻辑上，SBUF 只有一个，既表示发送寄存器，又表示接收寄存器。它们有相同的名字和单元地址，但它们不会出现冲突，因为在物理上，SBUF 有两个：一个只能被 CPU 读出数据(接收寄存器)，一个只能被 CPU 写入数据(发送寄存器)。

2. 串行控制寄存器 SCON

用于定义串行口的工作方式及接收和发送的控制。其结构格式如表 7-1 所示。

表 7-1 串行控制寄存器 SCON

D7	D6	D5	D4	D3	D2	D1	D0
SM0	SM1	SM2	REN	TB8	RB8	TI	RI

下面对各位功能介绍如下。

(1) SM0、SM1：串行口工作方式控制位，其定义如表 7-2 所示。其中，f_{osc} 为晶振频率。

表 7-2 串行口工作方式

SM0 SM1	工作方式	功能描述	波特率
0 0	方式 0	8 位移位寄存器	$f_{osc}/12$
0 1	方式 1	10 位 UART	可变
1 0	方式 2	11 位 UART	$f_{osc}/64$ 或 $f_{osc}/32$
1 1	方式 3	11 位 UART	可变

(2) SM2：多机通信控制位。在方式 2 和方式 3 中，如果 SM2＝1，则接收到的第 9 位数据 RB8 为 0 时不启动接收中断标志 RI(即 RI＝0)，并且将接收到的前 8 位数据丢弃；RB8 为 1 时，才将接收到的前 8 位数据送入 SBUF，并置位 RI，产生中断请求。当 SM2＝0 时，则不论第 9 位数据为 0 或 1，都将前 8 位数据装入 SBUF 中，并产生中断请求。在方式 0 时，SM2 必须为 0。

(3) REN：允许接收位。REN 用于控制数据接收的允许和禁止。REN＝1 时，允许接收；REN＝0 时，禁止接收。该位由软件置位或复位。

(4) TB8：方式 2 和方式 3 中，要发送的第 9 位数据位。在多机通信中同样要传输这一位，并且它代表传输的是地址或数据。TB8＝0 时为数据，TB8＝1 时为地址。该位由软件置位或复位。TB8 还可用于奇偶校验。

(5) RB8：方式 2 和方式 3 中，存放接收到的第 9 位数据，用以识别接收到的数据特征。

(6) TI：发送中断标志位。可寻址标志位。方式 0 时，发送完第 8 位数据后，该位由硬件置位；其他方式下，在发送停止位之前由硬件置位。因此，TI＝1 表示一帧数据发送结束，可由软件查询 TI 位标志，也可以请求中断。TI 必须由软件清 0。

(7) RI：接收中断标志位。可寻址标志位。方式 0 时，接收完第 8 位数据后，该位由硬件置位；在其他工作方式下，当接收到停止位时，该位由硬件置位，RI＝1 表示一帧数据接收完成，可由软件查询 RI 位标志，也可以请求中断。RI 必须由软件清 0。

提示：理解 SCON 的每一位意义。在双机串口通信中，一般采用 SCON＝0x50，可收可发串口数据；如果只是发送数据，不需要接收数据，设置 SCON＝0x40 即可，即 SCON 中的 REN＝0。

3. 电源管理寄存器 PCON

PCON 主要是为 CHMOS 型单片机的电源控制而设置的专用寄存器，其结构格式如表 7-3 所示。

表 7-3　电源管理寄存器 PCON

D7	D6	D5	D4	D3	D2	D1	D0
SMOD	—	—	—	GF1	GF0	PD	IDL

在 CHMOS 型单片机中，除最高位 SMOD 外，其他位均为虚设的。SMOD 是串行口波特率倍增位，当 SMOD=1 时，串行口波特率加倍。系统复位默认为 SMOD=0。

7.2.5　串行通信数据校验

串行数据在传输过程中，由于干扰可能引起信息传输出错，这种情况称为“误码”。发现传输中的错误称为“检错”。发现错误后，消除错误称为“纠错”。为了使系统能可靠、稳定地工作，在设计通信协议时，应该考虑数据的纠错。为了防止错误带来的影响，一般在通信时采取数据校验的方法。常用的数据校验方法有奇偶校验、累加和校验以及循环冗余码校验(CRC 校验)。

1. 奇偶校验

在 MCS-51 单片机通信过程中，发送和接收的每个字节有 8 位，奇偶校验就是在每一字节(8 位)之外又增加了 1 位作为错误检测位，可采用奇校验或偶校验。奇校验即所有传送的位中，1 的个数为奇数。偶校验即所有传送的位中，1 的个数为偶数。

当 CPU 接收到这个字节的数据时，它会按规定的校验方式，判断结果是否符合校验规则，从而一定程度上能检测出传输错误。奇偶校验只能检测出错误而无法对其进行修正，并且奇偶校验无法检测出双位错误。

2. 累加和校验

累加和校验是将需要校验的数据块求和，然后将结果附加到数据块的末尾。

累加和校验能够检测到比奇偶校验更多的错误，但是当字节顺序颠倒时，这种校验方式就无法发现错误。

3. 循环冗余码校验(CRC 校验)

CRC 的本质是模 2 除法的余数，采用的除数不同，CRC 的类型也就不一样。通常，CRC 的除数用生成多项式表示。目前 CRC 已广泛用于数据存储和数据通信，也有不少成熟的算法。

7.3　串行口工作方式和波特率计算

单片机串行口可编程有 4 种工作方式，由串行控制寄存器 SCON 中的 SM0、SM1 决定，如表 7-2 所示。

1. 工作方式 0

8 位移位寄存器输入/输出方式。多用于外接移位寄存器以扩展 I/O 端口。串行数据通过 RXD 输入/输出，TXD 则用于输出移位时钟脉冲。收发的数据以 8 位为一帧，不设起始位与停止位，低位在前。波特率固定为 $f_{osc}/12$，其中，f_{osc} 为外接晶振频率。

在方式 0 中，串行端口作为输出时，只要向串行缓冲器 SBUF 写入数据后，串行端口就把此 8 位数据以相等的波特率从 RXD 引脚逐位输出(从低位到高位);此时,TXD 输出频率为 $f_{osc}/12$ 的同步移位脉冲。数据发送前,尽管不使用中断,中断标志 TI 也必须清 0,8 位数据发送完后,TI 自动置 1。如要再发送,必须用软件将 TI 清 0。

串行端口作为输入时,RXD 为数据输入端,TXD 仍为同步信号输出端,输出频率为 $f_{osc}/12$ 的同步移位脉冲,使外部数据逐位移入 RXD。当接收到 8 位数据(一帧)后,中断标志 RI 自动置 1。如果再接收,必须用软件先将 RI 清 0。

2. 工作方式 1

方式 1 为波特率可变的 10 位异步通信方式。发送或接收一帧信息,包括 1 个起始位(0),8 个数据位和 1 个停止位(1),如图 7-3 所示。

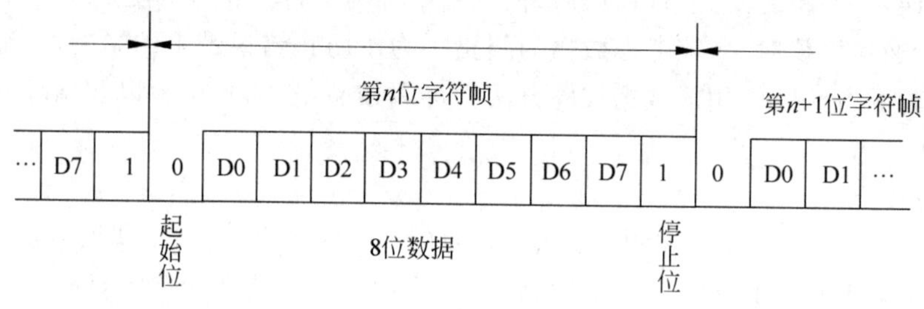

图 7-3 工作方式 1 帧格式

输出:当 CPU 执行一条指令,将数据写入发送缓冲寄存器 SBUF 时启动发送。串行数据从 TXD 引脚输出,发送完一帧数据后,由硬件置位 TI。

输入:在 REN=1 时,串行端口采样 RXD 引脚,当采样到 1 至 0 的跳变时,确认是起始位 0,开始接收一帧数据。只有当 RI=0 且停止位为 1 或者 SM2=0 时,停止位才进入 RB8,8 位数据才能进入接收寄存器,并由硬件置位中断标志 RI;否则信息将丢失。所以在方式 1 接收时,应先用软件将 RI 和 SM2 标志清 0。

方式 1 的数据传送波特率可以编程设置,使用范围宽,可由定时器/计数器 T1 的溢出脉冲所控制。以 T1 为例,计算方式为

$$\text{波特率}=\frac{2^{\mathrm{SMOD}}\times\text{定时器 / 计数器 T1 的溢出率}}{32} \tag{7-1}$$

式中,SMOD 是控制寄存器 PCON 中的一位控制位,其取值有 0 和 1 两种状态。当 SMOD=0 时,波特率=(定时器/计数器 T1 的溢出率)/32;当 SMOD=1 时,波特率=(定时器/计数器 T1 的溢出率)/16;式中定时器/计数器 T1 的溢出率,是指定时器/计数器 1s 内的溢出次数。

当定时器/计数器 T1 用作波特率发生器时,通常选用定时初值自动重装的工作方式 2,从而避免反复装入计数初值而引起的定时误差,可以使波特率更加稳定。由于 T1 的溢出率是定时器/计数器 T1 在 1s 内的溢出次数,那么只要算出 T1 定时器/计数器每溢出一次所需要的时间 T,则 $1/T$ 就是它的溢出率。若时钟频率为 f_{osc},定时器/计数器 T1 工作方式 2 的情况下,定时计数初值为 $\mathrm{T1}_{\text{初值}}$,则波特率的计算公式为

$$\text{波特率}=\frac{2^{\mathrm{SMOD}}}{32}\times\frac{f_{osc}}{12\times(256-\mathrm{T1}_{\text{初值}})} \tag{7-2}$$

在实际应用中，通常是先确定波特率，再根据波特率求 T1 定时初值，因此式(7-2)又可写为

$$T1_{初值}=256-\frac{2^{SMOD}}{32}\times\frac{f_{osc}}{12\times 波特率} \tag{7-3}$$

在设计单片机控制系统时，如果注重定时器的精确，单片机晶振频率一般采用 12MHz；如果注重串行通信数据传输的精确，则单片机晶振频率一般采用 11.0592MHz。

例如，已知 $f_{osc}=12\text{MHz}$，SMOD=1，波特率=2400b/s，则串行方式 1 时 T1 定时初值为

$$T1_{初值}=256-\frac{2^{SMOD}}{32}\times\frac{f_{osc}}{12\times 波特率}=256-\frac{2^1}{32}\times\frac{12\times10^6}{12\times2400}=229.958\approx \text{E6H}$$

若采用 $f_{osc}=11.0592\text{MHz}$，其他条件不变，则 T1 定时初值为

$$T1_{初值}=256-\frac{2^{SMOD}}{32}\times\frac{f_{osc}}{12\times 波特率}=256-\frac{2^1}{32}\times\frac{11.0592\times10^6}{12\times2400}=232=\text{E8H}$$

可见，频率选用 11.0592MHz 时，容易获得标准波特率，所以串口通信时，MCS-51 单片机多选用此频率晶振。

3. 工作方式 2

方式 2 为 11 位异步通信方式。包含 1 个起始位(0)、8 个数据位(由低位到高位)、1 个附加的第 9 位和 1 个停止位(1)，如图 7-4 所示。

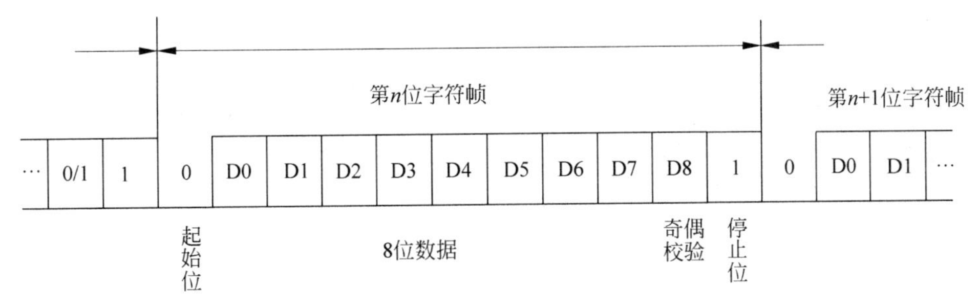

图 7-4　工作方式 2 帧格式

在方式 2 下，字符还是 8 个数据位，同时增加了一个第 9 位(D8)，其功能由用户确定，是一个可编程位。

发送数据(D0～D7)向 SBUF 写入，而 D8 的内容则由硬件电路从 TB8 中直接送到发送移位寄存器的第 9 位，并以此启动串行发送。一字符帧发送完毕后将 TI 位置 1，其他过程与方式 1 相同。

方式 2 的接收过程也与方式 1 基本类似，串行端口把接收到的前 8 个数据位送入 SBUF，把第 9 位数据送入本机 SCON 中的 RB8。第 9 位数据通常用作数据的奇偶校验位，或在多机通信中作为地址/数据的特征位。

方式 2 的波特率是固定的，且有两种，表达式为

$$波特率=\frac{2^{SMOD}\times f_{osc}}{64} \tag{7-4}$$

由式(7-4)可知，当 SMOD 为 0 时，波特率为 $f_{ocs}/64$；当 SMOD 为 1 时，波特率为 $f_{osc}/32$。

4. 工作方式 3

除波特率不同外，方式 3 和方式 2 的其他性能完全相同。方式 3 的波特率计算公式为

$$波特率=\frac{2^{SMOD}\times 定时器/计数器\ T1\ 溢出率}{32} \tag{7-5}$$

在晶振时钟频率一定的条件下，方式 2 只有两种波特率。方式 3 可通过编程设置多种波特率，这正是这两种方式的差别所在。

4 种工作方式比较和常用的波特率分别见表 7-4 和表 7-5。

表 7-4 通信工作方式比较

工作方式	功能描述	说 明	波 特 率
方式 0	8 位移位寄存器	常用于扩展 I/O 端口	$f_{osc}/12$
方式 1	10 位 UART	8 位数据、起始位、停止位	可变(取决于定时器/计数器 T1 溢出率)
方式 2	11 位 UART	8 位数据、起始位、停止位和奇偶校验位	$f_{osc}/64$ 或 $f_{osc}/32$
方式 3	11 位 UART	8 位数据、起始位、停止位	可变(取决于定时器/计数器 T1 溢出率)

表 7-5 常用的波特率表

波特率 /(b·s^{-1})	晶振频率 /MHz	初值		误差 /%	晶振频率 /MHz	初值		误差/%	
		SMOD=0	SMOD=1			SMOD=0	SMOD=1	SMOD=0	SMOD=1
300	11.0592	0xA0	0x40	0	12	0x98	0x30	0.16	0.16
600	11.0592	0xD0	0xA0	0	12	0xCC	0x98	0.16	0.16
1200	11.0592	0xE8	0xD0	0	12	0xE6	0xCC	0.16	0.16
1800	11.0592	0xF0	0xE0	0	12	0xEF	0xDD	2.12	−0.79
2400	11.0592	0xF4	0xE8	0	12	0xF3	0xE6	0.16	0.16
3600	11.0592	0xF8	0xF0	0	12	0xF7	0xEF	−3.55	2.12
4800	11.0592	0xFA	0xF4	0	12	0xF9	0xF3	−6.99	0.16
7200	11.0592	0xFC	0xF8	0	12	0xFC	0xF7	8.51	−3.55
9600	11.0592	0xFD	0xFA	0	12	0xFD	0xF9	8.51	−6.99
14 400	11.0592	0xFE	0xFC	0	12	0xFE	0xFC	8.51	8.51
19 200	11.0592	—	0xFD	0	12	—	0xFD	—	8.51
28 800	11.0592	0xFF	0xFE	0	12	0xFF	0xFE	8.51	8.51

提示： 波特率计算过程理解即可，在实际应用中查表 7-5 即可。

7.4 串行通信标准

RS-232、RS-485 与 RS-422 都是串行数据接口标准，最初都是由电子工业协会(EIA)制定并发布的，RS-232 于 1962 年发布，命名为 EIA-232-E，作为工业标准，以保证不同厂家产品之间的兼容。RS-422 由 RS-232 发展而来，它是为弥补 RS-232 之不足而提出的。为改进 RS-232 通信距离短、速率低的缺点，RS-422 定义了一种平衡通信接口，将传输速率提高到

10Mb/s,传输距离延长到1km,并允许在一条平衡总线上连接最多10个接收器。RS-422是一种单机发送、多机接收的单向、平衡传输规范,被命名为TIA/EIA-422-A标准。为扩展应用范围,EIA又于1983年在RS-422基础上制定了RS-485标准,增加了多点、双向通信能力,即允许多个发送器连接到同一条总线上,同时增加了发送器的驱动能力和冲突保护特性,扩展了总线共模范围,后命名为TIA/EIA-485-A标准。

7.4.1 RS-232标准简介

RS-232是目前被广泛使用的异步串行数字通信电气标准。过去数十年中,RS-232在低速数据通信领域应用广泛。这种传输速度不快、传输距离也不远的接口几乎能够在所有民用通信设备中占据主要角色,一个原因是早期用户对通信速度和距离的要求不高;另一个原因是它被所有PC、服务器认同为标准串行接口,成为计算机与桌面设备之间最简单、有效、通用的连接通道之一。出于同样原因,在多单片机之间的通信中,RS-232也占据着重要的位置。

由于RS-232接口标准出现较早,难免有不足之处,主要有以下四点:

(1) 接口的信号电平值较高,易损坏接口电路的芯片;又因为与TTL电平不兼容,故需使用电平转换电路方能与TTL电路连接。

(2) 传输速率较低,在异步传输时,波特率为20kb/s。现在由于采用新的UART芯片,波特率达到115.2kb/s。

(3) 接口使用一根信号线和一根信号返回线构成的共地传输形式,容易产生共模干扰,抗噪声干扰性弱。

(4) 传输距离有限,最大传输距离标准值为50m,而实际应用只有15m左右。

1. RS-232接口的引脚定义

RS-232有25芯和9芯两种,9芯的EIA-RS-232C的接口如图7-5所示。

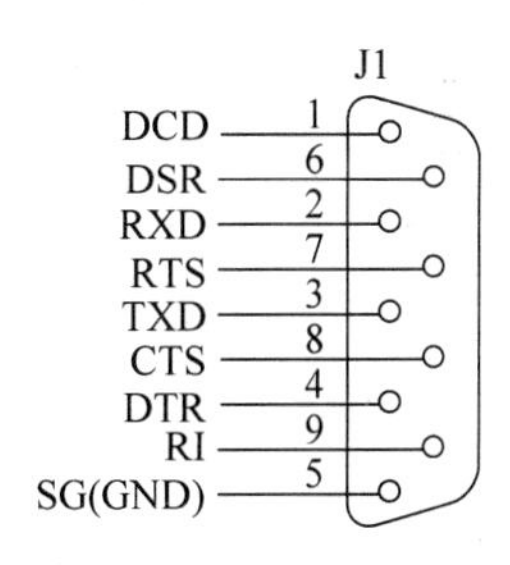

图7-5 RS-232C的接口

9芯信号线定义如下:

3#TXD:发送数据(输出)。

2#RXD:接收数据(输入)。

7#RTS:请求发送数据(输出)。

8#CTS:允许发送数据(输入)。

6#DSR:对方准备好(输入)。

5#SG(GND):地脚。

1#DCD:对方接收另一端(远地)数据时状态(输入)。

4#DTR:本方准备好(输出)。

9#RI:对方收到振铃时状态(输入)。

常用的引脚有3根,分别是2脚RXD、3脚TXD和5脚GND。

2. RS-232接口的电气特性

MCS-51单片机的输出信号实际上并不符合RS-232标准,因为其串行通信管脚上的电压为TTL标准,即0～5V之间的两个状态,传输距离一般为1～2m。另一方面,RS-232信号的电压一般为－15～＋15V;另外,彼此对于逻辑1和逻辑0的定义也完全不同,因此,二者进行通信时，中间必须插入一个电平和逻辑转换环节。

RS-232C 电平：逻辑 1　　−3～−15V

　　　　　　　逻辑 0　　+3～+15V

TTL 电平：逻辑 1　　+2.7～+5V

　　　　　逻辑 0　　0～+0.5V

7.4.2 RS-485 标准简介

针对 RS-232 串口标准的局限性，人们又提出了 RS-485、RS-422 接口标准。RS-485/422 采用平衡发送和差分接收方式实现通信：发送端将串行口的 TTL 电平信号转换成差分信号 A、B 两路输出，经过线缆传输之后在接收端将差分信号还原成 TTL 电平信号。由于传输线通常使用双绞线，又是差分传输，所以有极强的抗共模干扰能力，总线收发器灵敏度高，可以检测到低至 200mV 的电压。故传输信号在千米之外都可以恢复。

7.4.3 RS-422 标准简介

RS-422 的电气性能与 RS-485 近似，主要区别在于：

(1) RS-485 有 2 根信号线，发送和接收都是 A 和 B。由于 RS-485 的收与发是共用两根线，所以不能同时收和发(半双工)。

(2) RS-422 有 4 根信号线，两根发送(Y、Z)、两根接收(A、B)。由于 RS-422 的收与发是分开的，所以可以同时收和发(全双工)。

(3) 支持多机通信的 RS-422 将 Y-A 短接作为 RS-485 的 A，将 RS-422 的 Z-B 短接作为 RS-485 的 B，这样可以简单转换为 RS-485。

RS-232、RS-485 和 RS-422 的主要电气特性如表 7-6 所示。

表 7-6 RS-232、RS-485 和 RS-422 的电气特性

规　定	RS-232	RS-485	RS-422
工作方式	单端	差分	差分
节点数	1 收 1 发	1 发 32 收	1 发 10 收
最大传输电缆长度/m	50	1000	1000
最大传输速率	20kb/s	10Mb/s	10Mb/s

7.5 USB 转串口芯片 CH340

在日常应用中，使用计算机 DB9 接口与单片机串口通信很不方便，因此常借助 CH340 芯片通过 USB 接口实现串口通信。

CH340 是一个 USB 总线的转接芯片，可以实现 USB 转串口或者 USB 转打印口。

CH340 内置了独立的收发缓冲区，支持单工、半双工或者全双工异步串行通信。串行数据包括 1 个低电平起始位，5～8 个数据位，1 个或 2 个高电平停止位，支持奇校验/偶校验/标志校验/空白校验。其电路图如图 7-6 所示。

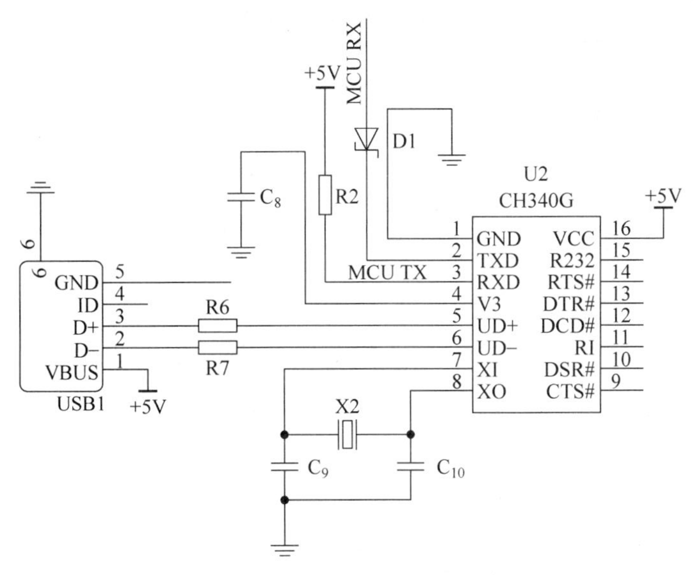

图 7-6　USB 转串口电路图

CH340 支持常用通信波特率：4800b/s、9600b/s、14 400b/s、19 200b/s、115 200b/s 等。

用 USB 线连接计算机和单片机后，计算机安装相应驱动，会出现一个串口端口号（虚拟串口），使用串口通信软件（如串口助手），设置相应的通信参数就可以与单片机串口通信，其端口配置如图 7-7 所示。

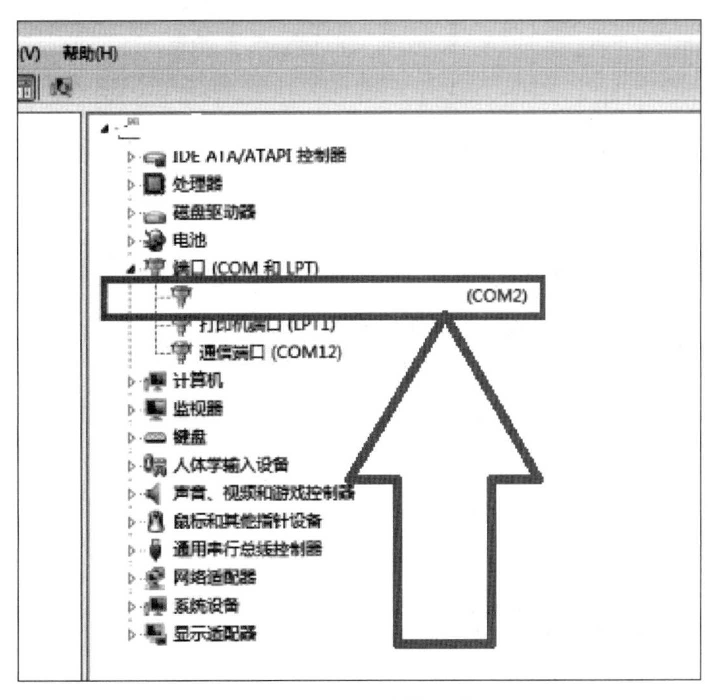

图 7-7　USB 转串口计算机端口配置

CH340 的引脚功能如表 7-7 所示。

表 7-7 CH340 引脚功能

SSOP20 引脚号	SOP16 引脚号	MSOP10 引脚号	引脚名称	类型	引脚说明
19	16	7	VCC	电源	正电源输入端，需要外接 0.1μF 退耦电容
8	1	3	GND	电源	公共接地端，直接连到 USB 总线的地线
5	4	10	V3	电源	在 3.3V 电源电压时连接 VCC 输入外部电源，在 5V 电源电压时需外接 0.1μF 退耦电容
9	7	无	X1	输入	CH340T/R/G：晶体振荡的输入端，需外接晶体及电容
			NC.	空脚	CH340C：空脚，必须悬空
			RST#	输入	CH340B：外部复位接入，低电平有效，内置上拉电阻
10	8	无	XO	输出	CH34OT/R/G：晶体振荡的输出端，需外接晶体及电容
			NC.	空脚	CH340C/B：空脚，必须悬空
6	5	1	UD+	USB 信号	直接连到 USB 总线的 D+数据线
7	6	2	UD−	USB 信号	直接连到 USB 总线的 D−数据线
20	无	无	NOS#	输入	禁止 USB 设备挂起，低电平有效，内置上拉电阻
3	2	8	TXD	输出	串行数据输出(CH340R 型号为反相输出)
4	3	9	RXD	输入	串行数据输入，内置可控的上拉和下拉电阻

7.6 串行通信初始化

1. 初始化流程

第一步：设置串行通信模式 SCON。

第二步：设置定时器/计数器 T1 工作模式和定时器/计数器 T1 初值，并启动。

第三步：设置 PCON 寄存器，是否进行波特率加倍。

第四步：打开串行口中断 ES 和总中断 EA。

代码如下：

```
SCON = 0x50;    //工作方式 1,可接收串口数据
TMOD = 0x20;    //定时器/计数器 T1 工作方式 2
TH1 = 0xFD      //波特率 9600 对应的初值
TL1 = 0xFD;     //波特率 9600 对应的初值
TR1 = 1;        //启动定时器/计数器 T1
ES = 1;         //打开串行口中断
EA = 1;         /打开总中断
```

2. 串行通信发送代码

```
SBUF = 0x30;    //把字符"0"送串行口
```

```
wile(!TI);      //等待发送结束
TI = 0;         //发送标志位清 0
```

3. 串行通信接收代码

```
while(!RI);     //等待接收到数据
S_Data = SBUF;  //把串行口接收数据送至变量 S_Data
RI = 0;         //接收标志位清 0
```

4. 中断接收和发送代码

```
void Uart_Int() interrupt 4 using 0
{
    RI = 0;         //接收标志位清 0
    TI = 0;         //发送标志位清 0
    S_Data = SBUF; //把字符"0"送串行口
    SBUF = 0x30; //把字符"0"送串行口
}
```

例 1　单片机通过串行口发送 0x30 地址的 10 个数据到计算机串口，f_{osc} = 11.0592MHz，波特率 9600b/s。

```
解法一：采用查询法
#include "reg51.h"
void main()
{
  unsigned char i, *p;
  p = 0x30;                    //指向内部 RAM0x30 单元
  TMOD = 0x20;                 //定时器/计数器 T1 工作方式 2
  SCON = 0x40;                 //方式 1,只能发送,不能接收
  TH1 = 0xFD;                  //波特率 9600 对应初值
  TL1 = 0xFD;                  //波特率 9600 对应初值
  PCON = 0x00;                 //波特率不加倍
  TR1 = 1;                     //启动定时器/计数器 T1
  for(i = 0;i < 10;i++)
  {
    SBUF = *p;                 //发送数据
    p++;                       //指针指向下一个地址数据
    while(!TI);                //等待发送结束
    TI = 0;                    //发送标志位清 0
  }
}
解法二：采用中断法
#include "reg51.h"
void main()
{
 unsigned char i, *p;
 p = 0x30;                     //指向内部 RAM0x30 单元
 TMOD = 0x20;                  //定时器/计数器 T1 工作方式 2
 SCON = 0x40;                  //方式 1,只能发送,不能接收
 TH1 = 0xFD;                   //波特率 9600 对应初值
```

```
 TL1 = 0xFD;                //波特率 9600 对应初值
 PCON = 0x00;               //波特率不加倍
 TR1 = 1;                   //启动定时器/计数器 T1
 ET1 = 1;                   //定时器/计数器 T1 中断允许
 ES = 1;                    //串行口中断允许
 EA = 1;                    //总中断允许
 SBUF = * p;                //发送数据
 p++;                       //指针指向下一个地址数据
}
//串行中断函数
void int_serial() interrupt 4 using 1
{
 TI = 0;                    //发送标志位清 0
 if(p < 0x3B)
 {
  SBUF = * p;               //发送数据
  p++;                      //指针指向下一个地址数据
 }
}
```

例 2 计算机通过串行发送 ASCII 码 0～9 字符到单片机串口，f_{osc} = 11.0592MHz，波特率 9600b/s，单片机接收串行数据，并把接收到的数据(一字节)放到 30H 开始的内存中。

```
解法一:采用查询法
#include "reg51.h"
void main()
{
 unsigned char i, * p;
 p = 0x30;              //指向内部 RAM0x30 单元
 TMOD = 0x20;           //定时器/计数器 T1 工作方式 2
 SCON = 0x50;           //方式 1,能发送和接收
 TH1 = 0xFD;            //波特率 9600 对应初值
 TL1 = 0xFD;            //波特率 9600 对应初值
 PCON = 0x00;           //波特率不加倍
 TR1 = 1;               //启动定时器/计数器 T1
for(i = 0;i < 10;i++)
{
  while(!RI);           //等待接收到数据
  RI = 0;               //接收标志位清 0
  * p = SBUF;           //接收数据送内部 RAM
  p++;                  //指针指向下一个地址数据
  }
}
解法二:采用中断法
#include "reg51.h"
void main()
{
 unsigned char i, * p;
 p = 0x30;              //指向内部 RAM0x30 单元
```

```
 TMOD = 0x20;              //定时器/计数器 T1 工作方式 2
 SCON = 0x50;              //方式 1,能发送,能接收
 TH1 = 0xFD;               //波特率 9600 对应初值
 TL1 = 0xFD;               //波特率 9600 对应初值
 PCON = 0x00;              //波特率不加倍
 TR1 = 1;                  //启动定时器/计数器 T1
 ET1 = 1;                  //定时器/计数器 T1 中断允许
 EA = 1;                   //总中断允许
 ES = 1;                   //串行口中断允许
 while(1)
void int_serial() interrupt 4 using 1
{
 RI = 0;                   //接收标志位清 0
  * p =  SBUF;             //接收数据送内部 RAM
  p++;                     //指针指向下一个地址数据
}
```

提高篇

串口助手通过 USB 转串口 CH340 向单片机发送数字 0～9,数码管相应显示 0～9,如果按下独立按键 KEY1～KEY4,串口助手收到数字 1～4。

串口收发数据电路图如图 7-8 所示。

```
 # include < reg52.h >
sbit KEY1 = P2^4;
sbit KEY2 = P2^5;
sbit KEY3 = P2^6;
sbit KEY4 = P2^7;
unsigned char const dofly[ ] = {0x3f,0x06,0x5b,0x4f,0x66,0x6d,0x7d,0x07,0x7f,0x6f};
// 0123456789
unsigned char code seg[ ] = {0,1,2,3,4,5,6,7};
unsigned char chi[ ] = {2,0,1,8,1,2,3,4};
unsigned char R_Data,S_Data;
void delay_ms(unsigned int ms);
main()
{
      unsigned char i;
      TMOD = 0x20;                   //定时器/计数器 T1 工作方式 2
      SCON = 0x50;                   //方式 1,可发送,可接收
      TH1 = 0xFD;                    //波特率 9600 对应初值
      TL1 = 0xFD;                    //波特率 9600 对应初值
      PCON = 0x00;                   //波特率不加倍
      TR1 = 1;                       //启动定时器/计数器 T1
      P1 = 0;                        //点亮 8 个指示灯
      while(1)
     {
```

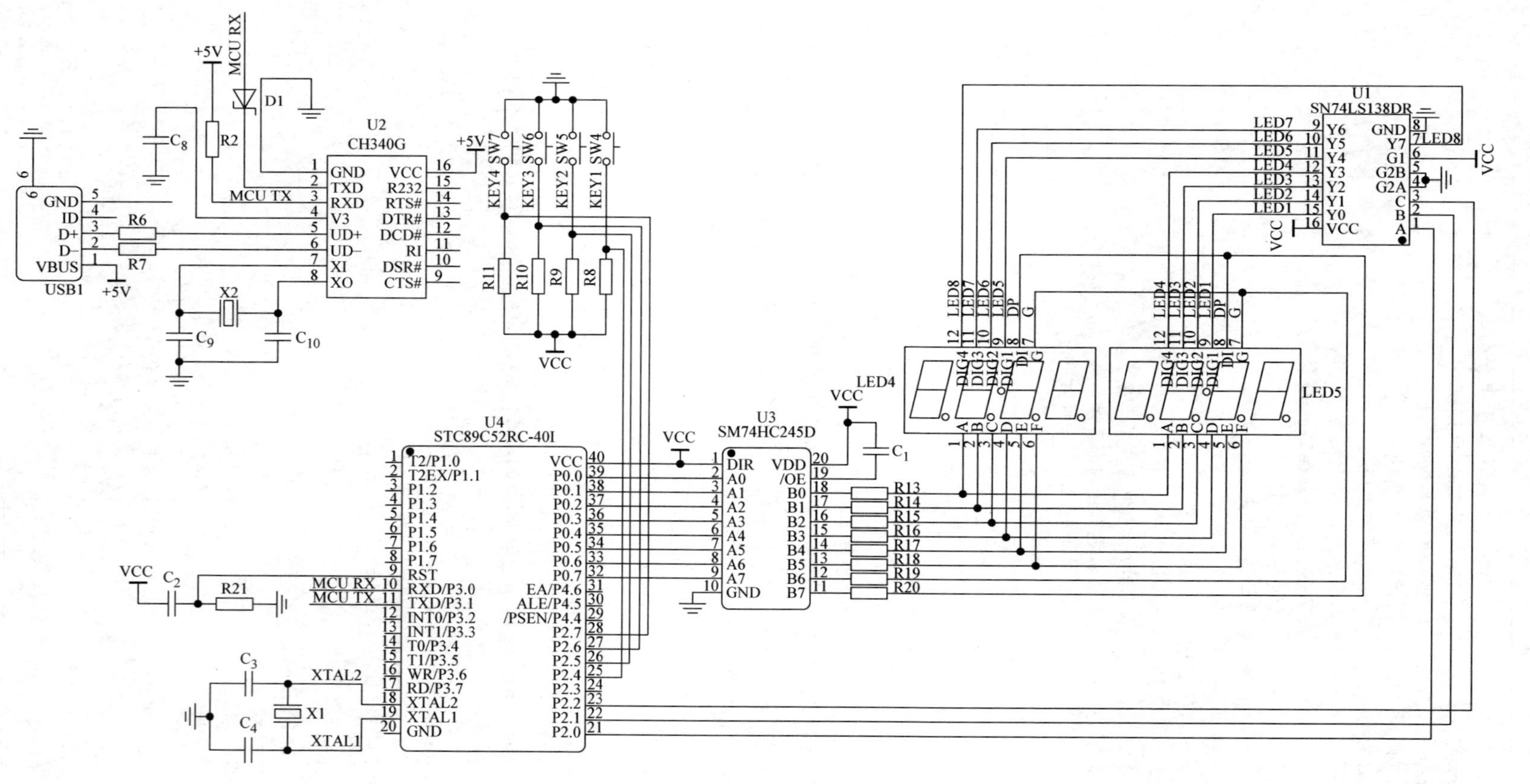

图 7-8 串口收发数据电路图

```
        if(RI)                          //判断是否接收到数据
          {
              R_Data = SBUF;            //接收数据送变量 R_Data
              RI = 0;                   //接收标志位清 0
          }
          P0 = dofly[R_Data];           //数码管显示接收到数据
          P2 = 0x7;                     //指定位置的数码管显示
          delay_ms(1);                  //消抖动延时
          KEY1 = 1;                     //按键输入
          KEY2 = 1;
          KEY3 = 1;
          KEY4 = 1;
          if(!KEY1)                     //判断按键按下
          {
              SBUF = 0x01;              //发送 0x01 到计算机串口
              while(!TI);               //等待发送完成
              TI = 0;                   //发送标志位清 0
              while(!KEY1);             //等待按键释放
          }
          if(!KEY2)                     //判断按键按下
          {
              SBUF = 0x02;              //发送 0x02 到计算机串口
              while(!TI);               //等待发送完成
              TI = 0;                   //发送标志位清 0
              while(!KEY2);             //等待按键释放
          }
          if(!KEY3)                     //判断按键按下
          {
              SBUF = 0x03;              //发送 0x03 到计算机串口
              while(!TI);               //等待发送完成
              TI = 0;                   //发送标志位清 0
              while(!KEY3);             //等待按键释放
          }
          if(!KEY4)                     //判断按键按下
          {
              SBUF = 0x04;              //发送 0x04 到计算机串口
              while(!TI);               //等待发送完成
              TI = 0;                   //发送标志位清 0
              while(!KEY4);             //等待按键释放
          }
      }
}
void delay_ms(unsigned int ms)
{
    unsigned int a;
    while(ms)
    {
        a = 80;
        while(a--);
```

```
            ms--;
        }
    }
```

串口助手选择波特率9600b/s，无奇偶效验，8个数据位，1个停止位，数据传输采用HEX模式。

测试时，从串口助手发送7，数码管显示7，按下KEY1～KEY4，分别显示1～4。实验验证如图7-9所示。

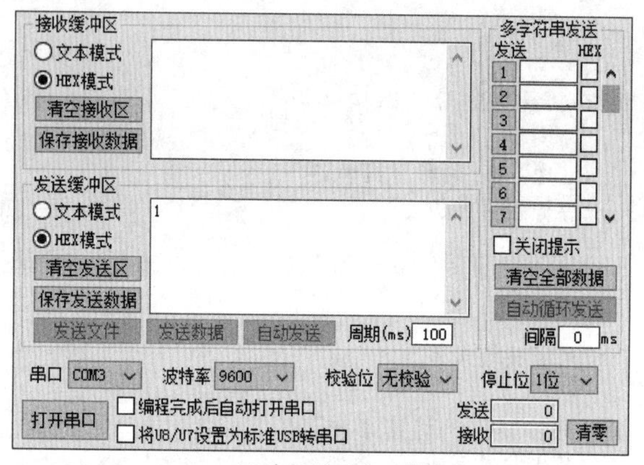

(a) 串口助手串口收发

(b) 开发板串口收发

图7-9 计算机和单片机串口通信

习题与思考

7-1 串行通信时，数据传输速率越快，则波特率越__________(大、小)。

7-2 串行通信时，RS-232传输方式比TTL电平传输距离__________(远、近)。

7-3 MCS-51单片机的串行口属于下列哪种通信模式？( )

A. 同步通信 B. 异步通信 C. 单工 D. 单向传输

7-4 并行通信和串行通信的区别是什么？

7-5 同步通信和异步通信的区别是什么？

7-6 异步通信中，接收方是如何知道发送方开始发送数据的？

7-7 若晶振频率为11.0592MHz，串行口工作于方式1，波特率为9600b/s，编程实现发送数据0x30、0x31到计算机的串口端，只编写单片机端程序，查询法编程。

7-8 若晶振频率为11.0592MHz，串行口工作于方式1，波特率为4800b/s，编程实现发送数据0x30、0x31到计算机的串口端，只编写单片机端程序，中断法编程。

7-9 直接用TTL电平串行传输数据有什么缺点？为什么传输距离较远时，常采用RS-232C、RS-422A和RS-485进行数据传送？比较RS-232C、RS-422A和RS-485的优缺点。

第8章

A/D转换器与PWM应用

【学习指南】

通过本章的学习,理解 A/D 转换器的工作原理,能理解并学会设置相关寄存器,学会编写 A/D 转换程序;理解 PWM 产生原理,看懂 PWM 结构图,学会设置相关寄存器,能编程输出不同占空比 PWM 波形。

8.1 概述

将模拟信号转换成数字信号的电路,称为模数转换器(Analog to Digital Converter,A/D 转换器)。A/D 转换的作用是将时间连续、幅值连续的模拟量转换为时间离散、幅值离散的数字信号,因此,A/D 转换一般要经过取样、保持、量化及编码 4 个过程。在实际电路中,这些过程通常是合并进行的,比如,取样和保持、量化和编码往往都是在转换过程中同时实现的。

当传感器输出的信号是模拟信号时,要输入单片机就需要 A/D 转换器。在数据测控领域,A/D 转换器应用很广泛。

与模数转换器对应的是数模转换器(Digital to Analog Converter,D/A 转换器)。D/A 转换器应用很广泛,但在电机控制、灯光调制等场合,用 PWM 输出更有优势。

脉冲宽度调制(Pulse Width Modulation,PWM),简称脉宽调制,是利用微处理器的数字输出对模拟电路进行控制的一种非常有效的技术,广泛应用于测量、通信、功率控制与变换等多个领域。

A/D 转换器和 PWM 成为许多单片机的标配,本章主要介绍 IAP15F2K60S2 单片机(STC 单片机 15 系列,支持硬件仿真)内置 A/D 转换器和 PWM 功能,下面首先介绍 A/D 转换器的基本知识。

A/D 转换器的工作原理主要有三种:逐次逼近法、双积分法和电压频率转换法。

1. 逐次逼近法

逐次逼近法 A/D 是比较常见的一种 A/D 转换电路,转换时间为微秒级。

采用逐次逼近法的 A/D 转换器由比较器、D/A 转换器、缓冲寄存器及控制逻辑电路等组成，其结构如图 8-1 所示。

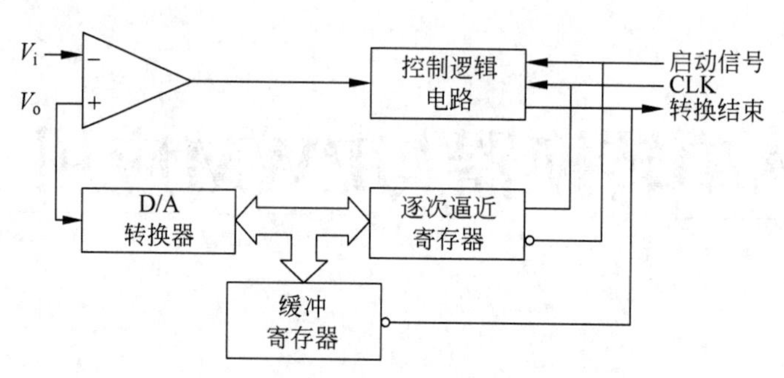

图 8-1 逐次逼近法 A/D 转换器结构

基本原理是从高位到低位逐位试探比较，就像用天平称物体，从重到轻逐级增减砝码进行试探。

逐次逼近法的转换过程：初始化时，将逐次逼近寄存器各位清 0；转换开始时，先将逐次逼近寄存器最高位置 1，送入 D/A 转换器，经 D/A 转换后生成模拟量送入比较器，称为 V_o，V_o 与送入比较器的待转换的模拟量 V_i 进行比较，若 $V_o < V_i$，该位 1 被保留，否则被清 0。然后再置逐次逼近寄存器次高位为 1，将寄存器中新的数字量送 D/A 转换器，输出的 V_o 再与 V_i 比较；若 $V_o < V_i$，该位 1 被保留，否则被清 0。重复此过程，直至逼近寄存器最低位。转换结束后，将逐次逼近寄存器中数字量送入缓冲寄存器，得到数字量输出。IAP15F2K60S2 单片机内置的 A/D 转换器属于这种类型。

2. 双积分法

采用双积分法的 A/D 转换器由电子开关、积分器、零比较器和控制逻辑等部件组成，其结构如图 8-2 所示。基本原理是将输入电压变换成与其平均值呈正比的时间间隔，再把此时间间隔转换成数字量，因此属于间接转换。

双积分法 A/D 转换的过程：先将开关接通待转换的模拟量 V_i，V_i 采样输入到积分器，积分器从零开始进行固定时间 T 的正向积分，时间 T 到后，开关再接通与 V_i 极性相反的基准电压 V_{REF}，将 V_{REF} 输入到积分器，进行反向积分，直到输出为 0V 时停止积分。V_i 越大，积分器输出电压越大，反向积分时间也越长。计数器在反向积分时间内所计的数值，就是输入模拟电压 V_i 所对应的数字量，从而实现了 A/D 转换。

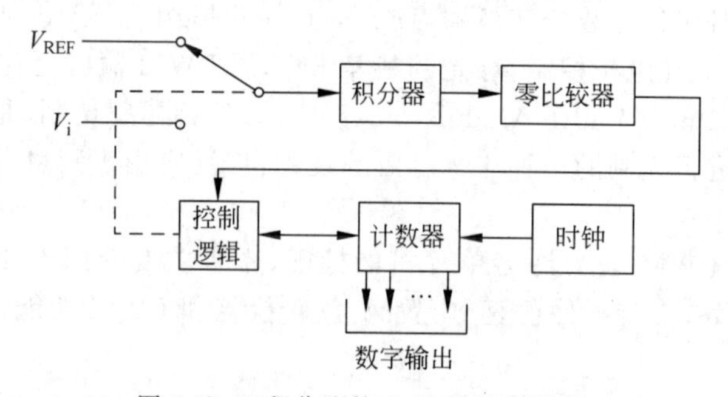

图 8-2 双积分法的 A/D 转换器结构

3. 电压频率转换法

采用电压频率转换法的 A/D 转换器，由计数器、控制门及一个具有恒定时间的时钟门控制信号组成，工作原理是 V/F 转换电路把输入的模拟电压转换成与模拟电压呈正比的脉冲信号。电压频率转换法的工作过程：当模拟电压 V_i 加到 V/F 的输入端，便产生频率 F 与 V_i 呈正比的脉冲，在一定的时间内对该脉冲信号计数，时间到，统计到计数器的计数值正比于输入电压 V_i，从而完成 A/D 转换。

8.2 A/D 转换器结构

A/D 转换器结构如图 8-3 所示。

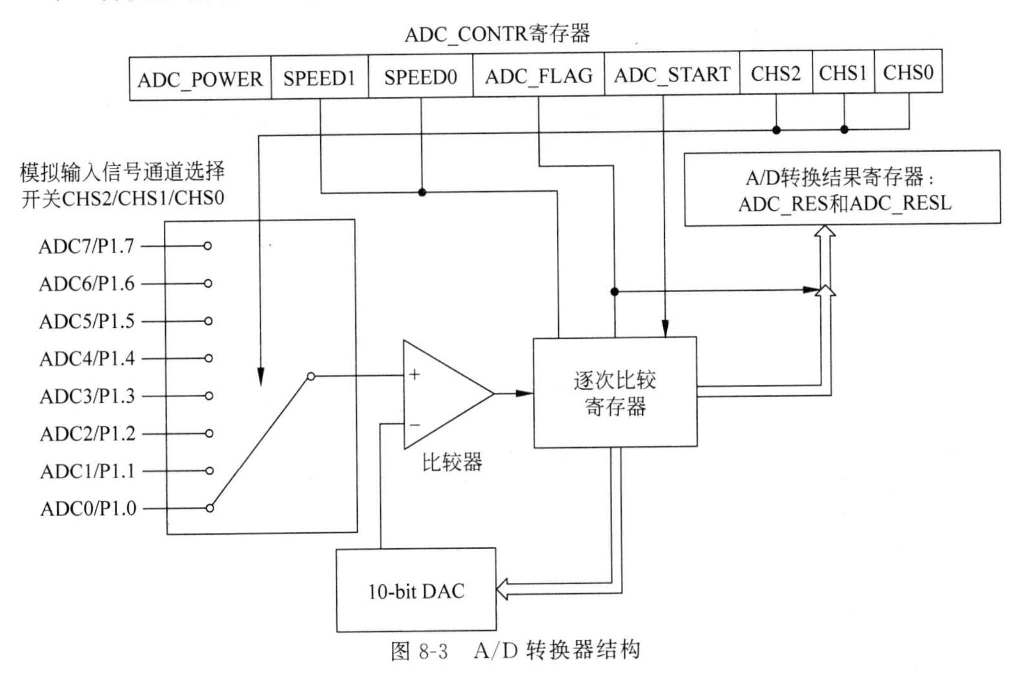

图 8-3 A/D 转换器结构

从图中可以看出，模拟多路开关通过 P1 引脚(复用，ADC0～7)把模拟量输入送给比较器；将 A/D 转换器转换的模拟量与输入模拟量通过比较器进行比较，比较结果保存到逐次比较器，并通过逐次比较器输出转换结果；A/D 转换结束后，最终的转换结果保存在寄存器 ADC_RES 和 ADC_RESL，同时，置位控制寄存器 ADC_CONTR 中的 A/D 转换结束标志位 ADC_FLAG，以供程序查询或发出中断申请。

提示：同一时刻，A/D 转换器只采集 1/8 信号，但 8 路信号的输入配置是相同的。

8.3 与 A/D 转换相关的寄存器

8.3.1 P1 口模拟功能寄存器 P1ASF

IAP15F2K60S2 单片机的 A/D 转换口在 P1(P1.0～P1.7)，8 路 10 位高速 A/D 转换器，速度可达到 300kHz。作为 A/D 使用口，需要将 P1ASF 特殊功能寄存器中的相应位置

1,详见表 8-1。

表 8-1 P1 口模拟功能寄存器

D7	D6	D5	D4	D3	D2	D1	D0
P17ASF	P16ASF	P15ASF	P14ASF	P13ASF	P12ASF	P11ASF	P10ASF

位功能：P10ASF=0 普通 I/O 口；P10ASF=1 P1.0 口作为模拟功能 A/D 使用；
P11ASF=0 普通 I/O 口；P11ASF=1 P1.1 口作为模拟功能 A/D 使用；
P12ASF=0 普通 I/O 口；P12ASF=1 P1.2 口作为模拟功能 A/D 使用；
P13ASF=0 普通 I/O 口；P13ASF=1 P1.3 口作为模拟功能 A/D 使用；
P14ASF=0 普通 I/O 口；P14ASF=1 P1.4 口作为模拟功能 A/D 使用；
P15ASF=0 普通 I/O 口；P15ASF=1 P1.5 口作为模拟功能 A/D 使用；
P16ASF=0 普通 I/O 口；P16ASF=1 P1.6 口作为模拟功能 A/D 使用；
P17ASF=0 普通 I/O 口；P17ASF=1 P1.7 口作为模拟功能 A/D 使用；
注：P1 口部分端口作 A/D 功能时,其他端口只建议用作输入口。

8.3.2 控制寄存器 ADC_CONTR

控制寄存器 ADC_CONTR 位定义如表 8-2 所示。

表 8-2 控制寄存器 ADC_CONTR

D7	D6	D5	D4	D3	D2	D1	D0
ADC_POWER	SPEED1	SPEED0	ADC_FLAG	ADC_START	CHS2	CHS1	CHS0

(1) ADC_POWER:电源控制位。0：关闭 A/D 转换器电源；1：打开 A/D 转换器电源。

(2) SPEED1 和 SPEED0：A/D 转换器速度控制位。

A/D 转换器速度除了和单片机时钟相关外,其转换速度可通过 SPEED1 和 SPEED0 控制。详见表 8-3。

表 8-3 A/D 转换器速度控制位

SPEED1	SPEED0	A/D 转换所需时间
1	1	90 个时钟周期转换一次,CPU 工作频率 21MHz 时,A/D 转换速度约为 300kHz
1	0	180 个时钟周期转换一次
0	1	360 个时钟周期转换一次
0	0	540 个时钟周期转换一次

(3) ADC_FLAG：A/D 转换器结束标志位。

当 A/D 转换结束后,ADC_FLAG=1,需要软件清 0。

(4) ADC_START：A/D 转换器启动控制位。

ADC_START=1,开始转换,转换结束后为 0。

(5) CHS2/CHS1/CHS0:模拟输入通道选择。

A/D 转换器每次只能转换一个通道数据，可设置 CHS2/CHS1/CHS0 选择输入通道，具体功能见表 8-4。

表 8-4　A/D 转换器模拟输入通道选择

CHS2	CHS1	CHS0	Analog Channel Select(模拟输入通道选择)
0	0	0	选择 P1.0 作为 A/D 输入来用
0	0	1	选择 P1.1 作为 A/D 输入来用
0	1	0	选择 P1.2 作为 A/D 输入来用
0	1	1	选择 P1.3 作为 A/D 输入来用
1	0	0	选择 P1.4 作为 A/D 输入来用
1	0	1	选择 P1.5 作为 A/D 输入来用
1	1	0	选择 P1.6 作为 A/D 输入来用
1	1	1	选择 P1.7 作为 A/D 输入来用

1. 转换结果调整寄存器 CLK_DIV

A/D 转换器转换数据有两种存储方法，可以通过软件设置，如表 8-5 所示。CLK_DIV 的位 ADRJ 功能如下，通过设置 ADRJ 即可。

表 8-5　转换结果调整寄存器

D7	D6	D5	D4	D3	D2	D1	D0
		ADRJ					

2. 存放转换结果寄存器 ADC_RES、ADC_RESL

特殊功能寄存器 ADC_RES 和 ADC_RESL 用于保存 A/D 转换结果。

当 ADRJ=0 时，10 位 A/D 转换的高 8 位存放在 ADC_RES 中，低 2 位存放在 ADC_RESL 的低 2 位中。计算公式为：(ADC_RES[7:0], ADC_RESL[1:0])=1024×Vin/Vcc。

当 ADRJ=1，10 位 A/D 转换的高 2 位存放在 ADC_RES 低 2 位中，低 8 位存放在 ADC_RESL 中。计算公式为：(ADC_RES[1:0], ADC_RESL[7:0])=1024×Vin/Vcc。

式中，Vin 为模拟通道输入电压，VCC 为单片机实际工作电压。

3. 中断允许寄存器 IE

中断允许寄存器 IE 位定义见表 8-6。

表 8-6　中断允许寄存器

D7	D6	D5	D4	D3	D2	D1	D0
EA		EADC	ES	ET1	EX1	ET0	EX0

EADC：A/D 转换中断允许位。

　　EADC=0：禁止 A/D 转换中断。

　　EADC=1：允许 A/D 转换中断。

4. 中断优先级控制寄存器 IP

中断优先级控制寄存器 IP 位定义见表 8-7。

表 8-7 中断优先级控制寄存器

D7	D6	D5	D4	D3	D2	D1	D0
		PADC	PS	PT1	PX1	PT0	PX0

PADC：A/D 转换中断优先级设置位。

PADC＝0：A/D 转换中断为低优先级中断。

PADC＝1：A/D 转换中断为高优先级中断。

8.4 A/D 转换器应用

A/D 转换器工作过程：

(1) 配置模拟功能寄存器 P1ASF，选择合适输入引脚作 A/D 转换器功能；

(2) 配置控制寄存器 ADC_CONTR，设置输入引脚、输出寄存器、开/关中断、中断优先级等功能；

(3) 启动转换；

(4) 延时或等待中断；

(5) 读取转换数据。

例 1 用可变电位计和光敏电阻实现两路 0～5V 的模拟电压输出，见图 8-4，把电压输出送到 IAP15F2K61S2 单片机的 A/D 转换输入引脚（AD6～AD7），电压值输送至 OLED 显示，代码如下。

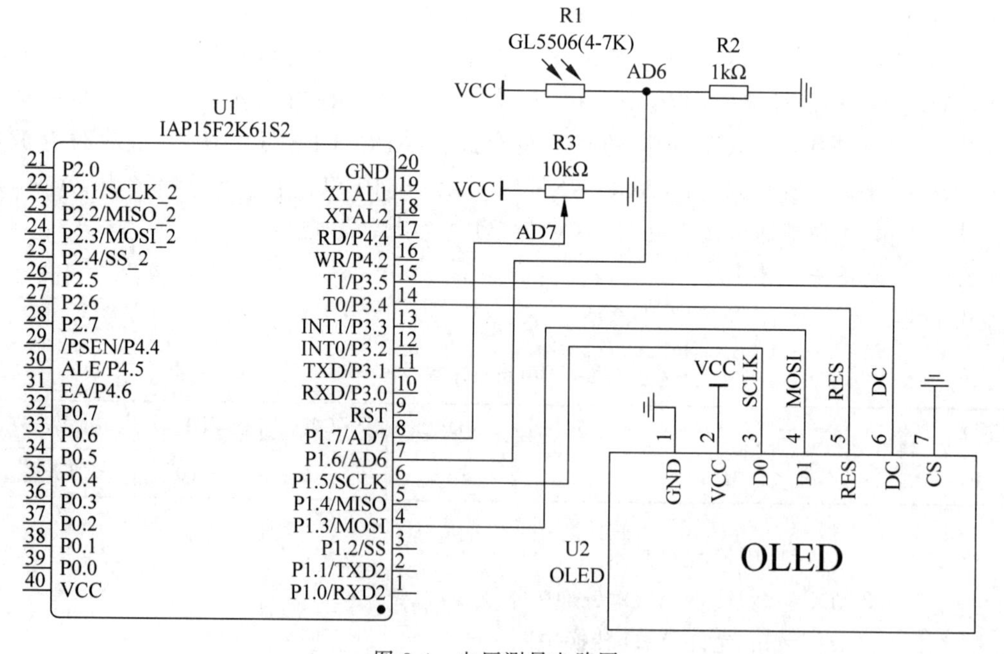

图 8-4 电压测量电路图

```
#include "STC15F2K60S2.h"
#include "oled.h"
    #define ADC_POWER 0x80                    //ADC 电源控制位
    #define ADC_FLAG 0x10                     //ADC 完成标志
    #define ADC_SPEEDLL 0x00                  //540 个时钟周期
    #define ADC_SPEEDL 0x20                   //360 个时钟周期
    #define ADC_SPEEDH 0x40                   //180 个时钟周期
    #define ADC_SPEEDHH 0x60                  //90 个时钟周期
    #define ADC_START 0x08                    //ADC 起始控制位
    void Delay2ms();
    void Delay200ms();                        //@11.0592MHz;
    unsigned int AD_Data = 0;
    int main(void)
     {
        OLED_Init();                          //初始化 OLED
        OLED_Clear()                          //清屏;
        OLED_ShowString(0,0,"A/D");           //显示字符"A/D"
        OLED_ShowCHinese(36,0,0);             //显示字符"转"
        OLED_ShowCHinese(54,0,1);             //显示字符"换"
        OLED_ShowCHinese(72,0,2);             //显示字符"实"
        OLED_ShowCHinese(90,0,3);             //显示字符"验"
        OLED_ShowCHinese(0,4,4);              //显示字符"光"
        OLED_ShowCHinese(18,4,5);             //显示字符"照"
        OLED_ShowCHinese(36,4,6);             //显示字符"度"
        OLED_ShowChar(54,4,':');              //显示字符":"
        OLED_ShowCHinese(0,2,7);              //显示字符"电"
        OLED_ShowCHinese(18,2,8);             //显示字符"压"
        OLED_ShowCHinese(36,2,9);             //显示字符"值"
        OLED_ShowChar(54,2,':');              //显示字符":"
        CLK_DIV = 0x20;      //高 2 位存在 ADC_RES 的低 2 位中,低 8 位存在 ADC_RESL 中
        P1ASF = 0xC0;        //P1.7、P1.6 作模拟 A/D 使用
        ADC_RES = 0;         //清除结果寄存器
        ADC_RESL = 0;        //清除结果寄存器
        ADC_CONTR = ADC_POWER|ADC_SPEEDLL|ADC_START|0x07;  //配置控制寄存器
        Delay2ms();          //上电并延时
        while(1)
        {
         ADC_CONTR = ADC_POWER|ADC_SPEEDLL|ADC_START|0x07;  //启动 P1.7 端口
         Delay200ms();       //延时等待转换结束
         AD_Data = ADC_RES * 125 + ADC_RESL * 125/256;
          /* 等价于(ADC_RES * 256 + ADC_RESL) * 500/1024,可以尽量减少数据运算损失. */
         OLED_ShowChar(63,2,0x30 + AD_Data/100);        //分解数据显示,显示 AD_Data 百位数
         OLED_ShowChar(72,2,'.');                       //显示小数点"."
         OLED_ShowChar(81,2,0x30 + AD_Data % 100/10);//显示转换后数据 AD_Data 十位数
         OLED_ShowChar(90,2,0x30 + AD_Data % 100 % 10);  //显示数据 AD_Data 个位数
          ADC_CONTR = ADC_POWER|ADC_SPEEDLL|ADC_START|0x06;  //启动 P1.6 端口
          Delay200ms();  //延时等待转换结束
         AD_Data = ADC_RES * 125 + ADC_RESL * 125/256; //配置控制寄存器
         OLED_ShowChar(63,4,0x30 + AD_Data/100);        //显示转换后数据 AD_Data 百位数
         OLED_ShowChar(72,4,0x30 + AD_Data % 100/10);//显示转换后数据 AD_Data 十位数
        OLED_ShowChar(81,4,0x30 + AD_Data % 100 % 10); //显示转换数据 AD_Data 个位数
        }
```

实验图片如图 8-5 所示。

A/D 转换实验
电压值:3.88
光照度:034

图 8-5 A/D转换实验图

提高篇

用触摸屏显示开发板的温度传感器数据和 A/D 转换器采样的可调电阻电压值、显示矩阵键盘的按键值，并控制数码管的显示和 LED 等的显示。触摸屏设置如下：

1. 设计图片

由于触摸屏分辨率为 1024×600，所以选择图片分辨率为 1026×600。本例设计两幅图，如图 8-6 所示，一幅主图作背景用，另一幅图作按键背景用。两幅图采用相同尺寸和图案，但色彩有区别，目的是按下键后背景图片有明显变化，提示按键按下。

(a) 背景图

(b) 触摸屏按键显示底图

图 8-6 触摸屏背景图片

2. 设置触摸屏显示控件和触摸控件

操作界面如图 8-7 所示，界面中间为设置对象，右侧为设置属性。

3. 配置参数

数码管测试区：

变量地址：1005

显示数据：一个字，只显示一位

发送数据：5A A5 05 82 10 05 00 07 显示 7

温度测试区：

变量地址：1000

显示数据：一个字，带一位小数点，显示三位

发送数据：5A A5 05 82 10 00 00 04 显示 0.4

图 8-7　触摸屏配置软件设计界面

5A A5 05 82 10 00 00 54 显示 8.4

电压测试区：

变量：1001

显示数据：显示四位，带两位小数点

发送数据：5A A5 05 82 10 01 04 50 显示 11.04

矩阵键盘测试区：

变量地址：1002

显示数据：一个字长，只显示一位

发送数据：5A A5 05 82 10 02 00 04 显示 4

按钮发送指令：

＋按钮：5A A5 06 83 00 00 01 21 31

－按钮：5A A5 06 83 00 00 01 40 32

全亮按钮：5A A5 06 83 00 00 01 23 33

全灭按钮：5A A5 06 83 00 00 01 24 34

模式一按钮：5A A5 06 83 00 00 01 25 35

模式二按钮：5A A5 06 83 00 00 01 5E 36

4. 写变量存储器指令(0x82)

此处以向 1000 变量地址里写数值 2 为例：

5A A5 05 82 10 00 00 02

5A A5 表示：帧头

05 表示：数据长度

82 表示：写变量存储器指令

10 00 表示：变量地址(两字节)

00 02 表示：数据 2(两字节)

解释：通过指令往 1000 地址里赋值 2，屏上显示数据变量整数类型 2。

5. 触摸按键返回到串口数据(0x83)

此处以按返回变量地址 0x1001，键值 0x0002 为例：

5A A5 06 83 10 01 01 00 02

5A A5 表示：帧头

06 表示：数据长度

83 表示：读变量存储器指令

10 01 表示：变量地址(两字节)

01 表示：1 个字长度数据

00 02 表示：键值 0002

按键返回(非基本触控)在系统配置 CFG 文件配置了数据上传之后，是可以通过串口发出的。

上传的协议格式：(按键返回地址 1001 键值 000A)5AA50683100101000A

主要代码如下：

```
#include "STC15F2K60S2.h"
#include "oled.h"
#include "bmp.h"
#include "uart.h"
#define ADC_POWER 0x80                  //ADC 电源控制位
#define ADC_FLAG 0x10                   //ADC 完成标志
#define ADC_SPEEDLL 0x00                //540 个时钟周期
#define ADC_SPEEDL 0x20                 //360 个时钟周期
#define ADC_SPEEDH 0x40                 //180 个时钟周期
#define ADC_SPEEDHH 0x60                //90 个时钟周期
#define ADC_START 0x08                  //ADC 起始控制位
void Key_Act(unsigned char k);
void show(int dat);
sbit BEEP = P5^5;
unsigned int temp = 0,last_temp;
unsigned char flag_time,number = 0;
unsigned int AD_Data = 0,second_data;
extern unsigned char flag_screen,Screen_key;
void num_add_dec(unsigned char a);
void time_init()
{
    TMOD& = 0xF0;                       //设置定时器模式:16 位自动重载,2000μs
    TL0 = 0x9a;                         //设置定时初值
    TH0 = 0xa9;                         //设置定时初值
    TF0 = 0;                            //清除 TF0 标志
    TR0 = 1;                            //定时器/计数器 T0 开始计时
    ET0 = 1;                            //开定时器/计数器 T0 中断
    PS = 1;                             //串口优先级提高
    EA = 1;                             //开总中断
    ES = 1;                             //开串口中断
}
```

```
void main(void)
{
    OLED_Init();                                          //初始化 OLED
    OLED_Clear();                                         //清屏
    Uart_Init();                                          //串口初始化
    time_init();                                          //定时器初始化
    P1ASF = 0x80;                                         //P1.7 作模拟 A/D 使用
    ADC_RES = 0;                                          //清除结果寄存器
    ADC_CONTR = ADC_POWER|ADC_SPEEDLL|ADC_START|0x07;     //设置 A/D 控制寄存器,并启动
    delay_ms(2);                                          //上电并延时
    while(1)
    {
      if(flag_time == 0)
      {
        EA = 0;
        temp = read_temp();                               //读取温度值
        EA = 1;
        delay_ms(400);
        ADC_CONTR = ADC_POWER|ADC_SPEEDLL|ADC_START|0x07; //设置 A/D 控制寄存器,启动
        AD_Data = ADC_RES * 100/51;                       //计算 A/D 转换值
        if(second_data!= AD_Data||last_temp!= temp)       //若温度值不变,停止刷新 OLED
        {
            OLED_ShowCHinese(0,2,8);                      //显示"电"
            OLED_ShowCHinese(18,2,9);                     //显示"压"
            OLED_ShowCHinese(36,2,10);                    //显示"值"
            OLED_ShowChar(63,2,0x30 + AD_Data/100);       //分解显示 A/D 转换值
            OLED_ShowChar(72,2,'.');                      //显示小数点"."
            OLED_ShowChar(81,2,0x30 + AD_Data % 100/10);
            OLED_ShowChar(90,2,0x30 + AD_Data % 100 % 10);
            OLED_ShowChar(99,2,'V');                      //显示电压符号"V"
            show(temp);                                   //显示温度值
            UartScreen(0x00,temp/256,temp % 256);         //发送温度数据到触摸屏
            UartScreen(0x01,AD_Data/256,AD_Data % 256);   //发送 A/D 采集电压数据到触摸屏
        }
        second_data = AD_Data;                            //保存数据
        last_temp = temp;                                 //保存数据
      }
    }
    void num_add_dec(unsigned char a)
    {
        if(a == 0x31)                                     //触摸屏按下增加按键
        {
        if(number == 9)number = 9;
        else
            number++;
        }
        else if(a == 0x32)                                //触摸屏按下减少按键
        {
        if(number == 0) number = 0;
```

```
        else
            number -- ;
    }
    send_MCU(number);                                //向左边 MCU 发送数据
    UartScreen(0x05,0,number);                       //回传数据给触摸屏
}
void timer0() interrupt 1
{
     Key_Scan();      /* 按键驱动,扫描按键是否处于弹起状态 */
     Key_Driver();
    if(flag_screen == 1)
     {
         switch(Screen_key)
         {
            case0x31:num_add_dec(0x31);break;  //发送数码管显示数据到 MCU1
            case0x32:num_add_dec(0x32);break;  //发送数码管显示数据到 MCU1
            case0x33:send_MCU(0x33);break;     //发送全亮信号到 MCU1
            case0x34:send_MCU(0x34);break;     //发送全灭信号到 MCU1
            case0x35:send_MCU(0x35);break;     //发送模式一信号到 MCU1
            case0x36:send_MCU(0x36);break;     //发送模式二信号到 MCU1
        }
        flag_screen = 0;
        Screen_key = 0;
    }
}
void show(int dat)                                   //把温度值送显示
{
     OLED_ShowCHinese(108,0,11);                     //显示摄氏度"℃"
     OLED_ShowChar(99,0,0x30 + dat % 10);            //显示数据 dat 个位数的 ASCII 码
     OLED_ShowString(90,0,".");                      //显示小数点"."
     OLED_ShowChar(81,0,0x30 + dat % 100/10);        //显示数据 dat 十位数的 ASCII 码
     OLED_ShowChar(72,0,0x30 + dat % 1000/100);      //显示数据 dat 百位数的 ASCII 码
     OLED_ShowString(63,0,":");                      //显示":"
     OLED_ShowCHinese(54,0,3);                       //显示"度"
     OLED_ShowCHinese(36,0,2);                       // 显示"温"
     OLED_ShowCHinese(18,0,1);                       // 显示"前"
     OLED_ShowCHinese(0,0,0);                        // 显示"当"
}
void UartScreen(unsigned char a,unsigned char b,unsigned char c)//发送触摸屏的一串字符
{                                                    //a 为变量地址,b、c 为数据
   SBUF = 0x5A;
   while(TI == 0);                                   //等待发送结束
   TI = 0;                                           //清中断标志
   SBUF = 0xA5;                                      //发送触摸屏标志数据
   while(TI == 0);                                   //等待发送结束
   TI = 0;                                           //清中断标志
   SBUF = 0x05;                                      //发送触摸屏数据位数
   while(TI == 0);                                   //等待发送结束
   TI = 0;                                           //清中断标志
```

```
        SBUF = 0x82;                                    //发送触摸屏关键字
        while(TI == 0);                                 //等待发送结束
        TI = 0;                                         //清中断标志
        SBUF = 0x10;                                    //发送触摸屏变量地址高位
        while(TI == 0);                                 //等待发送结束
        TI = 0;                                         //清中断标志
        SBUF = a;                                       //发送触摸屏变量地址低位
        while(TI == 0);                                 //等待发送结束
        TI = 0;                                         //清中断标志
        SBUF = b;                                       //发送触摸屏显示数据
        while(TI == 0);                                 //等待发送结束
        TI = 0;                                         //清中断标志
        SBUF = c;                                       //发送触摸屏显示数据
        while(TI == 0);                                 //等待发送结束
        TI = 0;                                         //清中断标志
    }
    void RECEIVE_DATA(void)interrupt 4 using 2          //串口接收中断服务程序
    {
        unsigned char temp;
        if(RI)
        {
            RI = 0;
            temp = SBUF;                                //保存接收数据
            if(temp == 0x31||temp == 0x32||temp == 0x33||temp == 0x34||temp == 0x35||temp ==
0x36)                                                   //判断收到触摸屏按键
            {
                Screen_key = temp;flag_screen = 1;
            }
        }
    }
```

实验照片如图 8-8 所示。

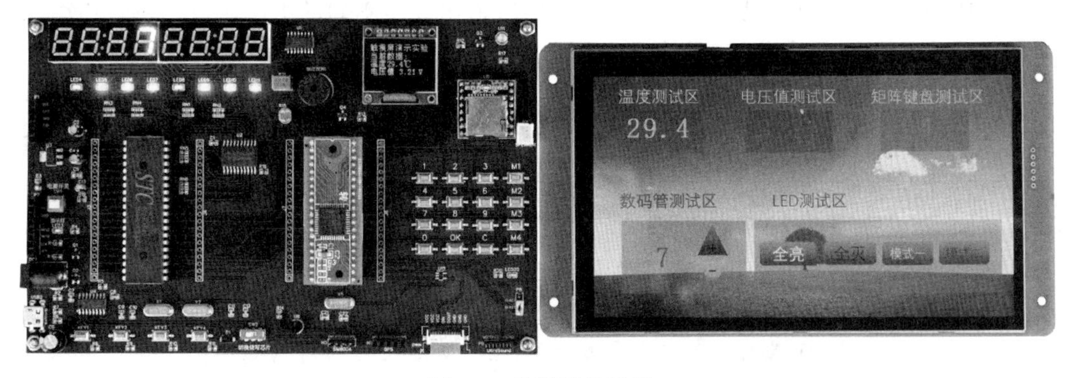

图 8-8 触摸屏显示图

8.5 PMW 相关寄存器

IAP15F2K60S2 单片机集成了 3 路可编程计数器阵列(PCA)模块,可用于脉宽调制 PWM 输出。PCA 模块结构如图 8-9 所示。

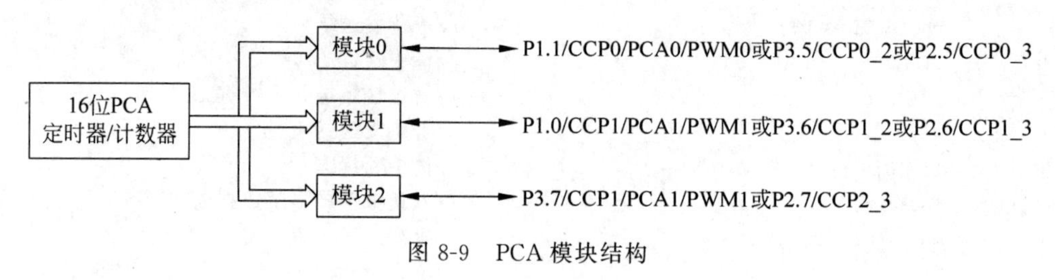

图 8-9 PCA 模块结构

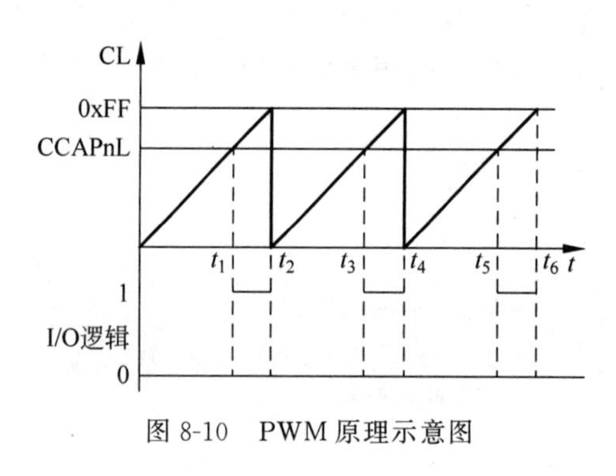

图 8-10 PWM 原理示意图

图 8-10 是 PWM 原理示意图。假定定时器工作在向上计数 PWM 模式,如 PWM 示意图:当 CL 值小于 CCAPnL 时,I/O 输出低电平(0),当 CL 值大于等于 CCAPnL 时,I/O 输出高电平(1),当 CL 超过 0xFF 值时,重新归零,然后重新向上计数,依此循环。改变 CCAPnL 值,就可以改变 PWM 输出的占空比;改变 PCA 时钟输入源频率,可改变 PWM 输出频率。

注:在实际应用中,比较器进行 9 位数比较,输入分别由(0,CL)和(EPCnL,CCAPnL)组成。

8.5.1 外围设备切换控制寄存器 P_SW1

IAP15F2K60S2 单片机可以在 3 个引脚同时输出 3 路不同的 PWM 信号,而且这 3 个引脚可通过 P_SW1 进行切换,具体切换方法见表 8-8 和寄存器功能定义。

表 8-8 外围设备切换控制寄存器

D7	D6	D5	D4	D3	D2	D1	D0
		CCP_S1	CCP_S0				

CCP_S1,CCP_S0:PWM 可在三组引脚上切换。

0　0　:PWM 在[P1.1/PWM0,P1.0/PWM1,P3.7/PWM2];

0　1　:PWM 在[P3.5/PWM0,P3.6/PWM1,P3.7/PWM2];

1　0　:PWM 在[P2.5/PWM0,P2.6/PWM1,P2.7/PWM2];

1　1　:无效。

8.5.2 PCA 工作模式寄存器 CMOD

PCA 工作模式寄存器 CMOD 位定义见表 8-9。

表 8-9 PCA 工作模式寄存器 CMOD

D7	D6	D5	D4	D3	D2	D1	D0
CIDL				CPS2	CPS1	CPS0	ECF

CIDL：空闲模式下是否停止 PCA 计数器的控制位。

当 CIDL=0 时，空闲模式下 PCA 计数器继续工作；

当 CIDL=1 时，空闲模式下 PCA 计数器停止工作。

PCA 计数脉冲源选择如表 8-10 所示。从表 8-10 可以看出，有 6 个固定分频可以选择，分别是 1,2,4,6,8,12 的系统分频。

表 8-10 PCA 计数脉冲源选择

CPS2	CPS1	CPS0	选择 CCP/PCA/PWM 时钟源输入
0	0	0	系统时钟，SYSclk/12
0	0	1	系统时钟，SYSclk/2
0	1	0	定时器/计数器 T0 的溢出脉冲。由于定时器/计数器 T0 可以工作在 1T 模式，所以可以达到计一个时钟就溢出，从而达到最高频率 CPU 工作时钟 SYSclk。通过改变定时器/计数器 T0 的溢出率，可以实现可调频率的 PWM 输出
0	1	1	ECI/P1.2(或 P3.4 或 P2.4)引脚输入的外部时钟(最大速率=SYSclk/2)
1	0	0	系统时钟，SYSclk
1	0	1	系统时钟/4，SYSclk/4
1	1	0	系统时钟/6，SYSclk/6
1	1	1	系统时钟/8，SYSclk/8

ECF：PCA 计数溢出中断使能位。

当 ECF=0 时，禁止寄存器 CCON 中 CF 位的中断；

当 ECF=1 时，允许寄存器 CCON 中 CF 位的中断。

8.5.3 PCA 控制寄存器 CCON

PCA 控制寄存器位定义见表 8-11。

表 8-11 PCA 控制寄存器

D7	D6	D5	D4	D3	D2	D1	D0
CF	CR				CCF2	CCF1	CCF0

CF：PCA 计数器阵列溢出标志位。当 PCA 计数溢出时，CF 由硬件置位。如果 CMOD 寄存器的 ECF 位置位，则 CF 标志可用来产生中断。CF 位可通过硬件或软件置位，

但只能通过软件清 0。

CR：PCA 计数器阵列运行控制位，用来启动 PCA 计数器阵列计数。该位通过软件清 0，用来关闭 PCA 计数器。

CCF2：PCA 模块 2 中断标志。

CCF1：PCA 模块 1 中断标志。

CCF0：PCA 模块 0 中断标志。

8.5.4 PCA 比较/捕获寄存器 CCAPM0、CCAPM1、CCAPM2

PCA 比较/捕获寄存器 CCAPM0、CCAPM1、CCAPM2 位定义分别见表 8-12、表 8-13、表 8-14。

表 8-12 PCA 控制寄存器 CCAPM0

D7	D6	D5	D4	D3	D2	D1	D0
						PWM0	

PWM0：脉宽调节模式。当 PWM0=1 时，允许脉宽调节 PWM 输出。

表 8-13 PCA 控制寄存器 CCAPM1

D7	D6	D5	D4	D3	D2	D1	D0
						PWM1	

PWM1：脉宽调节模式。当 PWM1=1 时，允许脉宽调节 PWM 输出。

表 8-14 PCA 控制寄存器 CCAPM2

D7	D6	D5	D4	D3	D2	D1	D0
						PWM2	

PWM2：脉宽调节模式。当 PWM2=1 时，允许脉宽调节 PWM 输出。

8.5.5 PCA 的 16 位计数器

低 8 位 CL 和高 8 位 CH，复位后均为 0x00，用于保存 PCA 的装载值。

8.5.6 PCA 比较/捕获寄存器

CCAPnL：低位字节，用于控制输出的占空比。

CCAPnH：高位字节，用于控制输出的占空比。更新占空比时，CCAPnH 的值复制到 CCAPnL 中。

n=0、1、2，分别对应模块 0、模块 1 和模块 2。复位后均为 0x00。

8.5.7 PCA 模块 PWM 寄存器 PCA_PWM0、PCA_PWM1、PCA_PWM2

PCA_PWM0：PCA 模块 0 的 PWM 寄存器，位定义见表 8-15。

表 8-15 PCA 模块 PWM 寄存器 PCA_PWM0

D7	D6	D5	D4	D3	D2	D1	D0
EBS0_1	EBS0_0					EPC0H	EPC0L

EBS0_1,EBS0_0:当 PCA 模块 0 工作于 PWM 模式时的功能选择位。

0 0 :PCA 模块 0 工作于 8 位 PWM 功能;

0 1 :PCA 模块 0 工作于 7 位 PWM 功能;

1 0 :PCA 模块 0 工作于 6 位 PWM 功能;

1 1 :无效,PCA 模块 0 仍工作于 8 位 PWM 模式。

EPC0H:在 PWM 模式下,与 CCAP0H 组成 9 位数。

EPC0L:在 PWM 模式下,与 CCAP0L 组成 9 位数。

PCA_PWM1:PCA 模块 1 的 PWM 寄存器,位定义见表 8-16。

表 8-16 PCA 模块 PWM 寄存器 PCA_PWM1

D7	D6	D5	D4	D3	D2	D1	D0
EBS1_1	EBS1_0					EPC1H	EPC1L

EBS1_1,EBS1_0:当 PCA 模块 0 工作于 PWM 模式时的功能选择位。

0 0 :PCA 模块 1 工作于 8 位 PWM 功能;

0 1 :PCA 模块 1 工作于 7 位 PWM 功能;

1 0 :PCA 模块 1 工作于 6 位 PWM 功能;

1 1 :无效,PCA 模块 1 仍工作于 8 位 PWM 模式。

EPC1H:在 PWM 模式下,与 CCAP1H 组成 9 位数。

EPC1L:在 PWM 模式下,与 CCAP1L 组成 9 位数。

PCA_PWM2:PCA 模块 1 的 PWM 寄存器,位定义见表 8-17。

表 8-17 PCA 模块 PWM 寄存器 PCA_PWM2

D7	D6	D5	D4	D3	D2	D1	D0
EBS2_1	EBS2_0					EPC2H	EPC2L

EBS2_1,EBS2_0:当 PCA 模块 0 工作于 PWM 模式时的功能选择位。

0 0 :PCA 模块 2 工作于 8 位 PWM 功能;

0 1 :PCA 模块 2 工作于 7 位 PWM 功能;

1 0 :PCA 模块 2 工作于 6 位 PWM 功能;

1 1 :无效,PCA 模块 2 仍工作于 8 位 PWM 模式。

EPC2H:在 PWM 模式下,与 CCAP2H 组成 9 位数。

EPC2L:在 PWM 模式下,与 CCAP2L 组成 9 位数。

8.6 PWM 的应用

PWM 模式结构如图 8-11 所示。

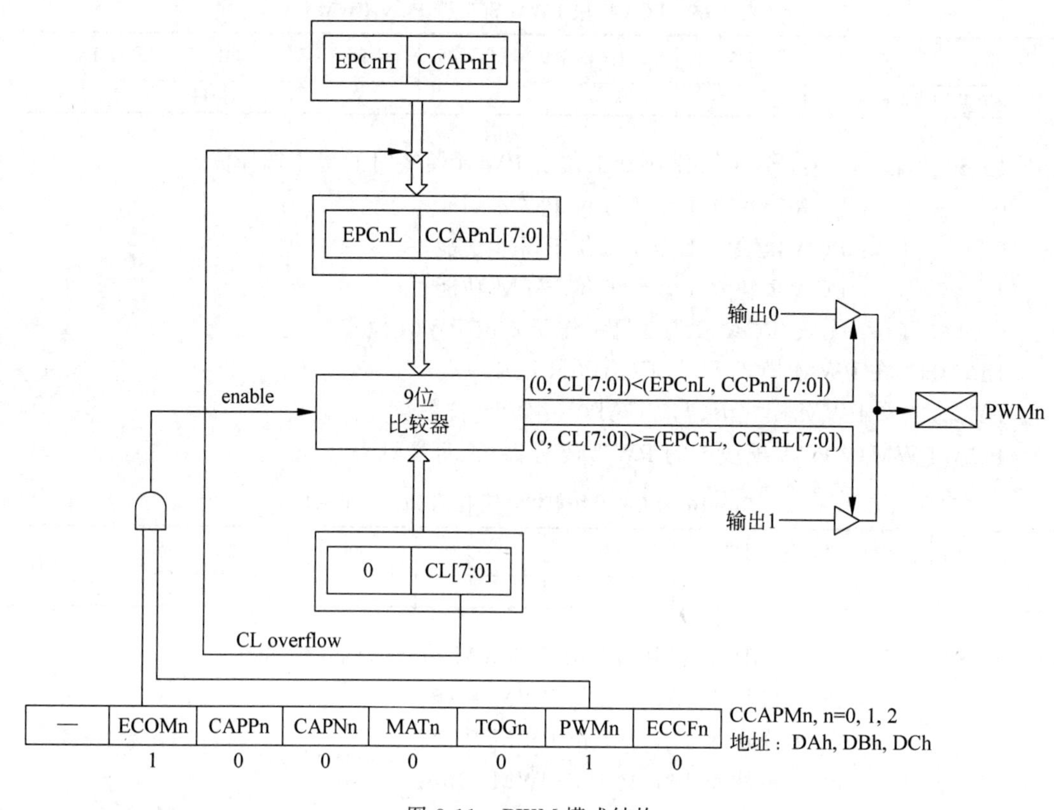

图 8-11 PWM 模式结构

当 PCA 模块工作于 8/7/6 位 PWM 模式时，由于所有模块共用仅有的 PCA 定时器，所以它们的输出频率相同。各个模块的输出占空比是独立变化的，与使用的捕获寄存器{EPCnL，CCAPnL[7：0]}有关。当{0，CL[7：0]}的值小于{EPCnL，CCAPnL[7：0]}时，输出为低；当{0，CL[7：0]}的值等于或大于{EPCnL，CCAPnL[7：0]}时，输出为高；当 CL 的值由 0xFF 变为 0x00 溢出时，{EPCnH，CCAPnH[7：0]}的内容装载到{EPCnL，CCAPnL[7：0]}中。当 EPCnL＝0 及 CCAPnL＝0 时，PWM 固定输出高，当 EPCnL＝1 及 CCAPnL＝0xFF 时，PWM 固定输出低。

当 PWM 是 8 位时：PWM 的频率＝PCA 时钟输入源频率/256

当 PWM 是 7 位时：PWM 的频率＝PCA 时钟输入源频率/128

当 PWM 是 6 位时：PWM 的频率＝PCA 时钟输入源频率/64

PCA 时钟输入源可以从以下 8 种中选择：SYSclk，SYSclk/2，SYSclk/4，SYSclk/6，SYSclk/8，SYSclk/12，定时器/计数器 T0 的溢出率，ECI/P1.2 输入。

要使能 PWM 模式，模块 CCAPMn 寄存器的 PWMn 和 ECOMn 位必须置位。

PCA 功能使用步骤：

(1) 确定 CCON＝0x00；一般先清 0。

(2) 确定 CMOD：CMOD.0＝0，不开 PCA 中断，CMOD.0＝1，开 PCA 中断。

(3) 设置各模块工作模式寄存器 CCAPMn。

(4) 设置 PCA 计数器初值：CL＝0，CH＝0。

(5) 设置 CCAPnL 及 CCAPnH 值。

(6) 设置 ECAPnL 及 ECAPnH(在 PCA_PWMn 寄存器中)。

(7) 启动 PCA 计数：CR=1；如有必要打开总中断：EA=1。

提示：上面讲述的都是 PWM 固定频率的不同占空比方法，如果需要改变频率可选择定时器/计数器 T0 的溢出率或 ECI/P1.2 引脚输入作为 PCA 的时钟源，通过改变时钟源的频率实现。

例 2 AP15F2K60S2 单片机的 PCA 输出 8/7/6 位三路不同占空比的 PWM 信号。

```
#include "STC15F2K60S2.h"
#define CCP_S0 0x10 //P_SW1.4
#define CCP_S1 0x20 //P_SW1.5
void main()
{
  ACC = P_SW1;
  ACC &= (CCP_S0|CCP_S1);        //CCP_S0 = 0 CCP_S1 = 0
  P_SW1 = ACC;                   //P1.1/PWM0,P1.0/PWM1,P3.7/PWM2
  /*************************************************************
  //其他输出引脚配置方案
  ACC = P_SW1;
  ACC &= (CCP_S0|CCP_S1);
  ACC |= CCP_S0;                 //CCP_S0 = 1 CCP_S1 = 0
  P_SW1 = ACC;                   //P3.5/PWM0,P3.6/PWM1,P3.7/PWM2
  ACC = P_SW1;
  ACC &= (CCP_S0|CCP_S1);        //CCP_S0 = 0 CCP_S1 = 1
  ACC |= CCP_S1;
  P_SW1 = ACC;                   //P2.5/PWM0,P2.6/PWM1,P2.7/PWM2
  *************************************************************/
  CCON = 0;                      //初始化 PCA 控制寄存器
                                 //PCA 定时器停止
                                 //清除 CF 标志
                                 //清除模块中断标志
  CL = 0;                        //复位 PCA 寄存器
  CH = 0;
  CMOD = 0x02;                   //设置 PCA 时钟源
                                 //禁止 PCA 定时器溢出中断
  PCA_PWM0 = 0x00;               //PCA 模块 0 工作于 8 位 PWM
  CCAP0H = CCAP0L = 0x20;        //PWM0 的占空比为 87.5%((0x100 - 0x20)/0x100)
  CCAPM0 = 0x42;                 //PCA 模块 0 为 8 位 PWM 模式
  PCA_PWM1 = 0x40;               //PCA 模块 1 工作于 7 位 PWM
  CCAP1H = CCAP1L = 0x20;        //PWM1 的占空比为 75%((0x 80 - 0x20)/0x80)
  CCAPM1 = 0x42;                 //PCA 模块 1 为 7 位 PWM 模式

  PCA_PWM2 = 0x80;               //PCA 模块 2 工作于 6 位 PWM
  CCAP2H = CCAP2L = 0x20;        //PWM0 的占空比为 50%((0x40 - 0x20)/0x40)
  CCAPM2 = 0x42;                 //PCA 模块 2 为 6 位 PWM 模式

  CR = 1;                        //PCA 定时器开始工作
```

```
    while(1);
  }
```

习题与思考

8-1 A/D转换器有哪几种类型？IAP15F2K60S2单片机内置的A/D转换器的工作原理是什么？

8-2 A/D转换器的转换速度与哪些因素有关，如何改变A/D转换器的转换速度？

8-3 A/D转换器可采用延时、查询和中断方法判断是否转换结束，各有什么特点？

8-4 IAP15F2K60S2单片机的PWM输出有几个引脚可用，每次PWM可以输出到几个引脚，怎么切换引脚？

8-5 如何改变PWM输出的频率和占空比？

8-6 IAP15F2K60S2单片机内置的PWM输出，和通过定时器/计数器控制引脚输出相同波形方法有什么不同？

第9章

系统总线扩展

【学习指南】

通过本章的学习，了解单片机三种常见的系统扩展总线，理解其工作原理，读懂扩展总线的底层函数，会使用底层函数进行相关芯片应用。

目前，常用的同步串行通信总线的应用主要有 I^2C（Inter IC）总线、SPI（Serial Peripheral Interface）总线、单总线（1-Wire Bus）等。

I^2C 总线、SPI 总线和单总线比 USB、以太网、蓝牙、WiFi 等协议慢得多，但它们更简单，使用的硬件和系统资源也更少。I^2C、SPI 和单总线非常适用于微控制器之间以及微控制器和传感器之间的通信，因为这些传感器之间不需要传输大量高速数据。在单片机应用系统中，越来越多的器件都配置了同步串行总线接口，如 E^2PROM、A/D 转换器、D/A 转换器及集成智能传感器等。

9.1 I^2C 总线

I^2C 总线是 PHILIPS 公司推出的一种基于两线制的双向同步串行总线。这种总线的主要特征如下：

(1) 总线只有两根线：串行时钟线和串行数据线。

(2) 每个连接到总线上的器件都可以由软件设置唯一的地址寻址，并建立简单的主从关系，主器件既可作为发送器，也可作为接收器。

(3) I^2C 总线是真正的多主总线，带有竞争监测和仲裁电路，可使多主机任意随时发送，而不破坏总线上的数据。

(4) 同步时钟允许器件通过总线以不同的波特率进行通信。

(5) 同步时钟可以作为停止和重新启动串行口发送的握手方式。

(6) 连接到同一总线的集成电路数只受 400pF 的最大总线电容限制。

24C08 芯片是串行 E^2PROM，是基于 I^2C 总线的存储器件，遵循二线制协议。由于其具有接口方便、体积小、数据掉电不丢失等特点，在仪器仪表及工业自动化控制中得到广泛应用，下面将以 24C08 芯片的应用为例进行介绍。

9.1.1 I^2C 总线上的数据传送过程

I^2C 总线上每传送一位数据都与一个时钟脉冲相对应。在时钟线高电平期间，数据线上必须保持稳定的逻辑电平状态，高电平为数据“1”，低电平为数据“0”。只有在时钟为低电平时，才允许数据线上的电平状态发生变化，如图 9-1 所示。

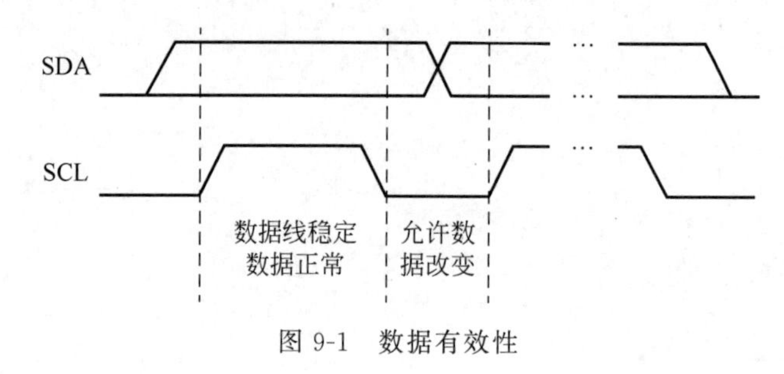

图 9-1 数据有效性

I^2C 总线上数据传送的每一帧数据均为一字节。在启动 I^2C 总线后，传送的字节数没有限制，只要求每传送一个字节后，对方回答一个应答位。

总线在传送完一个字节后，可通过对时钟的控制停止传送。使 SCL 保持低电平，即可控制总线暂停。

在发送时，首先发送的是数据的最高位。每次传送开始时有起始信号，结束时有停止信号。I^2C 总线的数据传送过程如图 9-2 所示。

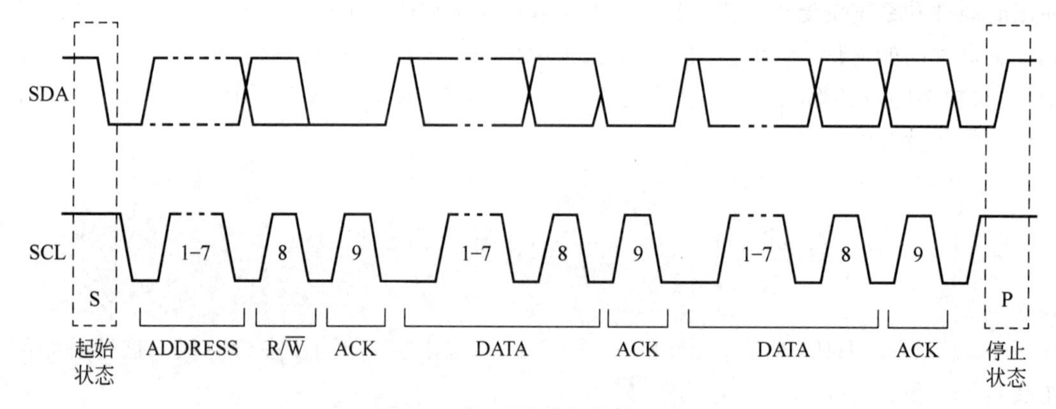

图 9-2 I^2C 总线数据传送过程

I^2C 总线上与数据传送有关的信号包括起始信号(S)、停止信号(P)、应答信号(A)、非应答信号($\overline{A}$)及总线数据位。

9.1.2 起始信号和停止信号

1. 起始信号(S)

如图 9-3 所示，在时钟 SCL 为高电平时，数据线 SDA 出现由高到低的下降沿，被认为是起始信号。只有出现起始信号以后，其他命令才有效。

现在以 24C08 操作时序为例进行起始信号编写，即 SCL 拉高情况下 SDA 由高变低，表

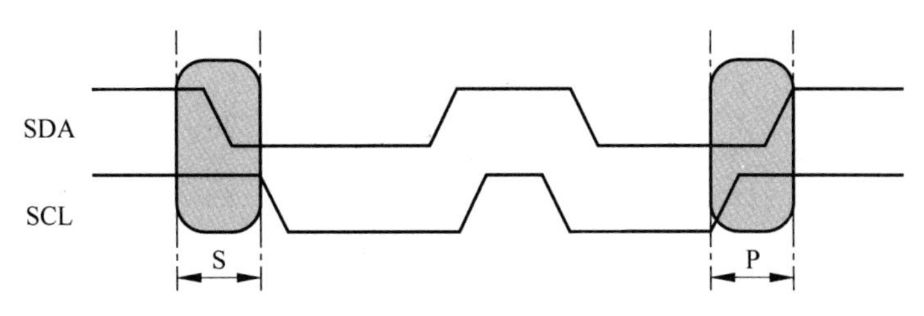

图 9-3　I^2C 总线的起始信号和停止信号

示起始，代码如下：

```
//24C08 操作时序:起始信号 scl 拉高情况下 sda 由高变低,表示起始.
void start()
{
    sda = 1;                    //数据线
    delay();
    scl = 1;                    //时钟线
    delay();
    sda = 0;
    delay();
}
```

2. 停止信号(P)

在时钟 SCL 为高电平时，数据线 SDA 出现由低到高的上升沿，被认为是停止信号。停止信号出现以后，所有外部操作均结束。

现在以 24C08 操作时序为例编写结束信号，即 SCL 拉高情况下 SDA 由低变高，表示结束，代码如下：

```
//24C08 操作时序为:结束信号 scl 拉高情况下 sda 由低变高,表示结束.
void stop()
{
  sda = 0;                    //数据线
  delay();
  scl = 1;                    //时钟线
  delay();
  sda = 1;
  delay();
}
```

9.1.3　发送一个字节

CPU 向 I^2C 总线设备发送一个字节(8bit)数据，代码如下：

```
void write_24C08(unsigned char add)
{
  unsigned char a,i;
  i = add;
```

```
    scl = 0;
    delay();
    for(a = 0;a < 8;a++)
    {
      i = i << 1;
      sda = CY;//数据线
      delay();
      scl = 1; //时钟线
      delay();
      scl = 0;
      delay();
    }
    scl = 0;
    delay();
    sda = 1;
    delay();
}
```

9.1.4 读取一个字节

CPU 从 I^2C 总线设备上读取一个字节(8bit)数据,代码如下:

```
unsigned char read_24C08()
{
    unsigned char a,readdate;
    scl = 0;
    delay();
    sda = 1;
    delay();
    for(a = 0;a < 8;a++)
    {
      scl = 1;
      delay();
      readdate = (readdate << 1)|sda;
      scl = 0;
      delay();
    }
    return readdate;
}
```

9.1.5 应答

1. 应答信号(A)

I^2C 总线在传送数据时,每传送完一个字节数据后必须有应答信号,与应答信号相对应的时钟由主器件产生。此时,发送方必须在这一时钟上释放总线,使 SDA 处于高电平状态,以便接收方在这一位送出应答信号。应答信号在第 9 个时钟位上出现,接收方输出低电平作为应答信号,如图 9-4 所示。

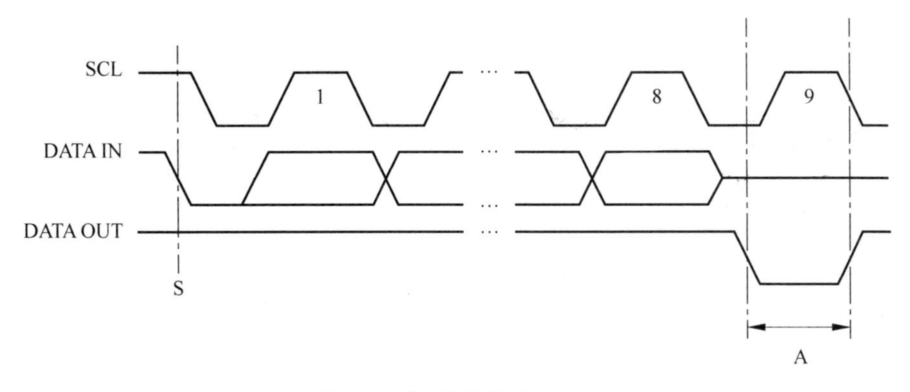

图 9-4　I^2C 总线的应答信号

应答信号代码如下：

```
void ack()
{
    scl = 1;
    delay();
    if(sda == 1)
    {
        delay1(1000);
    }
    scl = 0;
    delay();
    sda = 1;
    delay();
}
```

2. 非应答信号($\overline{A}$)

每传送完一个字节数据后，在第 9 个时钟位上接收方输出高电平为非应答信号。如果由于某种原因导致接收方不能产生应答信号时，必须释放总线，将数据线置高电平，然后由主控器件产生停止信号来终止总线的数据传送。

当主器件接收来自从器件的数据时，接收到最后一个字节数据后，必须给从器件发送一个非应答信号，使从器件释放数据总线，以便主器件发送停止信号，从而终止数据的传送。

9.1.6　I^2C 初始化和读写流程

对图 9-5 的电路进行举例讲解，电路包括单片机、OLED 模块和 24C08 E^2PROM。

E^2PROM 从器件地址位如下：

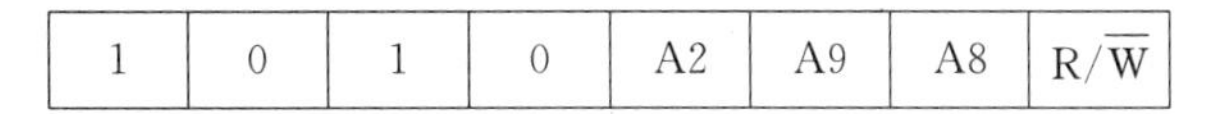

1	0	1	0	A2	A9	A8	R/$\overline{W}$

A2 为器件地址输入端，SOT23-5 封装芯片无此引脚，A8、A9 为对应存储阵列地址字地址，其中 A2＝0，A8，A9 有四种变化，最后一位确定读/写模式，所以，写地址空间分别是：

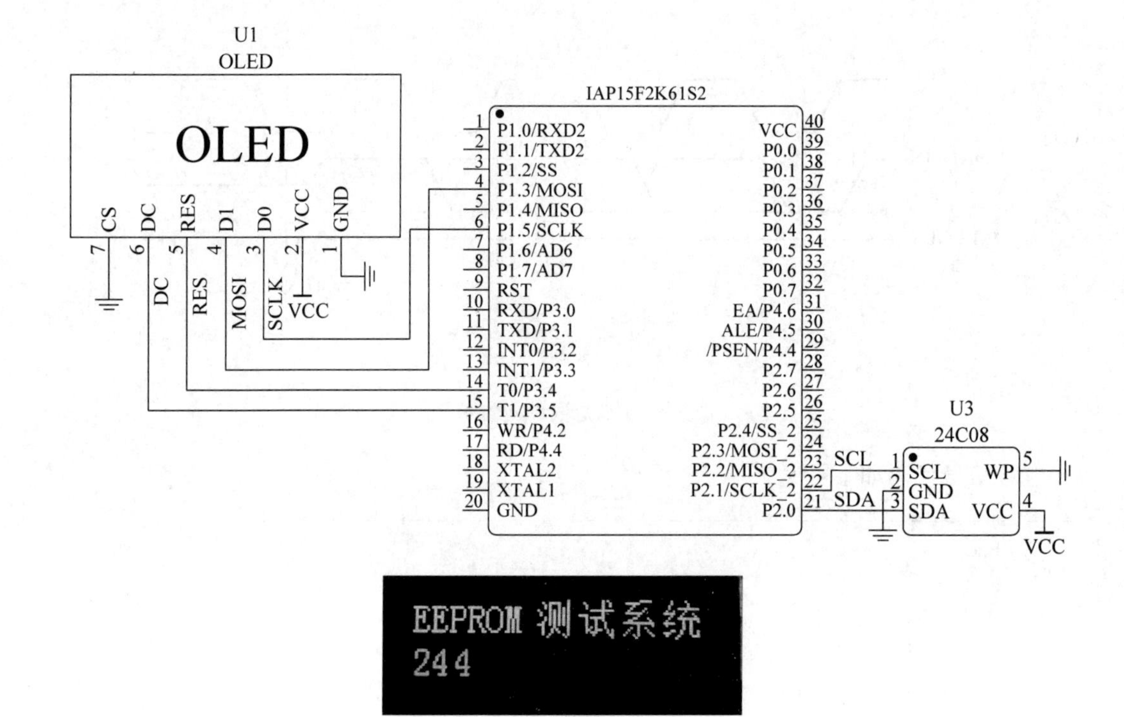

图 9-5 实物电路图和运行结果

0xA0,0xA2,0xA4,0xA6,读地址空间分别是：0xA1,0xA3,0xA5,0xA7,四个地址平分1KB内存空间。

```
void init()
{
  sda = 1;
  delay();
  scl = 1;
  delay();
}
//24C08 操作时序:第一个字节是器件地址和读写控制,第二个是存储地址,第三个是数据,每个
//数据结束器件都会发送 ack 应答信号;
#include "REG51.h"
#include "oled.h"
#include "bmp.h"
#include "eeprom.h"
  int main(void)
  {
    unsigned char t;
    OLED_Init();                     //初始化 OLED
    OLED_Clear();
    OLED_ShowString(0,0,"EEPROM");   //显示"EEPROM"
    OLED_ShowCHinese(54,0,0);        //显示"测"
    OLED_ShowCHinese(72,0,1);        //显示"试"
    OLED_ShowCHinese(90,0,2);        //显示"系"
```

```
        OLED_ShowCHinese(108,0,3);             //显示"统"
        init();
        start();
        //写地址分别是:0xA0,0xA2,0xA4,0xA6
        write_24C08(0xA0);                     //写器件地址
        ack();
        write_24C08(0x21);                     //器件地址对应的空间(0x00～0xFF)
        ack();
        write_24C08(0xF4);                     //写入 244(十进制)
        ack();
        stop();                                //完成一个写操作
        delay1(100);
        start();
        write_24C08(0xA0);                     //把地址写到器件中,如果地址连续读,只需写一次
        ack();
        write_24C08(0x21);                     //地址信息
        ack();
        start();
        //器件读地址:0xA1,0xA3,0xA5,0xA7,与读地址对应
                                     //比如 0xA0～0xA1 为同一地址, 其中,0xA0 写地址,0xA1 读地址
        write_24C08(0xA1);                     //读地址
        ack();
        t = read_24C08();                      //读出 244
        OLED_ShowChar(0,2,0x30 + t/100);       //分解数据 t = 244 进行显示
        OLED_ShowChar(9,2,0x30 + t % 100/10);  //显示 t 的十位数
        OLED_ShowChar(18,2,0x30 + t % 10);     //显示 t 的个位数
        stop();                                //完成一个读操作
        while(1);                              //停止
    }
```

提示：24C08 有 1KB 地址空间，由外部 A2 引脚和内部存储阵列 A9A8 决定地址，没有 A2 引脚或 A2 固定接地，那么 1KB 的存储空间分成 4 块，器件写地址分别是 0xA0，0xA2，0xA4，0xA6，器件读地址分别是 0xA1，0xA3，0xA5，0xA7，每个地址都对应 256 个字节，正好是 8 位地址 0x00～0xFF。假如从 400 个地址往后写，就要选定一个地址空间如 0xA2，再写入字节地址 0x91，然后按字节写或按页写方式，写到 0xFF 后，器件地址要变成 0xA4，字节地址从 00H 开始。

提高篇

采用 24C08 芯片做出具有断电保护的计时器设计。要求：每次上电计数器加 1，加到 9 后，重新开始。

```
main.c 主文件
#include "oled.h"
#include "iic.h"
void main(void)
{
    u8 dat;
    OLED_Init();                              //初始化 OLED
    OLED_Clear();
    OLED_ShowString(0,0,"EEPROM - IIC");      //EEPROM - IIC
    OLED_ShowCHinese(90,0,0);                 //显示"实"
    OLED_ShowCHinese(108,0,1);                //显示"验"
    OLED_ShowCHinese(0,2,2);                  //显示"上"
    OLED_ShowCHinese(18,2,3);                 //显示"电"
    OLED_ShowCHinese(36,2,4);                 //显示"次"
    OLED_ShowCHinese(54,2,5);                 //显示"数"
    dat = Read_24c08(0x00);                   //获取上电次数
    dat < 9? (dat++):(dat = 1);               //超过 9 重置
    Write_24c08(0x00,dat);                    //写数据给 EEPROM
    OLED_ShowChar(90,2,0x30 + dat);           //显示次数
    while(1);
}
IIC.C 文件
#include <STC15F2K60S2.h>
#include "iic.h"
sbit SDA = P2^0;                              //位定义时钟引脚
sbit SCL = P2^1;                              //位定义数据输入/输出引脚
void delay_6us(unsigned int i)
{
    unsigned char t;
    while(i -- ){
      for(t = 0;t < 12;t++);
    }
}

void IIC_Start()                              //起始信号
{
    SDA = 1;
    SCL = 1;
    delay_6us(1);                             //SDA 保持高电平时间> 4.7μs
    SDA = 0;
    delay_6us(1);                             //SDA 保持低电平时间> 4.0μs
    SCL = 0;
}
void IIC_Stop()                               //停止信号
{
    SDA = 0;
    SCL = 1;
    delay_6us(1);                             //建立时间> 4.7μs
    SDA = 1;
```

```
}

bit IIC_WaitAck()              //等待应答
{
    SDA = 1;
    delay_6us(1);
    SCL = 1;
    delay_6us(1);
    if(SDA)                    //检测 SDA 引脚状态是否应答成功,不管是否应答,SCL 都需拉低
    {
        SCL = 0;
        IIC_Stop();
        return 0;
    }
    else{
        SCL = 0;
        return 1;
    }
}

voidIIC_SendByte(unsigned char dat)//发送一个字节
{
    unsigned char i;
    for(i = 0;i < 8;i++)              //发送 8 位
    {
        if(dat&0x80)SDA = 1;          //从高位开始发送,数据为 1,SDA 拉高;否则拉低
        else SDA = 0;
        delay_6us(1);                 //SCL 维持状态> 4.7μs
        SCL = 1;
        dat <<= 1;                    //移位操作
        delay_6us(1);                 //SCL 维持状态> 4.7μs
        SCL = 0;                      //保存下一位数据前,SCL 需拉低
    }
}

unsigned char IIC_ReadByte()          //读取一个字节
{
    unsigned char i;
    unsigned char dat;
    for(i = 0;i < 8;i++)              //读取 8 位
    {
        SCL = 1;
        delay_6us(1);                 //SCL 维持状态> 4.7μs
        dat <<= 1;                    //从高位开始接收,移位
        if(SDA) dat| = 0x01;          //数据为 1 则保存
        SCL = 0;
        delay_6us(1);                 //SCL 维持状态> 4.7μs
    }
    return dat;
```

```
    }

    void Write_24c08(unsigned char add,unsigned char dat)   //给 24c08 写地址和数据
    {
        IIC_Start();
        IIC_SendByte(0xa0);                                 //送器件地址,此为写
        IIC_WaitAck();
        IIC_SendByte(add);                                  //送要写入数据的地址
        IIC_WaitAck();
        IIC_SendByte(dat);                                  //送数据
        IIC_WaitAck();
        IIC_Stop();
    }
    unsigned char Read_24c08(unsigned char add)             //读取 24c08 某个地址中的数据
    {
        unsigned char temp;
        IIC_Start();
        IIC_SendByte(0xa0);                                 //送器件地址,此为写
        IIC_WaitAck();
        IIC_SendByte(add);                                  //送需要读取数据的地址
        IIC_WaitAck();
        IIC_Start();
        IIC_SendByte(0xa1);                                 //送器件地址,此为读
        IIC_WaitAck();
        temp = IIC_ReadByte();                              //读取数据
        IIC_WaitAck();
        IIC_Stop();
        return temp;
    }
```

9.2 SPI 总线

SPI 总线是 Motorola 公司推出的一种同步串行接口技术,是一种高速、全双工、同步通信总线。

9.2.1 技术性能

SPI 接口是全双工三线同步串行外围接口,采用主从模式(Master Slave)架构;支持多 Slave,一般仅支持单 Master。时钟由 Master 控制,在时钟移位脉冲下,数据按位传输,高位在前,低位在后(MSB first);SPI 接口有两根单向数据线,为全双工通信,目前应用中的数据传输速率可达几 Mbps 的水平。总线结构如图 9-6 所示。

9.2.2 SPI 接口定义

SPI 接口共有 4 根信号线,分别是设备选择线、时钟线、串行输出数据线、串行输入数据

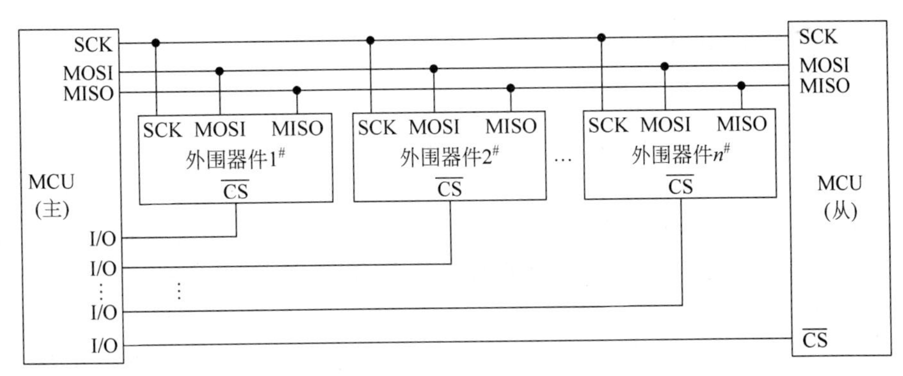

图 9-6　SPI 总线结构

线。如图 9-7 所示。

(1) MOSI：主器件数据输出，从器件数据输入。

(2) MISO：主器件数据输入，从器件数据输出。

(3) SCK：时钟信号，由主器件产生。

(4) $\overline{SS}$：从器件使能信号，由主器件控制。

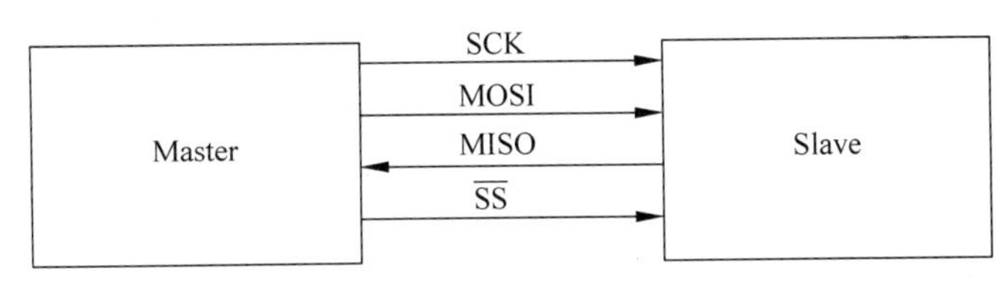

图 9-7　SPI 接口定义

SPI 通信设备只能有一台 Master 设备，理论上可以有无限台 Slave 设备。

9.2.3　内部工作机制

SSPSR 是 SPI 设备内部的移位寄存器(Shift Register)，它的主要作用是根据 SPI 时钟信号状态，向 SSPBUF 移入或移出数据，每次移动的数据大小由 Bus-Width 以及 Channel-Width 决定。SPI 的内部工作机制如图 9-8 所示。

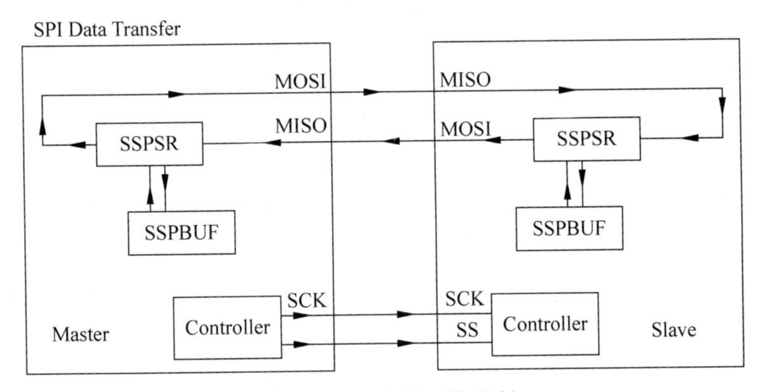

图 9-8　SPI 内部工作机制

9.2.4 时钟极性和时钟相位

在SPI操作中，最重要的两项设置是时钟极性(CPOL或UCCKPL)和时钟相位(CPHA或UCCKPH)。时钟极性设置时钟空闲时的电平，时钟相位设置读取数据和发送数据的时钟沿。

主机和从机的发送数据是同时完成的，两者的接收数据也是同时完成的。所以为了保证主机、从机正常通信，应使它们的SPI具有相同的时钟极性和时钟相位。

SPI通信有4种不同的模式，如表9-1所示，SPI0和SPI3方式比较常用。通信双方必须工作在同一模式下，所以可以对主设备的SPI模式进行配置，通过CPOL(时钟极性)和CPHA(时钟相位)来控制主设备的通信模式。

表9-1 SPI通信的4种工作模式

SPI	CPOL	CPHA
SPI0	0	0
SPI1	0	1
SPI2	1	0
SPI3	1	1

时钟极性CPOL用来配置SCK的电平处于哪种状态时是有效态，时钟相位CPHA用来配置数据采样是在第几个边沿。

CPOL=0，表示SCK=0时处于空闲态，所以有效状态是SCK处于高电平时。

CPOL=1，表示SCK=1时处于空闲态，所以有效状态是SCK处于低电平时。

CPHA=0，表示数据采样是在第1个边沿，数据发送在第2个边沿。

CPHA=1，表示数据采样是在第2个边沿，数据发送在第1个边沿。

例如：

CPOL=0，CPHA=0：此时空闲态时，SCK处于低电平，数据采样是在第1个边沿，也就是SCLK由低电平到高电平跳变，所以数据采样是在上升沿，数据发送是在下降沿。

CPOL=0，CPHA=1：此时空闲态时，SCK处于低电平，数据发送是在第1个边沿，也就是SCLK由低电平到高电平跳变，所以数据采样是在下降沿，数据发送是在上升沿。

CPOL=1，CPHA=0：此时空闲态时，SCK处于高电平，数据采集是在第1个边沿，也就是SCLK由高电平到低电平跳变，所以数据采集是在下降沿，数据发送是在上升沿。

CPOL=1，CPHA=1：此时空闲态时，SCK处于高电平，数据发送是在第1个边沿，也就是SCLK由高电平到低电平跳变，所以数据采集是在上升沿，数据发送是在下降沿。

提示：SPI接口时钟配置时，在主设备中配置SPI接口时钟时一定要弄清楚从设备的时钟要求，因为主设备中的时钟极性和相位都是以从设备为基准的。因此在时钟极性的配置上一定要搞清楚从设备是在时钟的上升沿还是下降沿接收数据，是在时钟的下降沿还是上升沿输出数据。

9.2.5 SPI时序

CPOL决定SCK时钟信号空闲时的电平，CPOL=0时，空闲电平为低电平；CPOL=1

时，空闲电平为高电平。CPHA 决定采样时刻，CPHA＝0，在每个周期的第一个时钟沿采样；CPHA＝1，在每个周期的第二个时钟沿采样。图 9-9 为 SPI 时序全模式图，假定器件工作在模式 0(CPOL＝0，CPHA＝0)，可以将图 9-9 简化为图 9-10。图 9-10 为 SPI 时序模式 1 图，此时只关注模式 0 的时序。

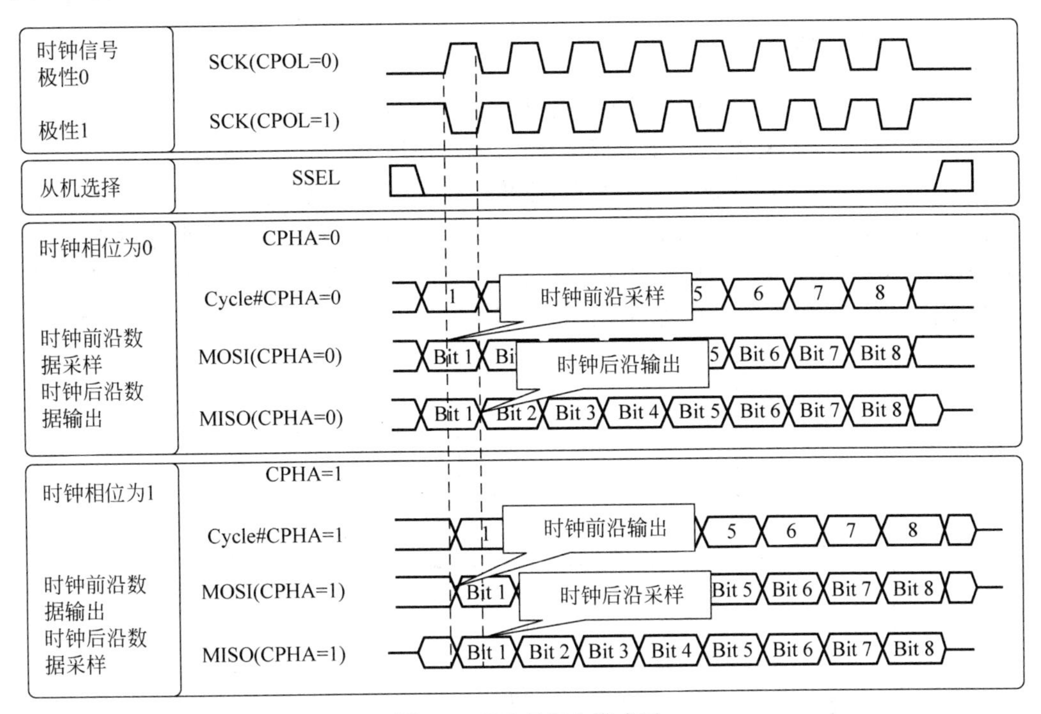

图 9-9　SPI 时序全模式图

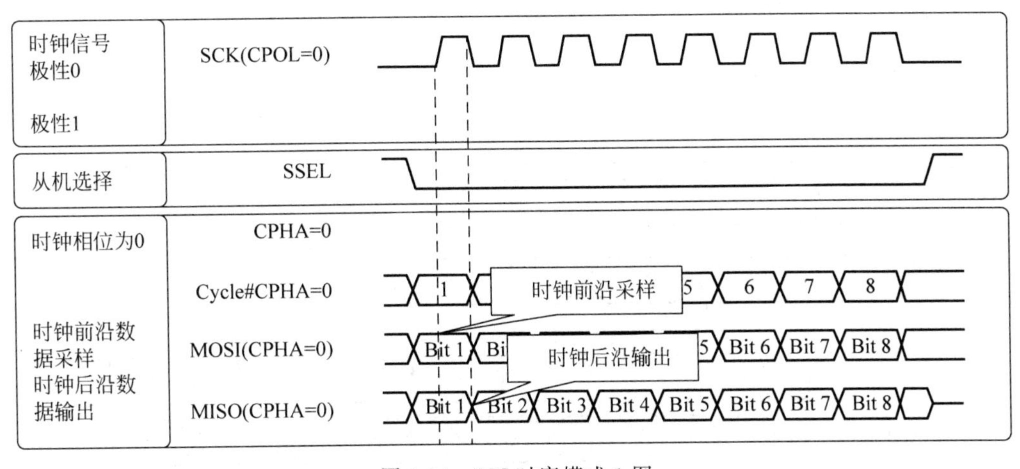

图 9-10　SPI 时序模式 1 图

SCK 的第一个时钟周期，在时钟的前沿采样数据(上升沿，第一个时钟沿)，在时钟的后沿输出数据(下降沿，第二个时钟沿)。

首先，主器件的输出口(MOSI)输出数据 Bit 1，在时钟的前沿被从器件采样，那主器件是在什么时刻输出 Bit 1 的呢？Bit 1 的输出时刻实际上在 SCK 信号有效以前，比 SCK 的上升沿要早半个时钟周期。Bit 1 的输出时刻与 SSEL 信号没有关系。

再来看从器件,主器件的输入口 MISO 同样是在时钟的前沿采样从器件输出 Bit 1 的,那从器件又是在什么时刻输出 Bit 1 的呢?从器件是在 SSEL 信号有效后,立即输出 Bit 1,尽管此时 SCK 信号还没有起效。

9.2.6 数据传输

在一个 SPI 时钟周期内,会完成如下操作:

(1) 主机通过 MOSI 线发送 1 位数据,从机通过该线读取这 1 位数据。

(2) 从机通过 MISO 线发送 1 位数据,主机通过该线读取这 1 位数据。

这是通过移位寄存器来实现的。如图 9-11 所示,主机和从机各有一个移位寄存器,且二者连接成环。随着时钟脉冲,数据按照从高位到低位的方式依次移出主机寄存器和从机寄存器,并且依次移入从机寄存器和主机寄存器。当寄存器中的内容全部移出时,相当于完成了两个寄存器内容的交换。

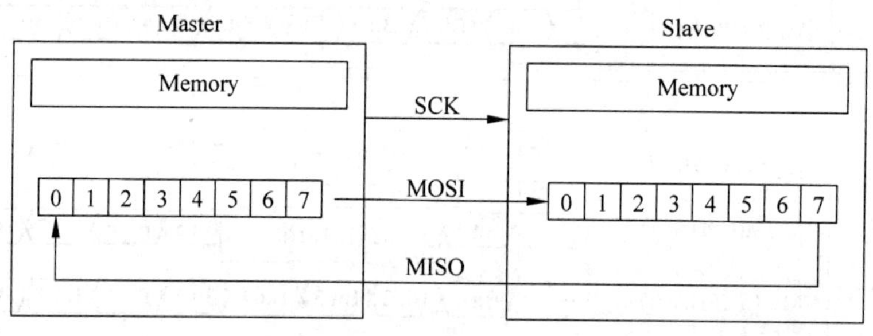

图 9-11 SPI 数据传输

9.2.7 SPI 应用

SPI 写操作时序图如图 9-12 所示。

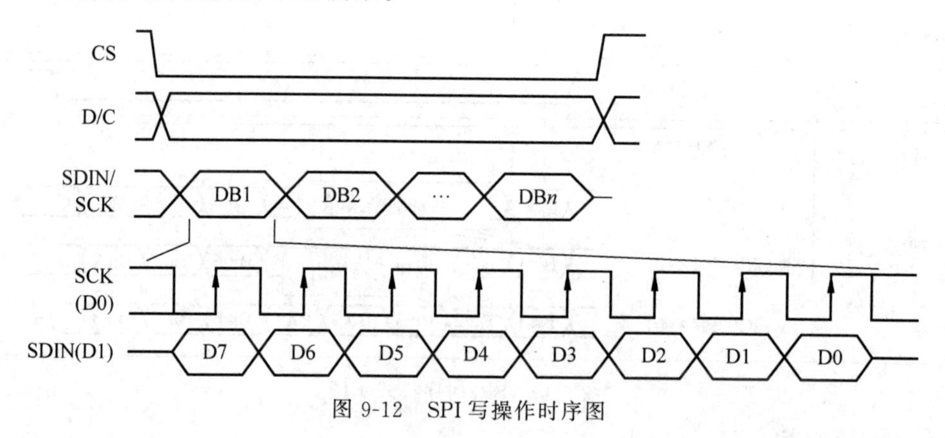

图 9-12 SPI 写操作时序图

前面用到的 OLED 显示屏就是 SPI 通信,如图 9-12 所示,写入 OLED 显示屏代码根据时序图原理设计,其主要通信底层代码如下:

```
#define OLED_CMD 0                //写命令
#define OLED_DATA 1               //写数据
#define OLED_MODE 0
sbit OLED_SCLK = P1^5;            //时钟 D0(SCLK)
sbit OLED_SDIN = P1^3;            //D1(MOSI) 数据
sbit OLED_RST  = P3^4;            //复位
sbit OLED_DC  = P3^5;             //数据/命令控制
sbit OLED_CS = P1^0;              //片选
#define OLED_CS_Clr()             OLED_CS = 0
#define OLED_CS_Set()             OLED_CS = 1
#define OLED_RST_Clr()            OLED_RST = 0
#define OLED_RST_Set()            OLED_RST = 1
#define OLED_DC_Clr()             OLED_DC = 0
#define OLED_DC_Set()             OLED_DC = 1
#define OLED_SCLK_Clr()           OLED_SCLK = 0
#define OLED_SCLK_Set()           OLED_SCLK = 1
#define OLED_SDIN_Clr()           OLED_SDIN = 0
#define OLED_SDIN_Set()           OLED_SDIN = 1
//向 SSD1306 写入一个字节.
//dat:要写入的数据/命令
//cmd:数据/命令标志;0,表示命令;1,表示数据;
void OLED_WR_Byte(u8 dat,u8 cmd)
{
    u8 i;
    if(cmd)
        OLED_DC_Set();
    else
        OLED_DC_Clr();
    OLED_CS_Clr();
    for(i = 0;i < 8;i++)
    {
      OLED_SCLK_Clr();
      if(dat&0x80)
      {
          OLED_SDIN_Set();
      }
    else
        OLED_SDIN_Clr();
        OLED_SCLKK_Set();
        dat <<= 1;
    }
    OLED_CS_Set();
    OLED_DC_Set();
}
//设置显示坐标
void OLED_Set_Pos(unsigned char x, unsigned char y)
{
    OLED_WR_Byte(0xb0 + y,OLED_CMD);
    OLED_WR_Byte(((x&0xf0)>> 4)|0x10,OLED_CMD);
```

```
        OLED_WR_Byte((x&0x0f)|0x01,OLED_CMD);
    }
    //在指定位置显示一个字符,包括部分字符
    //x:0～127
    //y:0～63
    //mode:0,反白显示;1,正常显示
    //size:选择字体 16/12
    void OLED_ShowChar(u8 x,u8 y,u8 chr)
    {
        unsigned char c = 0,i = 0;
        c = chr - ' ';                    //得到偏移后的值
        if(x > Max_Column - 1){x = 0;y = y + 2;}
        if(SIZE == 16)
        {
            OLED_Set_Pos(x,y);
            for(i = 0;i < 8;i++)
            OLED_WR_Byte(F8X16[c * 16 + i],OLED_DATA);
            OLED_Set_Pos(x,y + 1);
            for(i = 0;i < 8;i++)
            OLED_WR_Byte(F8X16[c * 16 + i + 8],OLED_DATA);
            }
            else {
                    OLED_Set_Pos(x,y + 1);
                    for(i = 0;i < 6;i++)
                    OLED_WR_Byte(F6x8[c][i],OLED_DATA);
                }
    }
```

9.3 单总线

单总线是美国 DALLAS 公司推出的外围串行扩展总线技术。与 SPI、I²C 串行数据通信方式不同,它采用单根信号线,既传输时钟又传输数据,而且数据传输是双向的,具有节省 I/O 口线、资源结构简单、成本低廉、便于总线扩展和维护等诸多优点。

单总线的数据传输速率一般为 16.3kb/s,最大可达 142kb/s,通常情况下采用 100kb/s 以下的速率传输数据。主设备 I/O 口可直接驱动 200m 范围内的从设备,经过扩展后可达 1000m 范围。

9.3.1 单总线通信原理

主机和从机之间的通信可通过 3 个步骤完成,分别为初始化 1-Wire 器件、识别 1-Wire 器件和交换数据。由于单总线是主从结构,只有主机呼叫从机时,从机才能应答,因此主机访问 1-Wire 器件都必须严格遵循单总线命令序列,即初始化、ROM 命令和功能命令。如果出现序列混乱,1-Wire 器件将不响应主机(搜索 ROM 命令、报警搜索命令除外)。

1. 初始化

基于单总线上的所有传输过程都是以初始化开始的，初始化过程由主机发出的复位脉冲和从机响应的应答脉冲组成。应答脉冲使主机知道总线上有从机设备，且准备就绪。

2. ROM 命令

在主机检测到应答脉冲后，就可以发出 ROM 命令。这些命令与各从机设备的唯一 64 位 ROM 代码相关，允许主机在单总线上连接多个从机设备时，指定操作某一从机设备。

这些命令还允许主机能够检测总线上有多少个从机设备及其设备类型，或者有没有设备处于报警状态。从机设备一般支持 5 种 ROM 命令（实际情况与具体型号有关），每种命令长度为 8 位，表 9-2 是 DS18B20 的 ROM 操作命令。主机在发出功能命令之前，必须送出合适的 ROM 命令。

表 9-2 DS18B20 的 ROM 操作命令

ROM 命令	说 明
搜索 ROM(0xF0)	识别单总线上所有的 1-Wire 器件的 ROM 编码
读 ROM(0x33)(仅适合单节点)	直接读 1-Wire 器件的序列号
匹配 ROM(0x55)	寻找和指定序列号相匹配的 1-Wire 器件
跳跃 ROM(0xCC)(仅适合单节点)	使用该命令可直接访问总线上的从机设备
报警搜索 ROM(0xEC)(仅少数器件支持)	搜索有报警的从机设备

3. 功能命令

主机发出 ROM 命令后，可以发出某个功能命令。功能命令根据 1-Wire 器件所支持的功能确定，如表 9-3 所示。

表 9-3 DS18B20 的功能命令

指 令	代 码
Write Scratchpad(写暂存存储器)	[4EH]
Read Scratchpad(读暂存存储器)	[BEH]
Copy Scratchpad(复制暂存存储器)	[48H]
Convert Temperature(温度变换)	[44H]
Recall EPROM(重新调出)	[B8H]
Read Power supply(读电源)	[B4H]

9.3.2 单总线的信号方式

所有的单总线器件要求采用严格的通信协议，以保证数据的完整性。该协议定义了信号类型：复位脉冲、应答脉冲、写 0、写 1、读 0 和读 1。除了应答脉冲以外，所有这些信号都由主机发出同步信号，并且发送的所有命令和数据都是字节的低位在前，这一点与多数串行通信格式不同（多数为字节的高位在前）。

1. 初始化序列——复位和应答脉冲

单总线上的所有通信都是以初始化序列开始，包括主机发出的复位脉冲及从机的应答脉冲，如图 9-13 所示。当从机发出响应主机的应答脉冲时，即向主机表明它处于总线上，且工作准备就绪。在主机初始化过程，主机通过拉低单总线至少 480μs，以产生（Tx）复位脉冲。接着主机释放总线,并进入接收模式(Rx)。当总线被释放后,5kΩ 上拉电阻将单总线拉高。在单总线器件检测到上升沿后,延时 15～60μs,接着通过拉低总线 60～240μs,以产生应答脉冲。

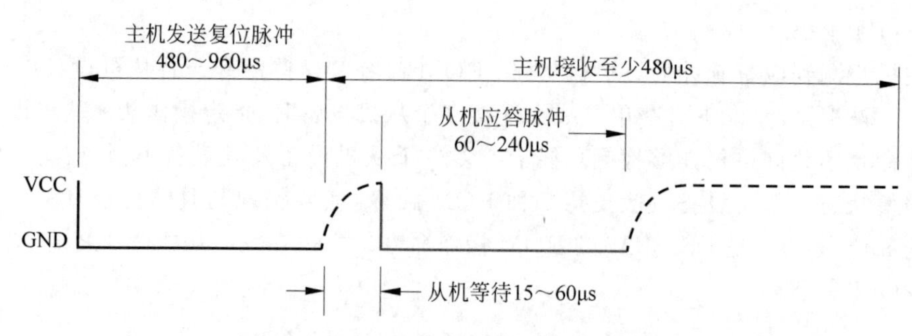

图 9-13 初始化过程中的复位和应答脉冲

注:黑色实线代表系统主机拉低总线,黑色虚线代表上拉电阻将总线拉高。

2. 读/写时隙

在写时隙期间,主机向单总线器件写入数据;而在读时隙期间,主机读入来自从机的数据。在每一个时隙,总线只能传输一位数据。

1) 写时隙

写时隙有两种:“写 1”和“写 0”。主机采用写 1 时隙向从机写入 1,而采用写 0 时隙向从机写入 0。所有写时隙至少需要 60μs,且在两次独立的写时隙之间至少需要 1μs 的恢复时间。两种写时隙均起始于主机拉低总线,如图 9-14 所示。

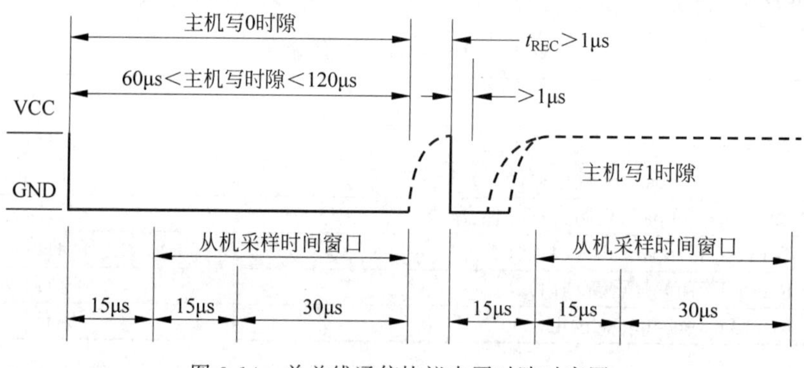

图 9-14 单总线通信协议中写时隙时序图

产生写 1 时隙的方式:在主机拉低总线后,必须在 15μs 之内释放总线,由 5kΩ 上拉电阻将总线拉至高电平。

产生写 0 时隙的方式:在主机拉低总线后,只需在整个时隙期间保持低电平即可(至少 60μs)。

在写时隙起始后 15～60μs 期间,单总线器件采样总线电平状态。如果在此期间采样为高电平,则逻辑 1 被写入该器件;如果为 0,则写入逻辑 0。

2) 读时隙

单总线器件仅在主机发出读时隙时,才向主机传输数据。所以,在主机发出读数据命令后,必须马上产生读时隙,以便从机能够传输数据。所有读时隙至少需要 60μs,且在两次独立的读时隙之间至少需要 1μs 的恢复时间。每个读时隙都由主机发起，至少拉低总线 1μs，如图 9-15 所示。在主机发起读时隙之后，单总线器件才开始在总线上发送 0 或 1。若从机发送 1，则保持总线为高电平；若发送 0，则拉低总线。当发送 0 时，从机在该时隙结束后释放总线，由上拉电阻将总线拉回至空闲高电平状态。从机发出的数据在起始时隙之后，保持有效时间 15μs，因此主机在读时隙期间必须释放总线，并且在时隙起始后的 15μs 之内采样总线状态。

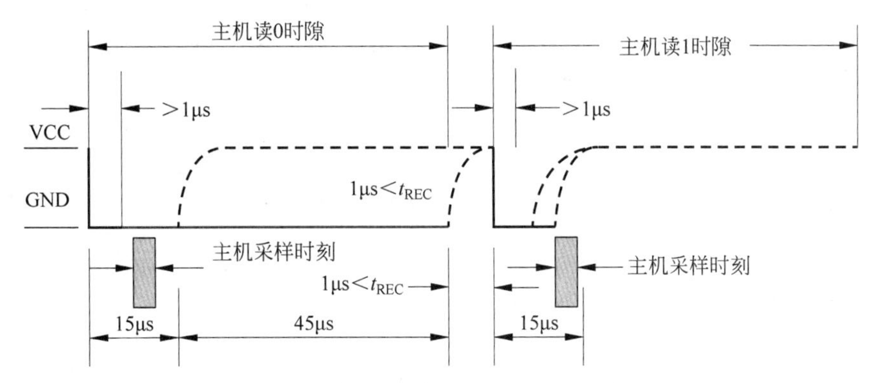

图 9-15　单总线通信协议中读时隙时序图

提示：看懂初始化和读写时隙时序图，这是后面编程逻辑的基础。

9.3.3　单总线器件 DS18B20

DS18B20 是 DALLAS 公司推出的一种改进型智能温度传感器，它能够直接读出被测温度，并且可根据实际要求通过简单的编程实现 9～12 位的数字值读取，可分别在 93.75ms 和 750ms 内完成 9 位和 12 位的温度数字量转换。从 DS18B20 读出信息或写入信息仅需要一根数据线，读写温度、变换功率均可来源于数据总线，总线本身也可以向所挂接的 DS18B20 供电，无需额外电源，因而 DS18B20 可使系统结构更简单，可靠性更高。

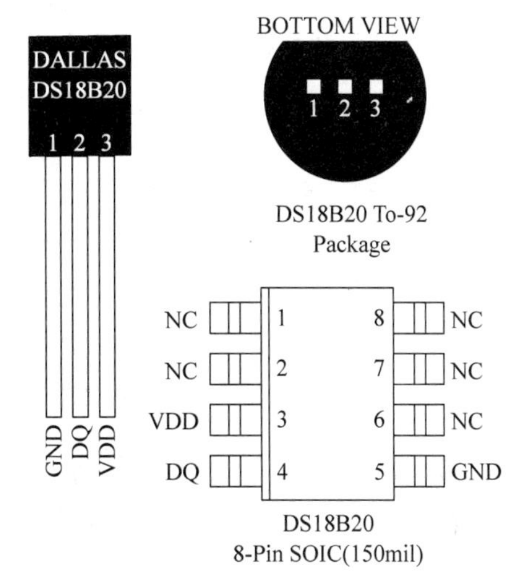

图 9-16　DS18B20 封装图

DS18B20 的引脚如图 9-16 所示，其中，GND 为电源端；DQ 为数字信号输入输出端；VDD 为外接供电电源输入端（在寄生电源接线方式时接地）。

1. DS18B20 内部结构及主要功能部件

DS18B20 的总体结构如图 9-17 所示，由 64 位 ROM 及串行接口、温度传感器、高低温触发器、配置寄存器、8 位 CRC 发生器、电源检测和寄生电容等部分组成。

1) 64 位 ROM

64 位 ROM 是出厂前光刻好的，它由 8 位产品系列号、48 位产品序号和 8 位 CRC 编码

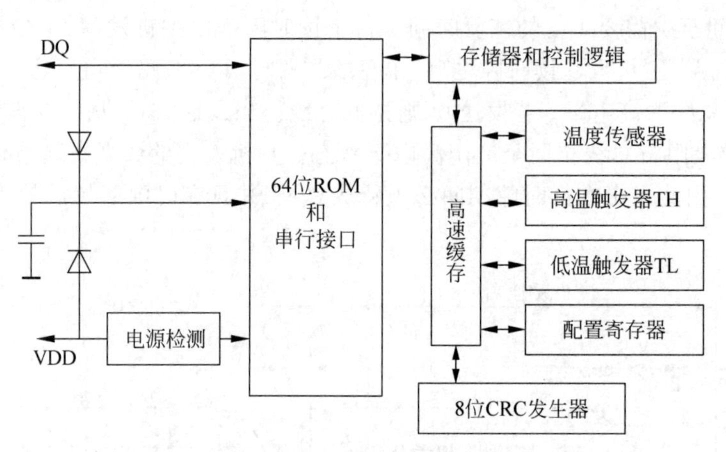

图 9-17 DS18B20 内部结构

组成。DS18B20 的产品系列号均为 0x28，每个器件的 48 位产品序号各不相同，利用产品序号可以识别线上挂载的不同 DS18B20 器件。

2）配置寄存器

配置寄存器用于设置 DS18B20 的转换精度，配置寄存器的各位如表 9-4 所示。低 5 位一直为 1；最高位是测试模式位，用于设置 DS18B20 在工作模式还是在测试模式，在出厂时该位被设置为 0，用户不要去改动；R0 和 R1 决定温度转换的精度位数。

表 9-4 DS18B20 配置寄存器

0	R1	R0	1	1	1	1	1

DS18B20 的温度转换时间与温度转换的精度位数（即温度转换的分辨率）相关，温度转换的分辨率越高，转换需要的时间越长，其关系如表 9-5 所示。

表 9-5 温度转换分辨率和最大转换时间的关系

R1	R0	温度转换分辨率	最大转换时间
0	0	9bit	93.75ms(t_{conv}/8)
0	1	10bit	187.5ms(t_{conv}/4)
1	0	11bit	375ms(t_{conv}/2)
1	1	12bit	750ms(t_{conv})

注：t_{conv} 为转换时间（time convent）。

3）高温触发器 TH 和低温触发器 TL

高温触发器 TH 中存在最高温度报警上限，低温触发器 TL 中存在最低温度报警下限，用户可通过软件写入。

4）温度传感器

DS18B20 中的温度传感器可完成对温度的测量，温度值以 16 位符号扩展的二进制补码读数形式提供，以 0.0625℃/B 形式表达，在 12 位转化情况下温度高低字节存放形式如表 9-6 所示，其中 S 为符号位。

表 9-6 DS18B20 温度传感器的高低字节存放

2^3	2^2	2^1	2^0	2^{-1}	2^{-2}	2^{-3}	2^{-4}	LSB
MSB (unit=℃) LSB								
S	S	S	S	S	2^6	2^5	2^4	MSB

二进制中的前 5 位是符号位，如果测得的温度高于 0，这 5 位为 0，只要将测到的数值乘以 0.0625 即可得到实际温度；如果温度低于 0，这 5 位为 1，测到的数值需要取反加 1，再乘以 0.0625 才能得到实际温度。

在 12 位分辨率下温度-数字量输出的关系表如表 9-7 所示。

表 9-7 温度-数字量关系表

温度/℃	数字量输出(二进制)	数字量输出(十六进制)
+125	0000 0111 1101 0000	0x07D0
+85	0000 0101 0101 0000	0x0550
+25.0625	0000 0001 1001 0001	0x0191
+10.125	0000 0000 1010 0010	0x00A2
+0.5	0000 0000 0000 1000	0x0008
0	0000 0000 0000 0000	0x0000
−0.5	1111 1111 1111 1000	0xFFF8
−10.125	1111 1111 0101 1110	0xFF5E
−25.0625	1111 1110 0110 1111	0xFF6F
−55	1111 1100 1001 0000	0xFC90

DS18B20 完成温度转换后，把测得的温度值与 RAM 中的 TH、TL 字节内容作比较。若值高于 TH 或低于 TL，则将该器件的报警标志位置位，并对主机发出报警搜索命令作出响应。

2. DS18B20 工作过程

1) 初始化

单总线上的所有处理均从初始化开始。单片机引脚 P2.7 端口接温度传感器 DQ，其代码如下：

```
sbit tmp = P2^7;                          //P2^7 接 DS18B20
sbit P27 = P2^7;                          //片选
#define temp_l P27 = 0
#define temp_h P27 = 1
void Ds18b20_reset()                      //DS18B20 初始化
{
  unsigned char count;
  unsigned int i = 2200;
  temp_l;
  for(count = 240;count > 0;count -- );   //延时 480μs
  temp_h;
  while(tmp&&(i > 0)) i -- ;
  for(count = 240;count > 0;count -- );   //延时 480μs
}
```

2）ROM 操作命令

总线主机检测到 DS18B20 的存在，便可以发出 ROM 操作命令，ROM 操作命令如表 9-2 所示。

3）存储器操作命令

在执行 ROM 操作命令后执行存储器操作命令，存储器操作命令如表 9-3 所示。

4）读写操作指令

```
void Ds18b20_write(unsigned char dat)       //向 DS18B20 写一个字节
{
  unsigned char count;
  unsigned char i;
  for(i = 8;i > 0;i -- )
  {
    temp_l;
    for(count = 1;count > 0;count -- );     //延时
    if(dat&0x01 == 0x01)
        temp_h;
      else
        temp_l;
    for(count = 30;count > 0;count -- );    //延时
    temp_h;
    dat >> = 1;
   }
}
unsigned char Ds18b20_read()                //从 DS18B20 读一个字节
{
  unsigned char i,count,dat;
  for(i = 8;i > 0;i -- )
  {
   dat >> = 1;
   temp_l;
   for(count = 1;count > 0;count -- );      //延时
   temp_h;
   for(count = 1;count > 0;count -- );      //延时
   if(tmp) dat| = 0x80;
   for(count = 30;count > 0;count -- );     //延时
  }
  return dat;
  }
  unsigned long int read_temp(void)
  {
    unsigned char dat1;
    unsigned char dat2;                     //保存读出的温度
    unsigned long int dat;
    Ds18b20_reset();                        //复位
    Ds18b20_write(0xCC);                    //发跳过 ROM 命令,总线上只有一个 DS18B20 时使用
    Ds18b20_write(0x44);                    //发送温度转换命令
```

```
    delay_ds18b20(1000);                              //延时 1s,等待温度转换完成
    Ds18b20_reset();
    Ds18b20_write(0xCC);
    Ds18b20_write(0xBE);                              //发送读温度寄存器命令
    dat1 = Ds18b20_read();                            //读数据低位
    dat2 = Ds18b20_read();                            //读数据高位
    if(dat2 > = 240)                                  //判断为负数,取反加一,保留一位小数
    {
      dat = (~(dat2 * 256 + dat1) + 1) * (0.0625 * 10); //零下温度计算
    }
    else
      dat = (dat2 * 256 + dat1) * (0.0625 * 10);      //零上温度计算
    return dat;
}
```

习题与思考

9-1 单片机系统的串口总线接口有几种？各有什么特征？

9-2 SPI 总线接口与 I^2C 总线接口通信原理的区别是什么？

9-3 当单总线上挂载多个 DS18B20 时，如何判断器件地址，如何有效传送数据？

项目一

格力空调红外遥控功能设计

项目导读

电视、空调的遥控功能是智能家居的重要组成部分，应用较广。本项目依据格力空调遥控器功能，设计基于单片机的空调遥控装置，目的是让读者掌握如何设计和编写遥控器的控制程序，并掌握基本部件（OLED、矩阵键盘、红外发射管等）的应用。本项目详细介绍功能组件的各个重要知识点，对相关知识点的重点、难点部分进行透彻的解析，因此项目内容适合初学者学习；项目来源于生活实际，软硬件设计思路还可应用于其他红外遥控场合，有较高的实用价值，非常值得学习。

知识目标	了解红外遥控信号发送时序，理解编程原理；掌握 OLED 显示原理；了解矩阵键盘应用方法
技能目标	针对不同硬件 MCU，能编写不同周期的时序函数，会用 OLED 模块显示汉字、ASCII 码和数字，能使用矩阵键盘的扫描程序
教学重点	红外线发射信号格式，OLED 模块工作原理及不同类型字符的显示方法
教学难点	格力空调遥控器发射代码算法，温度传感器的显示算法
建议学时	6 学时
推荐教学方法	先讲解整个装置的工作原理和硬件结构，以及格力空调遥控的编码格式，接着讲解时序函数的原理和温度传感器的初始化，最后讲解 OLED 模块原理和应用
推荐学习方法	看懂红外遥控信号发送时序函数原理，了解单片机如何编程实现发送时序信号到格力空调原理；了解温度传感器的应用方法，看懂 OLED 模块应用原理，修改 OLED 显示参数进行练习；最后，在开发板上进行实验，并掌握所有知识点

1.1 方案设计

1.1.1 设计内容

利用单片机 IAP15F2K61S2、DS18B20 温度传感器、OLED 显示屏、按键电路和红外模块、电源电路、晶振电路，实现一个自动/手工调温的遥控装置，系统结构框图如图 E1-1 所示。

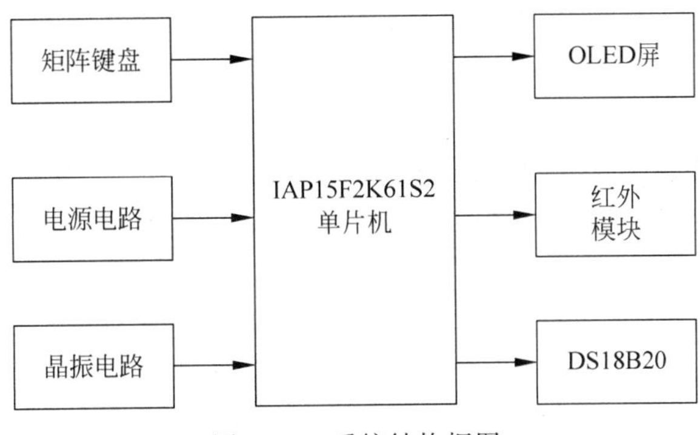

图 E1-1　系统结构框图

1.1.2　主要硬件选型

1. 单片机选型

IAP15F2K61S2 单片机具有性价比高、功能性强、操作简单等特点，速度比 MCS-51 单片机快 8～12 倍。其功能如图 E1-2 所示。

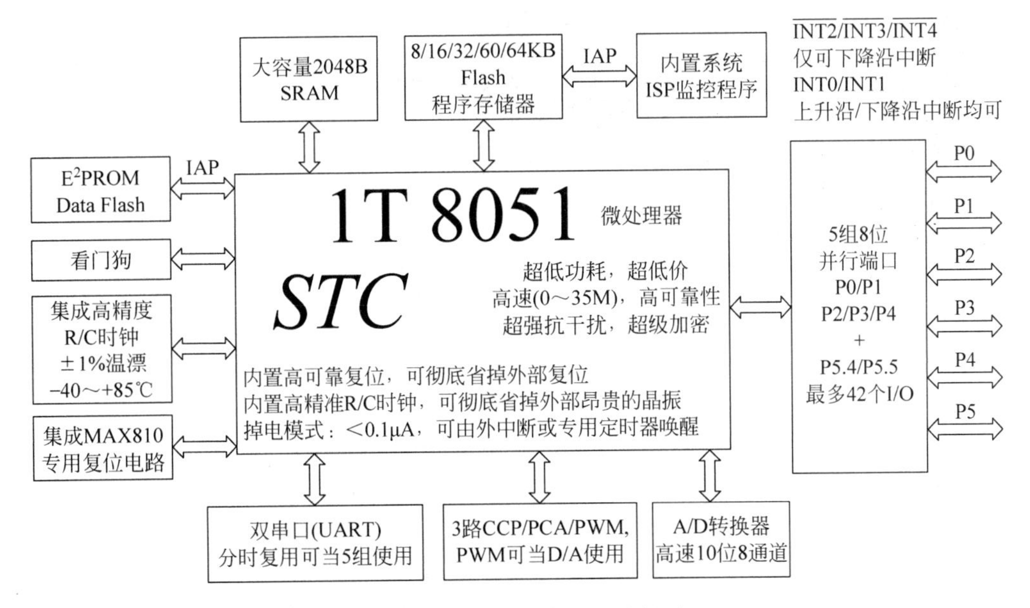

图 E1-2　IAP15F2K61S2 功能图

部分功能特性如下：

IAP15F2K61S2 微控制器，单时钟/机器周期，速度更快。

工作电压：3.3～5.5V。

工作频率：5～35MHz。

RAM 上 2048B 的芯片，用户应用程序空间为 6KB。

复位后：P1/P2/P3/P4 双向电平/低电平拉低。

兼容 MCS-51 指令。

4 个外部中断,由外部低电平触发模式引发的中断,断电保护。

ISP/IAP,无需编程器,无需仿真器。

8 通道 10 位高速 A/D 转换器,速度可达 30 万次/s,3 路 PWM 还可当 3 路 D/A 转换器使用。

为了与常见的 MCS-51 单片机引脚兼容,通过转换电路把单片机 IAP15F2K61S2 封装转换成 DIP40,转换后(图 E1-3)与 MCS-51 单片机引脚兼容,由于支持在线仿真和烧写,该芯片使用起来很方便。

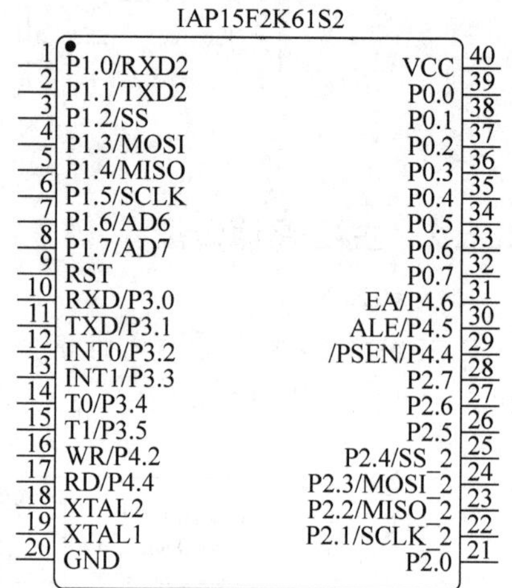

图 E1-3　IAP15F2K61S2 单片机 DIP40 封装图

2. 红外发射管选型

红外二极管是由具有高红外辐射效率的材料制造的,该材料从 PN 结的外部注入电流中,发射红外光,如图 E1-4 所示。红外二极管根据波长分为以下 3 种:

图 E1-4　红外二极管

(1) 波长 940nm,适用于遥控器,例如家用电器的遥控器。

(2) 波长 808nm,适用于医疗器具、空间光通信、红外照明、固体激光器的泵浦源。

(3) 波长 850nm,适用于摄像头(视频拍摄)数码摄影、监控。

红外二极管参数如表 E1-1、表 E1-2 所示。

表 E1-1　电流等参数

参　　数	符　　号	数　　据	单　　位
连续正向电流	I_F	100	mA
正向峰值电流	I_{FP}	1.0	A
反向电压	U_R	5	V
工作温度	T_{opr}	－40～＋85	℃
储存温度	T_{stg}	－40～＋100	℃
焊接温度	T_{sol}	260	℃
25℃(或以下)环境温度下功耗	P_d	150	mW

表 E1-2　电压等参数

参数	符号	最小	典型	最大	单位	条件
正向电压	U_F	—	1.2	1.5	V	$I_F=20mA$
		—	1.4	1.8		$I_F=100mA$
反向电流	I_R	—	—	10	μA	$V_R=5V$

可见限流电阻的计算如下：

$$R=(U_{供电电压}-U_{二极管压降})/I_{二极管电流}=(5-1.4)/0.1=36\Omega$$

根据电阻的常规数值，可选择阻值相近的 47.5Ω 电阻代替。

3. 温度传感器

DS18B20 是美国 DALLAS 公司生产的单总线数字式温度传感器，是一款高精度的单总线温度测量芯片。芯片内置 4B 非易失性存储单元供用户使用，2B 用于高低温报警，另外 2B 用于保存用户自定义信息。在 0～+85℃ 范围内最大误差为±0.5℃，在测量范围内最大误差为±1.5℃。

技术性能描述：

(1) 单线接口方式，DS18B20 在与微处理器连接时仅需一条线即可实现微处理器与 DS18B20 的双向通信。

(2) 支持多点组网，多个 DS18B20 可以并联在唯一的三线上，最多并联 8 个，实现多点测温。

(3) 工作电源：3.0～5.5V 直流。

(4) 在使用中不需要任何外围元件，测量结果以 9～12 位数字量串行传送。

工作原理如图 E1-5 所示。

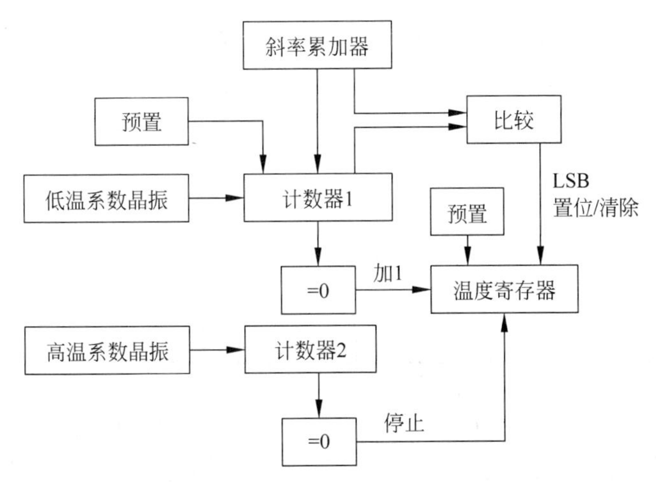

图 E1-5　DS18B20 原理图

DS18B20 测温原理：使用内部计数器来创建一个门电路，当温度过高时，脉冲无法通过，计数器被定义为－55℃的值，如果计数器在达到零点之前没有关闭，则温度记录器的值将会增加。当计数器在当前温度下重新启动时，计数器重新开始计数，直到回到零；如果门电路还在运行，则重复上述过程。温度用一个 9 位的值表示，高位是一个符号位。

DS18B20 的时序图一般可分为三部分：初始化时序、写时序、读时序。只有进行了初始化才可以进行读写时序。

1）初始化时序

DS18B20 必须在启动之前进行初始化，如图 E1-6 所示。从 DS18B20 发出一个存在脉冲，当发出主机复位脉冲后，DS18B20 向主机发送信号，表明已经准备就绪。在初始化过程中，主机接收至少 480μs 的信号。当主线释放后，上拉电阻把低电平拉回高电平，DS18B20 发出一个存在脉冲，主机将总线拉低最短 480μs，然后释放总线，初始化时序就完成了。

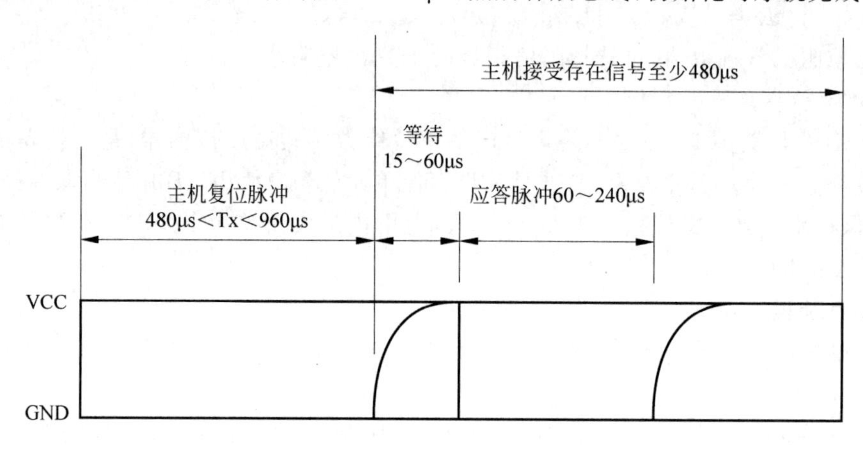

图 E1-6　DS18B20 复位时序图

2）写时序

写入时序的时间为 60～120μs。两个相邻的写时序间隙必须在 1μs 以上。写时序间隙都由拉低总线产生，主机必须在 15μs 内释放总线。在上拉电阻的作用下，总线会恢复到高电平状态，直到完成所有时序间隙的写入。写时序间隙之后，DS18B20 会在 15～20μs 之间采样总线，来确定写入的是 0 还是 1。DS18B20 写时序如图 E1-7 所示。

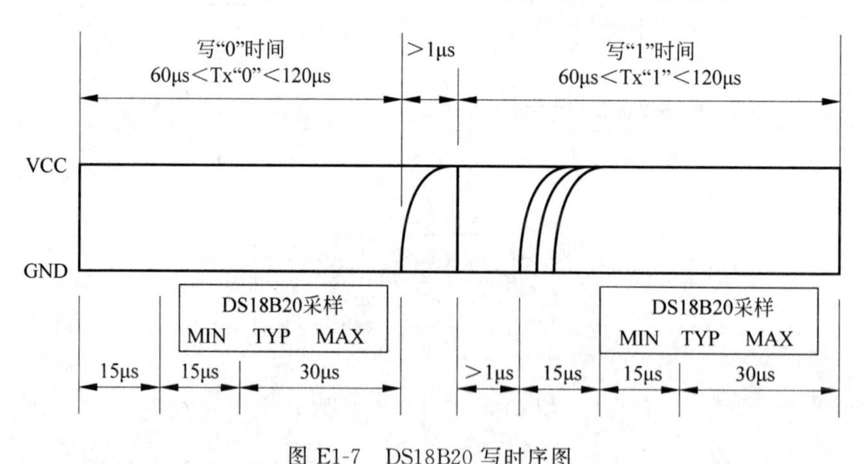

图 E1-7　DS18B20 写时序图

3）读时序

读时序时间为 60～120μs。如图 E1-8 所示，两个相邻读数的时间间隙至少有 1μs。所有的读时序间隙都拉低总线，总线至少持续 1μs，然后释放总线。输出 DS18B20 在 15μs 创建的下降边沿内有效。因此，总线和主机采样总线的移动和其他操作应在 15μs 以内完成。

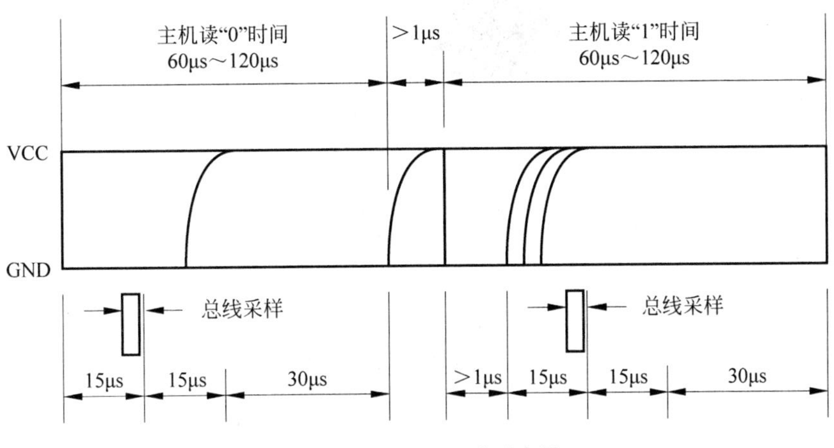

图 E1-8　DS18B20 读时序图

4. 矩阵键盘

本项目用到 6 个按键，采用矩阵键盘，按键功能分布见表 E1-3，灰色部分为需要使用的按键。

表 E1-3　按键功能分布

1	2	3	制热/制冷
4	5	6	睡眠模式
7	8	9	温度+
0	开机	关机	温度−

1.2　硬件电路设计

1.2.1　DS18B20 引脚及电路

DS18B20 的核心芯片是一个数字式温度传感器，温度变化量是 0.0625℃，该芯片的分辨率对应温度变化量数据如表 E1-4 所示。

表 E1-4　DS18B20 在不同分辨率下的温度变化量

分辨率	9 位	10 位	11 位	12 位
温度变化量	0.5℃	0.25℃	0.125℃	0.0625℃

DS18B20 实物图如图 E1-9 所示。温度传感器 DS18B20 接口电路如图 E1-10 所示。

采用 5V 电源接 VCC 引脚，与 IAP15F2K61S2 单片机的 P2.7(网络标号 DB20)引脚接在一起。启动开关后，DS18B20 会将采集的温度数据信号传输到单片机和显示模块。

图 E1-9 DS18B20 实物图

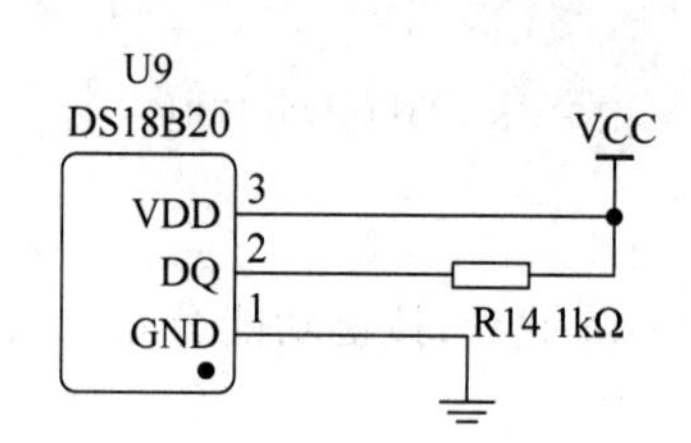

图 E1-10 DS18B20 接口电路

1.2.2 红外线发射电路设计

单片机的 P4.4 引脚(Rin)输出控制信号,经 PNP 三极管 2N3906 反相后,通过红外发射管 IR204C 发射出去。红外发射电路如图 E1-11 所示。

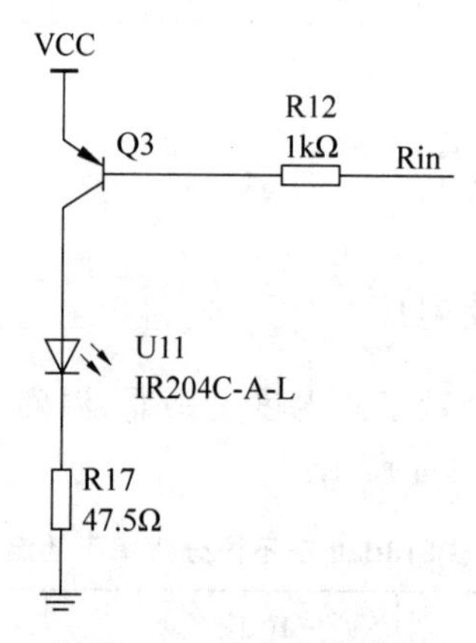

图 E1-11 红外发射电路

1.2.3 项目完整电路

硬件电路包括 IAP15F2K61S2 单片机、DS18B20 温度传感器、OLED 显示模块、矩阵键盘电路和红外发射管电路,如图 E1-12 所示。

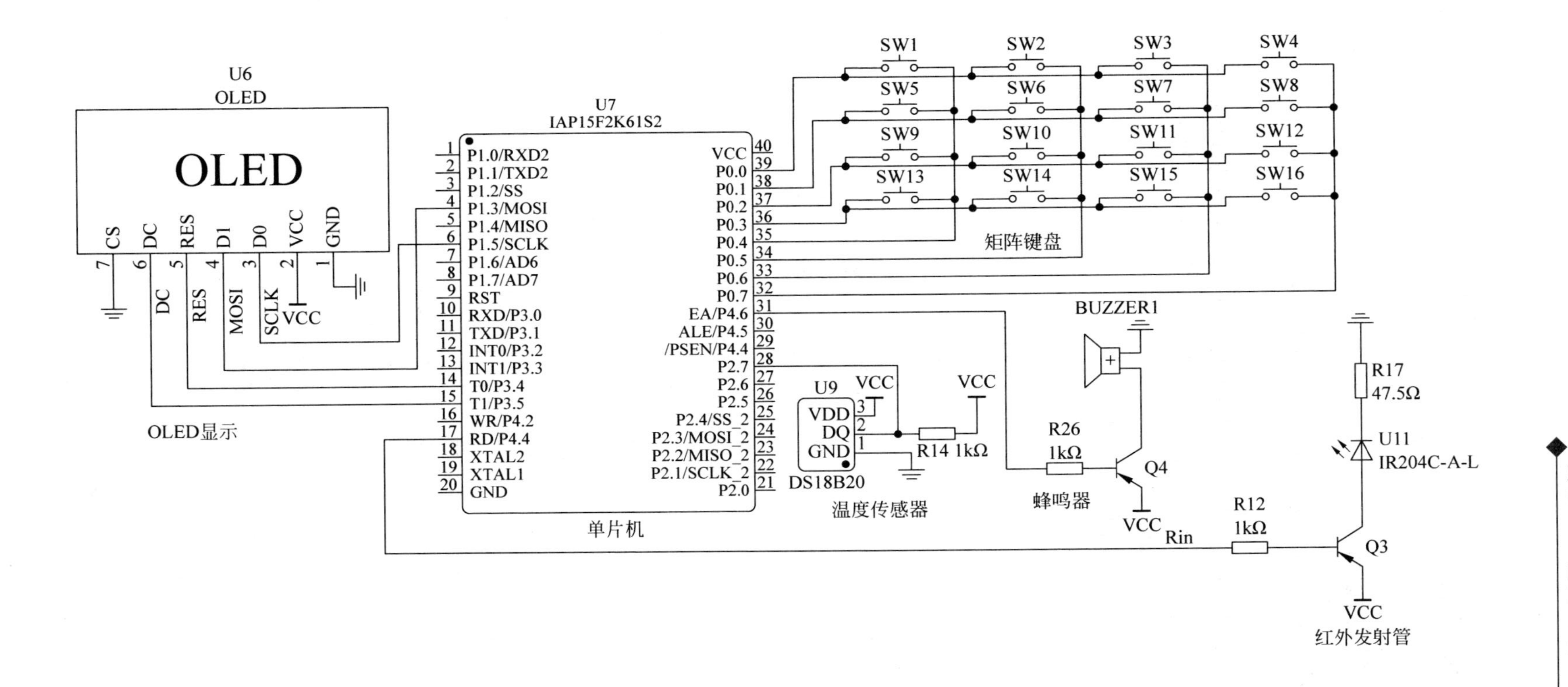

图 E1-12　项目完整电路图

1.3 软件设计

1.3.1 主函数的设计

单片机上电后,DS18B20 温度传感器检测室内的温度,单片机把数据送到 OLED 显示屏显示。

在制冷/制热模式下,单片机将设定的温度与 DS18B20 采集的温度数据比较,如果室内温度比设定温度高,发送温度降低指令,将室温降下;如果室内温度比设定温度低,空调会发送温度升高指令,将室内温度上升。

在智能模式下,通过设定温度闭环控制温度变化。

主程序流程如图 E1-13 所示。

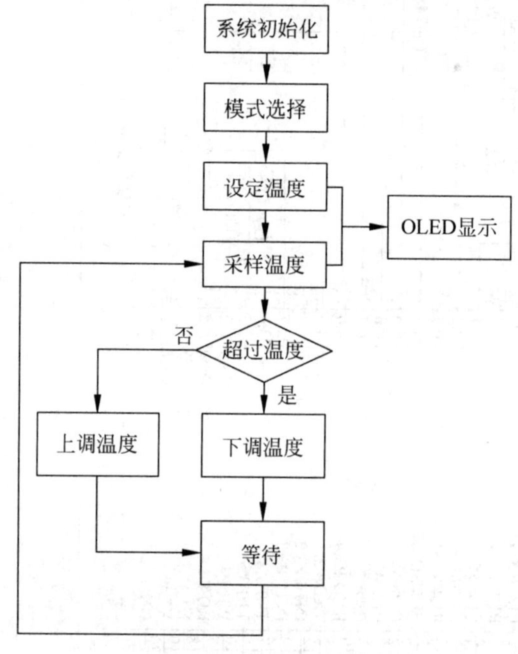

图 E1-13 主程序流程

代码如下:

```
temp = read_temp();          //读温度传感器数值
show(temp);                  //OLED 显示温度
if(mode_auto&&adjust_flag)   //按下睡眠模式和调节间隔超过 30min,开始调节
{
  adjust_flag = 0;           //标志位清 0
  if(Temp_SET > temp)        //与设定温度比较
  {
    Temp_SET -- ;            //温度降低
```

```
    send(Temp_SET,isCold,1);            //发送温度降低 1℃的指令
  }
else
  {
  Temp_SET++;                           //温度升高
  send(Temp_SET,isCold,1);              //发送温度升高 1℃的指令
  }
}
```

矩阵键盘扫描到按键后执行 Key_Act(unsigned char k)函数,参数 k 为识别的按键代码,与功能按键比较后执行相应代码,可以控制空调实现不同功能。按键功能流程如图 E1-14 所示。

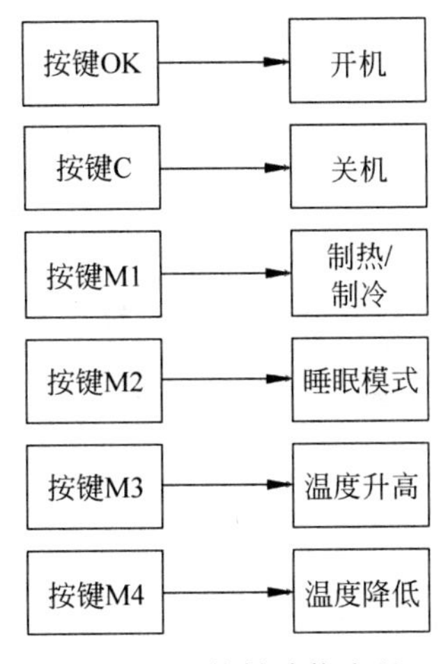

图 E1-14 按键功能流程

代码如下:

```
/*按键动作*/
void Key_Act(unsigned char k)
{
    switch (k)
    {
      case '0':                         //按下开机键 OK
        ET1 = 0;                        //关定时器/计数器 T1
        BEEP = 0;                       //蜂鸣器响
        show(temp);                     //显示温度
        delay_ms(200);                  //延时
        BEEP = 1;                       //关蜂鸣器
        send(25,isCold,1);              //发送控制命令
        ET1 = 1;                        //开定时器/计数器 T1
        break;
      case 'K':                         //按下关机键"C"
        ET1 = 0;                        //关定时器/计数器 T1
```

```
        BEEP = 0;                           //蜂鸣器响
        show(temp);                         //显示温度
        delay_ms(200);                      //延时
        BEEP = 1;                           //关蜂鸣器
        send(25,isCold,0);                  //发送控制命令
        ET1 = 1;                            //开定时器/计数器 T1
        break;
      case 'A':                             //按下制冷/制热键"M1"
        ET1 = 0;                            //关定时器/计数器 T1
        BEEP = 0;                           //蜂鸣器响
        if(isCold == 5 ) isCold = 2;        //制冷/制热切换
        else             isCold = 5;
        show(temp);                         //显示温度
        delay_ms(200);
        BEEP = 1;                           //关蜂鸣器
        send(28,isCold,1);                  //发送控制命令
        ET1 = 1;                            //开定时器/计数器 T1
        break;
      case 'B':                             //按下睡眠模式键"M2"
        ET1 = 0;                            //关定时器/计数器 T1
        BEEP = 0;                           //蜂鸣器响
        if(mode_auto == 0) mode_auto = 1;   //睡眠模式标志位
        else               mode_auto = 0;
        delay_ms(200);
        BEEP = 1;                           //关蜂鸣器
        break;
      case 'C':                             //按下增加温度键"M3"
        ET1 = 0;                            //关定时器/计数器 T1
        BEEP = 0;                           //蜂鸣器响
        Temp_SET++;                         //温度增加
        show(temp);                         //显示温度
        delay_ms(200);                      //延时
        BEEP = 1;                           //关蜂鸣器
        send(Temp_SET,isCold,1);              //发送控制命令
        ET1 = 1;                              //开定时器/计数器 T1
        break;
      case 'D':                               //按下降低温度键"M4"
        ET1 = 0;                              //关定时器/计数器 T1
        BEEP = 0;                             //蜂鸣器响
        Temp_SET--;                           //降低温度
        show(temp);                           //显示温度
        delay_ms(200);                        //延时
        BEEP = 1;                             //关蜂鸣器
        send(Temp_SET,isCold,1);              //发送控制命令
        ET1 = 1;
        break;
        default:break;
        }
}
```

1.3.2 DS18B20 温度程序的设计

DS18B20 温度检测首先要进行初始化，发送 0x44 指令，检测是否初始化成功，然后检测室内温度，读操作命令 0xBE，把转换后的数据送入单片机。

DS18B20 的部分操作指令如表 E1-5 所示。

表 E1-5 DS18B20 的部分操作指令

序　号	指　令	说　明
1	0x44	温度转换指令
2	0xCC	跳过 ROM 序列号指令
3	0xBE	读寄存器命令
4	0x4E	写数据指令

DS18B20 的工作主流程如图 E1-15 所示。

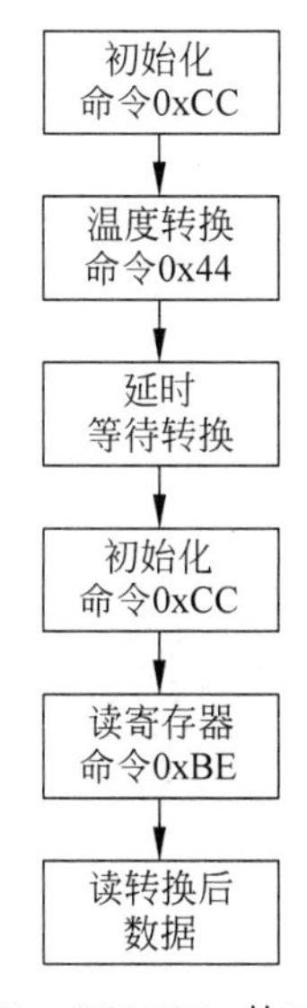

图 E1-15 DS18B20 的工作流程

代码如下：

```
sbit tmp = P2^7;                                   //P3^3 接 DS18B20
unsigned char dat1;
unsigned char dat2;                                //保存读出的温度
unsigned long int read_temp(void)
{
    unsigned long int dat;
    Ds18b20_reset();                               //初始化
    Ds18b20_write(0xcc);
    Ds18b20_write(0x44);                           //发送温度转换命令
    delay_ds18b20(1000);                           //延时 1s,等待温度转换完成
    Ds18b20_reset();
    Ds18b20_write(0xcc);
```

```
    Ds18b20_write(0xbe);                                //发送读温度寄存器命令
    dat1 = Ds18b20_read();                              //读取温度数据低位
    dat2 = Ds18b20_read();                              //读取温度数据高位
    if(dat2 > = 240)
    {
     dat = (~(dat2 * 256 + dat1) + 1) * (0.0625 * 10);  //取反加 1,保留一位小数,零下温度
    }
    else
     dat = (dat2 * 256 + dat1) * (0.0625 * 10);         //零上温度
    return dat;
}
```

1.3.3 格力空调遥控编码设计

格力空调(格力小王子、凉之静等系列)的控制编码数据格式如图 E1-16 所示,要正确发送控制命令还需要了解发送代码的时序。

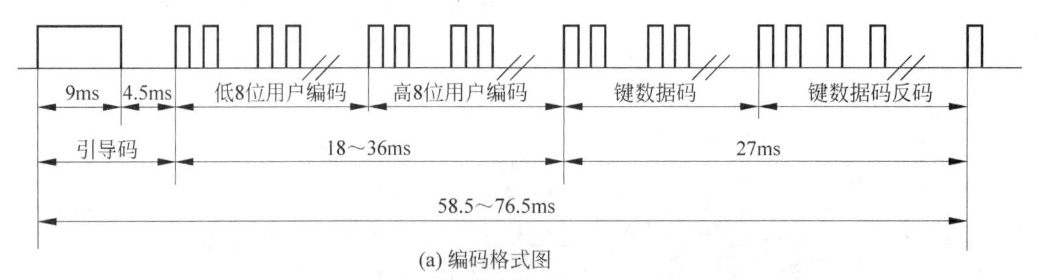

(a) 编码格式图

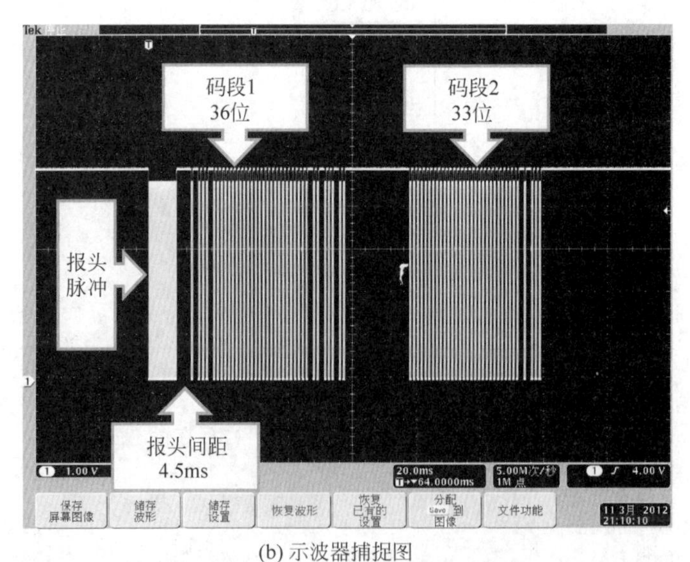

(b) 示波器捕捉图

图 E1-16 格力空调控制编码图

红外遥控的信号需要加载 38kHz 的载波,通过产生半周期为(1/38000)/2=13μs 的方波实现,而在 IAP15F2K61S2 单片机中循环指令 33 次可实现延时 13μs,具体实现如图 E1-17 所示。

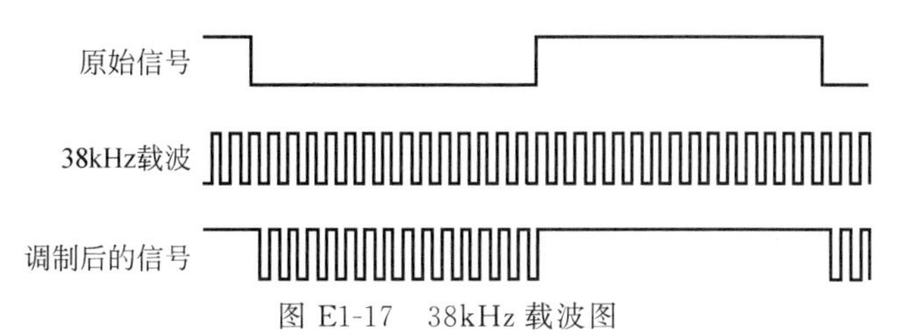

图 E1-17　38kHz 载波图

代码如下：

```
void khz_2(uint num)            //38kHZ 占空比为 1:1
{
    uchar i;
    for(;num>0;num--)
    {
      i = 33;
      while (--i);
      out = ～out;              //信号输出引脚 P4.4
    }
}
```

红外遥控编码的信号 0 的格式：高电平 0.56ms，低电平 0.56ms；信号 1 的格式：高电平 0.56ms，低电平 1.68ms。其中，0.56ms 需要载波数量为 560/13=43，程序中参数采用 42。

代码如下：

```
void send0_a(void)          //发送 0
{
   khz_2(42);               //khz_3(21)
   out = 1;
   delay560us();
   }

void send1_a(void)          //发送 1
{
   khz_2(42) ;
   out = 1;
   delay560us();
   delay560us();
   delay560us();
}
```

格力空调的编码数据如图 E1-18 所示，程序函数 void send(uchar c，uchar modle，uchar on_off)根据上述数据进行编写。

参数 c 是温度，参数 modle 是工作参数(制冷/制热)，参数 on_off 是开关机位。

代码如下：

```
unsigned char send_code[67] = {1,0,0,1,0,0,1,0,0,0,0,1,0,0,0,0,0,0,0,0,0,1,0,0,0,0,0,0,
1,0,1,0,0,1,0,1,1,1,0,1,0,0,0,0,0,0,0,0,0,1,0,0,0,0,0,0,0,0,0,0,0,0,0,0,0,0,1,1,1 };
//发送控制代码
```

1	2	3	4	5	6	7	8	9	10	11	12	13	14	15	16
模式			开关	风速		扫风	睡眠	温度				定时			
17	18	19	20	21	22	23	24	25	26	27	28	29	30	31	32
									0	0	0	1	0	1	0
定时				超强	灯光	健康	干燥	换气	保留						
33	34	35													
0	1	0													
保留															

图 E1-18　格力空调的数据编码图

```
void set_1_0(int i, uchar one_zore)
{
     send_code[i] = one_zore;        //发送代码的某位的数据
}
void send(uchar c, uchar modle, uchar on_off)
//第一个参数:温度,第二个参数:工作模式,第三个参数:开/关机
{
    char temp = 0;
    char mask = 0;
    int i_count = 0;
    set_1_0(3,on_off);               //开关
    switch(modle)
    {
        case 5:set_1_0(2,1);set_1_0(1,0);set_1_0(0,0);break;
        case 2:set_1_0(2,0);set_1_0(1,0);set_1_0(0,1);break;
    }
    switch(c)
    {
    case 16:set_1_0(8,0);set_1_0(9,0);set_1_0(10,0);set_1_0(11,0);break;
    case 17:set_1_0(8,1);set_1_0(9,0);set_1_0(10,0);set_1_0(11,0);break;
    case 18:set_1_0(8,0);set_1_0(9,1);set_1_0(10,0);set_1_0(11,0);break;
    case 19:set_1_0(8,1);set_1_0(9,1);set_1_0(10,0);set_1_0(11,0);break;
    case 20:set_1_0(8,0);set_1_0(9,0);set_1_0(10,1);set_1_0(11,0);break;
    case 21:set_1_0(8,1);set_1_0(9,0);set_1_0(10,1);set_1_0(11,0);break;
    case 22:set_1_0(8,0);set_1_0(9,1);set_1_0(10,1);set_1_0(11,0);break;
    case 23:set_1_0(8,1);set_1_0(9,1);set_1_0(10,1);set_1_0(11,0);break;
    case 24:set_1_0(8,0);set_1_0(9,0);set_1_0(10,0);set_1_0(11,1);break;
    case 25:set_1_0(8,1);set_1_0(9,0);set_1_0(10,0);set_1_0(11,1);break;
    case 26:set_1_0(8,0);set_1_0(9,1);set_1_0(10,0);set_1_0(11,1);break;
    case 27:set_1_0(8,1);set_1_0(9,1);set_1_0(10,0);set_1_0(11,1);break;
    case 28:set_1_0(8,0);set_1_0(9,0);set_1_0(10,1);set_1_0(11,1);break;
    case 29:set_1_0(8,1);set_1_0(9,0);set_1_0(10,1);set_1_0(11,1);break;
    case 30:set_1_0(8,0);set_1_0(9,1);set_1_0(10,1);set_1_0(11,1);break;
    }
    temp = modle - 1 + c - 16 + 5;
    mask = temp;
  for (i_count = 0; i_count < 8; i_count++)
  {
        temp = (temp << 1) + (mask & 1);
```

```
            mask >>= 1;
    }
    temp = temp >> 4;
    if(on_off == 0)
      {
            temp = temp - 1;
      }
      leadcode_a();
      for(i_count = 0; i_count < 35; i_count++)
      {
            if(send_code[i_count])
            {
                send1_a();
            }
            else
            {
                send0_a();
            }

      }
            khz_2(42) ;
      out = 1;
      delay_air(20);
      for(; i_count < 63; i_count++)
      {

            if(send_code[i_count])
            {
                send1_a();
            }
            else
            {
                send0_a();
            }
      }
      for(i_count = 3; i_count >= 0; i_count--)
      {
            if((temp >> i_count) & 1)
            {
                send1_a();
            }
            else
            {
                send0_a();
            }
      }
      khz_2(42) ;
      out = 1;
      delay_air(1000);
}
```

1.3.4 OLED显示代码设计

oledfont.h字库文件里面Hzk[][32]函数的汉字和序号可以通过软件根据需要生成，本项目用到部分汉字序号如下：

```
/*当(0) 前(1) 温(2) 度(3) 设(4) 定(5) 温(6) 度(7) 制(8) 冷(9) 模(10) 式(11) 制(12) 热(13)
模(14) 式(15)℃(16) */

{0x00,0x40,0x42,0x44,0x58,0x40,0x40,0x7F,0x40,0x40,0x50,0x48,0xC6,0x00,0x00,0x00},
{0x00,0x40,0x44,0x44,0x44,0x44,0x44,0x44,0x44,0x44,0x44,0x44,0xFF,0x00,0x00,0x00},/*
"当",0*/
/* (16 X 16 , 宋体 )*/

{0x08,0x08,0xE8,0x29,0x2E,0x28,0xE8,0x08,0x08,0xC8,0x0C,0x0B,0xE8,0x08,0x08,0x00},
{0x00,0x00,0xFF,0x09,0x49,0x89,0x7F,0x00,0x00,0x0F,0x40,0x80,0x7F,0x00,0x00,0x00},/*
"前",1*/
/* (16 X 16 , 宋体 )*/

{0x10,0x60,0x02,0x8C,0x00,0x00,0xFE,0x92,0x92,0x92,0x92,0x92,0xFE,0x00,0x00,0x00},
{0x04,0x04,0x7E,0x01,0x40,0x7E,0x42,0x42,0x7E,0x42,0x7E,0x42,0x42,0x7E,0x40,0x00},/*
"温",2*/
/* (16 X 16 , 宋体 )*/

{0x00,0x00,0xFC,0x24,0x24,0x24,0xFC,0x25,0x26,0x24,0xFC,0x24,0x24,0x24,0x04,0x00},
{0x40,0x30,0x8F,0x80,0x84,0x4C,0x55,0x25,0x25,0x25,0x55,0x4C,0x80,0x80,0x80,0x00},/*
"度",3*/
/* (16 X 16 , 宋体 )*/

{0x40,0x40,0x42,0xCC,0x00,0x40,0xA0,0x9E,0x82,0x82,0x82,0x9E,0xA0,0x20,0x20,0x00},
{0x00,0x00,0x00,0x3F,0x90,0x88,0x40,0x43,0x2C,0x10,0x28,0x46,0x41,0x80,0x80,0x00},/*
"设",4*/
/* (16 X 16 , 宋体 )*/

{0x10,0x0C,0x44,0x44,0x44,0x44,0x45,0xC6,0x44,0x44,0x44,0x44,0x44,0x14,0x0C,0x00},
{0x80,0x40,0x20,0x1E,0x20,0x40,0x40,0x7F,0x44,0x44,0x44,0x44,0x44,0x40,0x40,0x00},/*
"定",5*/
/* (16 X 16 , 宋体 )*/
```

OLED_ShowCHinese(108,0,16)为显示汉字函数，第一个参数为坐标，第二个参数为第几行(0：第一行；2：第二行；4：第三行；6：第四行)，第三个参数为序号。

OLED_ShowChar(81,0,0x30+dat%100/10)为显示字符函数，第一个参数为坐标，第二个参数为第几行，第三个参数为ASCII码字符。

OLED的中文需要通过字库生成，汉字字库取模分为三个步骤：首先建立128×64的尺寸；接着选择字符模式并设置格式为C51；最后输入汉字，单击“生成字模”按钮即可，然后把生成的代码粘贴到程序中，通过函数和序号调用。如图E1-19所示。

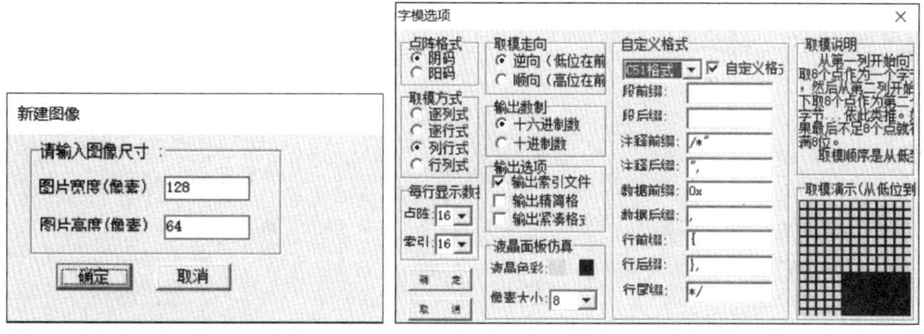

(a) 新建图像尺寸　　(b) 字模格式选择

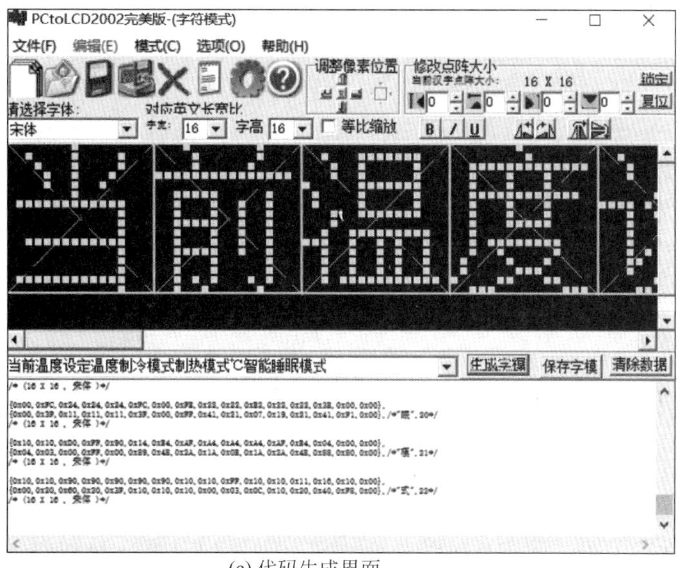

(c) 代码生成界面

图 E1-19　OLED 汉字编码取模图

代码如下：

```
void show(int dat)//把温度值送 OLED 显示
{       //第一行显示
    OLED_ShowCHinese(108,0,16);                    //显示摄氏度符号"℃"
    OLED_ShowChar(99,0,0x30 + dat % 10);           //显示温度小数位
    OLED_ShowString(90,0,".");                     //显示小数点"."
    OLED_ShowChar(81,0,0x30 + dat % 100/10);       //显示温度传感器数据个位数
    OLED_ShowChar(72,0,0x30 + dat % 1000/100);     //显示温度传感器数据十位数
    OLED_ShowCHinese(54,0,3);                      //显示"度"
    OLED_ShowCHinese(36,0,2);                      //显示"温"
    OLED_ShowCHinese(18,0,1);                      //显示"前"
    OLED_ShowCHinese(0,0,0);                       //显示"当"
    //第二行显示
    OLED_ShowCHinese(108,2,16);                    //显示"摄氏度"
    OLED_ShowChar(99,2,0x30);                      //显示"0"
    OLED_ShowString(90,2,".");                     //显示小数点
    OLED_ShowChar(81,2,0x30 + Temp_SET % 10);      //显示温度数据个位数
    OLED_ShowChar(72,2,0x30 + Temp_SET/10);        //显示温度数据十位数
```

```
    OLED_ShowCHinese(54,2,3);                    //显示"度"
    OLED_ShowCHinese(36,2,2);                    //显示"温"
    OLED_ShowCHinese(18,2,5);                    //显示"定"
    OLED_ShowCHinese(0,2,4);                     //显示"设"
    //第三行显示
    OLED_ShowCHinese(108,4,11);                  //显示"式"
    OLED_ShowCHinese(90,4,10);                   //显示"模"
    if(isCold == hot)
    {
      OLED_ShowCHinese(72,4,13);                 //显示"热"
      OLED_ShowCHinese(54,4,12);                 //显示"制"
    }
   else
    {
      OLED_ShowCHinese(72,4,9);                  //显示"冷"
      OLED_ShowCHinese(54,4,8);                  //显示"制"
    }
}
```

1.4 实验验证

接通电源后，默认设定温度26℃及制冷模式，温度传感器检测室内温度并在OLED的第一行显示，实物显示图如图E1-20所示。

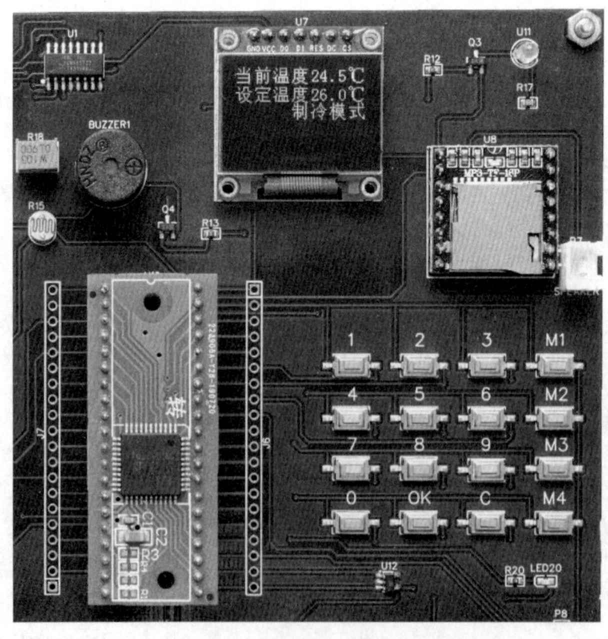

图 E1-20 控制器初始化图

按 M1 键可以改变制冷/制热模式，按 M3 和 M4 键可以升高或降低温度，如图 E1-21 所示。

(a) 制热图

(b) 制冷图

图 E1-21　温度调节与空调显示图

本项目设计了一个智能睡眠模式，可以在一段时间内自动控制室内温度。如图 E1-22 所示。

图 E1-22　智能睡眠模式图

项目二

公交车GPS报站系统设计

项目导读

随着科技的发展和人们日益增长的消费需求,GPS定位系统在生活中的地位越来越重要。GPS定位系统凭借实时性好、精度高、自动化程度高、定位效率高等突出优点,已经在许多领域得到广泛应用。国内的北斗定位系统更是发展迅速,在车辆监控与定位系统中应用较多,在儿童走失、车辆防盗等方面的应用也越来越广。许多定位模块采用北斗和GPS双模,与GPS和北斗单模定位区别是提取定位信息的关键字不同,应用方法一致,为了项目描述方便,本项目以介绍GPS模块为主,并注明与北斗设置的差别;项目中对GPS模块和MP3语音播报模块的原理及单片机工作流程进行了详细解析,适合各种基础的读者学习。项目难度一般,应用场合较多,非常值得学习。

知识目标	理解GPS模块的工作原理,会根据GPS坐标进行定位,会用MP3模块
技能目标	理解GPS模块数据传输格式,会提取定位信息和时间数据;掌握MP3模块语音播放的控制模式
教学重点	掌握GPS模块应用方法,会用GPS坐标进行位置定位,掌握MP3模块的应用方法
教学难点	理解GPS原始坐标和百度地图坐标的转换原理
建议学时	4学时
推荐教学方法	先讲解GPS模块的数据格式,然后讲解有效数据的提取方式,接着讲解GPS坐标的应用,并讲解MP3模块的控制原理
推荐学习方法	首先,看懂GPS模块的数据格式和提取方法,能提取时间和坐标数据;接着,理解GPS经纬度数据和地图坐标关系;最后,在一定的地域范围提取几个GPS坐标,模拟公交车自动报站,在开发板上进行实验,通过修改实验参数进行练习,最终掌握所有知识点

2.1 方案设计

2.1.1 设计内容

以单片机IAP5F2K61S2为核心,事先将GPS经纬度数据转换为二维坐标系坐标,标记成公交车站点的坐标点，存放在单片机程序存储器中；GPS 模块实时监控车辆坐标数据，在一定的范围内，单片机接收到定位数据接近公交站点坐标，通过算法推断出站点信息，将站点等信息送到 OLED 液晶显示，同时通过串口控制 MP3 语音播报模块播报站点信息，提醒乘客上下车。

2.1.2　系统框架

单片机 IAP5F2K61S2 接收 GPS 模块的定位坐标信息，并把坐标信息和时间信息输送到 OLED 液晶上显示，当定位数据在一定范围内接近事先存放的坐标后，通过 MP3 模块播放坐标点对应的语音。系统结构包括单片机电路、GPS 模块、语音播报模块、独立按键等。公交报站系统结构如图 E2-1 所示。

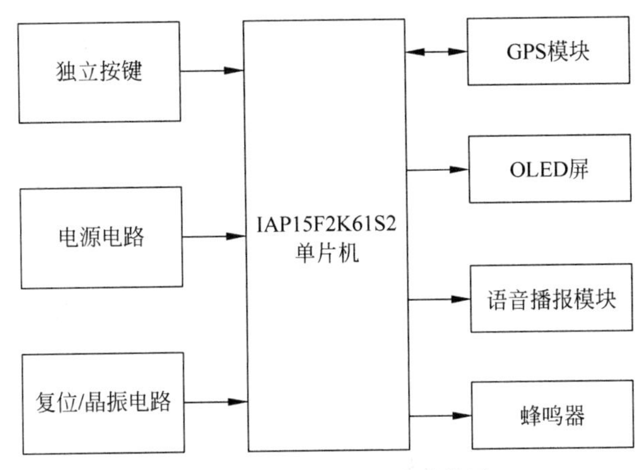

图 E2-1　公交报站系统结构图

2.1.3　主要硬件选型

1. 语音播报模块

语音播报模块是一个 MP3 语音播放器，引脚如图 E2-2 所示，支持 TF 卡，可以通过读卡器与计算机更改内置音乐和语音内容。MP3 语音模块基本参数见表 E2-1，引脚功能见表 E2-2。该模块主要功能包括：

表 E2-1　语音模块基本参数表

名　称	参　数
MP3 格式	支持所有比特率和大多数采样率的音频解码
USB	2.0 标准
UART 接口	标准串口、TTL 电平、波特率可设
输入电压	3.3～5V
额定电流	15mA
尺寸	21mm×21mm
工作温度	－40～80℃

表 E2-2 语音模块引脚功能表

引脚序号	引脚名称	功能描述	备　注
1	VCC	模块电源输入	3.3～5V
2	RX	UART 串行数据输入	—
3	TX	UART 串行数据输出	—
4	DAC_R	音频输出右声道	驱动耳机和功放
5	DAC_L	音频输出左声道	驱动耳机和功放
6	SPK2	小喇叭＋	功率 $P<3$W
7	GND	接地	电源地
8	SPK1	小喇叭－	功率 $P<3$W
9	IO1	触发口	默认上一曲
10	GND	接地	电源地
11	IO2	触发口	默认上一曲
12	ADKEY1	A/D 口 1	触发播放第一段语音
13	ADKEY2	A/D 口 2	触发播放第五段语音
14	USB＋	USB-DP	USB 端口
15	USB－	USB-DM	USB 端口
16	Busy	播放状态	低电平表示正在播放

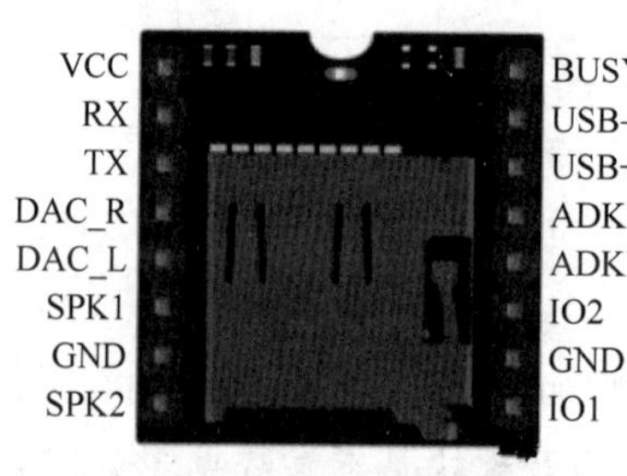

图 E2-2　MP3 语音模块引脚和实物图

(1) 支持采样率(kHz)：8/11.025/12/16/22.05/24/32/44.1/48。

(2) 24 位 DAC 输出，动态范围支持 90dB，信噪比支持 85dB。

(3) 支持 U 盘、读卡器进行操作。

(4) 控制模式有并口、串口、A/D 按键模式。

(5) 随时开启和暂停音乐。

(6) 音频数据存储量大，可达 1000 首音频。

(7) 音量调节范围为 0～30。

2. GPS 模块

GPS 模块是集成了 RF 射频芯片、基带芯片和核心 CPU，并加上相关外围电路而组成的一个集成电路。其实物图和引脚定义见图 E2-3 和表 E2-3。

图 E2-3　GPS 模块图

1）引脚定义

表 E2-3　引脚定义

序　　号	名　　称	说　　明
1	VCC	电源(3.3～5.0V)
2	GND	地
3	TXD	模块串口发送脚(TTL 电平)，接单片机 RXD，默认波特率 9600b/s
4	RXD	模块串口接收脚(TTL 电平)，接单片机 TXD，默认波特率 9600b/s
5	PPS	时钟脉冲输出脚

2）NMEA-0183 协议

NMEA-0183 是美国国家海洋电子协会(National Marine Electronics Association，NMEA)为海用电子设备制定的标准格式，目前已成为 GPS 导航设备统一的 RTCM(Radio Technical Commission for Maritime services)标准协议。

NMEA-0183 协议采用 ASCII 码传递 GPS 定位信息，称之为帧。GPS 数据帧见表 E2-4。

表 E2-4　GPS 数据帧

序　　号	命　　令	说　　明	最 大 帧 长
1	$GPGGA	GPS 定位信息	72
2	$GPGSA	当前卫星信息	65
3	$GPGSV	可见卫星信息	210
4	$GPRMC	推荐定位信息	70
5	$GPVTG	地面速度信息	34
6	$GPGLL	大地坐标信息	
7	$GPZDA	当前时间(UTC)信息	

帧格式形如：$aaccc,ddd,ddd,…,ddd*hh(CR)(LF)

(1)“$”：帧命令起始位。

(2) aaccc：地址域，前两位为识别符(aa)，后三位为语句名(ccc)。

(3) ddd，…，ddd：数据。

(4) "*"：校验和前缀(也可以作为数据结束的标志)。

(5) hh：校验和(check sum)，$与*之间所有字符 ASCII 码的校验和(各字节做异或运算，得到校验和后，再转换十六进制格式的 ASCII 字符)。

(6) (CR)(LF)：帧结束，回车和换行符。

常用的数据帧介绍：

$GPRMC(推荐定位信息，Recommended Minimum Specific GPS/Transit Data)语句的基本格式如下：

$GPRMC，(1)，(2)，(3)，(4)，(5)，(6)，(7)，(8)，(9)，(10)，(11)，(12)*hh(CR)(LF)

(1) UTC 时间，hhmmss(时分秒)；

(2) 定位状态，A＝有效定位，V＝无效定位；

(3) 纬度 ddmm. mmmmm(度分)；

(4) 纬度半球 N(北半球)或 S(南半球)；

(5) 经度 dddmm. mmmmm(度分)；

(6) 经度半球 E(东经)或 W(西经)；

(7) 地面速率(000.0～999.9 节)；

(8) 地面航向(000.0°～359.9°，以真北方为参考基准)；

(9) UTC 日期，ddmmyy(日月年)；

(10) 磁偏角(000.0°～180.0°，前导位数不足则补 0)；

(11) 磁偏角方向，E(东)或 W(西)；

(12) 模式指示(A＝自主定位，D＝差分，E＝估算，N＝数据无效)。

举例如下：

$GPRMC，023543.00，A，2308.28715，N，11322.09875，E，0.195，，240213，，，A*78

注：①UTC 时间即协调世界时，相当于本初子午线(0°经线)上的时间，北京时间比 UTC 早 8 小时；②BD 代表 BDS，即北斗二代卫星系统，GP 代表 GPS，所以北斗系统对应的 $GPRMC 关键字是 $BDRMC，它们格式相同，北斗系统和 GPS 系统除了关键字有些差异外，其他设置相同。

2.2 硬件电路设计

项目完整电路见图 E2-4。

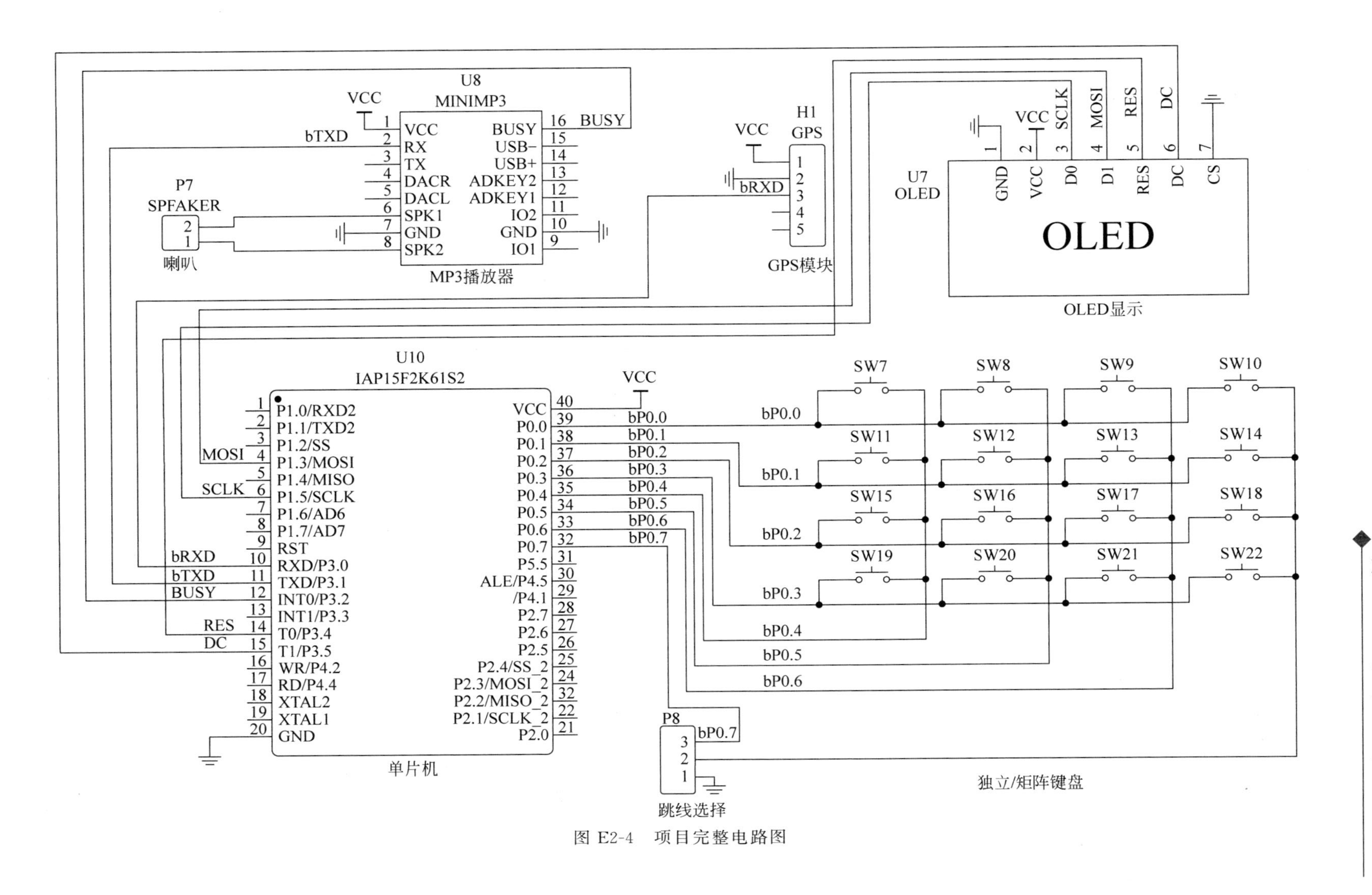

图 E2-4　项目完整电路图

2.3 软件设计

2.3.1 软件功能

图 E2-5 为主程序流程图，单片机不断检测 GPS 模块的信息，提取坐标和时间信息进行显示，并与设定坐标比较，如果在一定范围内两坐标接近，则显示位置和播报指定语音。

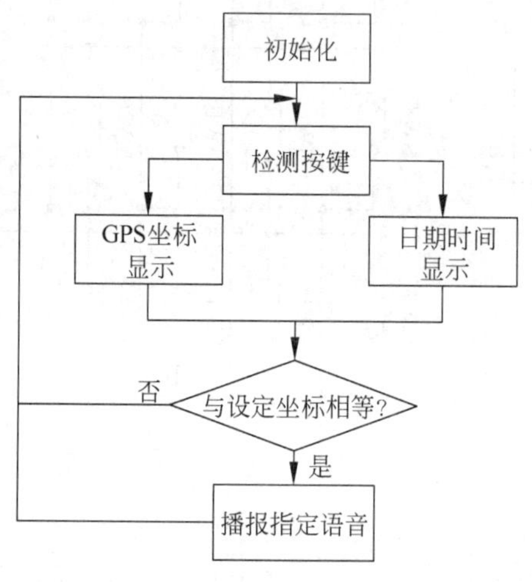

图 E2-5 主程序流程

主函数不停检测比较 GPS 输出坐标和设定坐标，如果满足条件，则播报指定语音。其中 xiaxing_JD_dat[0]～ xiaxing_JD_dat[3]为预先存储的 GPS 坐标，JD_Difference 为误差值，jingdu_temp、weidu_temp 为 GPS 模块实时坐标数据。代码如下：

```
void GPS_Route_Dispose()
{
    if((xiaxing_JD_dat[0] + JD_Difference >= jingdu_temp)&&(jingdu_temp >= xiaxing_JD_dat
[0] - JD_Difference)&&(xiaxing_WD_dat[0] + WD_Difference >= weidu_temp)&&(weidu_temp >=
xiaxing_WD_dat[0] - WD_Difference))
    {
      Station_Count = 1;
      if(count!= Station_Count)
      {
        count = Station_Count;
        Send_Appoint_Music(Station_Count);                //播报语音
      }
    }
    else
    if((xiaxing_JD_dat[1] + JD_Difference >= jingdu_temp)&&(jingdu_temp >= xiaxing_JD_dat
[1] - JD_Difference)&&(xiaxing_WD_dat[1] + WD_Difference >= weidu_temp)&&(weidu_temp >=
xiaxing_WD_dat[1] - WD_Difference))
    {
      Station_Count = 2;
```

```
        if(count!= Station_Count)
        count = Station_Count;
        Send_Appoint_Music(Station_Count);          //播报语音
      }
      else
      if((xiaxing_JD_dat[2] + JD_Difference >= jingdu_temp)&&(jingdu_temp >= xiaxing_JD_dat
[2] - JD_Difference)&&(xiaxing_WD_dat[2] + WD_Difference >= weidu_temp)&&(weidu_temp >=
xiaxing_WD_dat[2] - WD_Difference))
      {
        Station_Count = 3;
        if(count!= Station_Count)
        count = Station_Count;
        Send_Appoint_Music(Station_Count);          //播报语音
      }
      else
      if((xiaxing_JD_dat[3] + JD_Difference >= jingdu_temp)&&(jingdu_temp >= xiaxing_JD_dat
[3] - JD_Difference)&&(xiaxing_WD_dat[3] + WD_Difference >= weidu_temp)&&(weidu_temp >=
xiaxing_WD_dat[3] - WD_Difference))
      {
        Station_Count = 4;
        if(count!= Station_Count)
        count = Station_Count;
        Send_Appoint_Music(Station_Count);          //播报语音
      }
      else
      if((weidu_temp >= 333920)&&(weidu_temp <= 333990)&&(jingdu_temp >= 1201740)&&(jingdu
_temp <= 1201799)){
      Station_Count = count;
      }
      else
      {
        Station_Count = 5;
      }
}
```

2.3.2　MP3 模块

MP3 模块与单片机通过串口通信，单片机以 9600b/s 波特率发送 10 个字符进行控制 MP3 模块。代码如下：

```
void Send_Appoint_Sound(unsigned char dat)  //设置音量大小 dat，范围为 0～30
{
  if(Music_Busy == 1)                       //播放器正在播放语音 Music_Busy = 0，否则为 1
  {
      unsigned char Table[10];
      Table[0]  =  0x7E;
      Table[1]  =  0xFF;
      Table[2]  =  0x06;
      Table[3]  =  0x06;                    //音量控制指令
      Table[4]  =  0x00;
```

```
        Table[5] = 0x00;
        Table[6] = dat;                    //音量大小控制
        DoSum(Table,7);                    //计算校验码
        Table[9] = 0xEF;                   //结束码
        Send_Hex(Table,10);                //发送指令数据
    }
}
//播放指定位置的 MP3 文件,dat 为 MP3 在 TF 存储器的位置
void Send_Appoint_Music(unsigned char dat)
{
    unsigned char Table[10];
    if(Music_Busy == 1)
    {
        Table[0] = 0x7E;
        Table[1] = 0xFF;
        Table[2] = 0x06;
        Table[3] = 0x03;                    //播放指定序号语音指令
        Table[4] = 0x00;
        Table[5] = 0x00;
        Table[6] = dat;
        DoSum(Table,7);                     //计算校验码
        Table[9] = 0xEF;                    //结束码
        Send_Hex(Table,10);                 //发送指令数据
    }
}
```

2.3.3 GPS 模块

单片机采用串口中断接收信息放到结构体中,其中接收的信息格式为:

$GPRMC,023543.00,A,2308.28715,N,11322.09875,E,0.195,,240213,,,A*78,各位数据的含义见前面描述。

代码如下:

```
//定义 SaveData 结构体来接收 GPS 模块的信息
typedef struct SaveData
{
    char GPS_Buffer[GPS_Buffer_Length];
    char isGetData;                        //是否获取了 GPS 数据
    char isParseData;                      //是否解析完成
    char UTCTime[UTCTime_Length];          //UTC 时间
    char latitude[latitude_Length];        //纬度
    char N_S[N_S_Length];                  //N/S
    char longitude[longitude_Length];      //经度
    char E_W[E_W_Length];                  //E/W
    char local_data[local_data_length];
    char isUsefull;                        //定位信息是否有效
    } xdata _SaveData;
//中断接收 GPS 模块的数据,并进行解析,放入结构体对应变量中
```

```
void parseGpsBuffer()
{
  char * subString;
  char * subStringNext;
  char i = 0;
  if (Save_Data.isGetData)
  {
    Save_Data.isGetData = false;
    for (i = 0 ; i <= 6 ; i++)
    {
      if (i == 0)
      {
        if ((subString = strstr(Save_Data.GPS_Buffer, ",")) == NULL)
          errorLog(1);                          //解析错误
      }
      else
      {
              subString++;
              if ((subStringNext = strstr(subString, ",")) != NULL)
              {
                  char usefullBuffer[2];
                  switch(i)
                  {
                  case 1:memcpy(Save_Data.UTCTime, subString, subStringNext -
                        subString);break;   //获取 UTC 时间
                  case 2:memcpy(usefullBuffer, subString, subStringNext -
                        subString);break;   //获取 UTC 时间
                  case 3:memcpy(Save_Data.latitude, subString, subStringNext -
                        subString);break;   //获取纬度信息
                  case 4:memcpy(Save_Data.N_S, subString, subStringNext -
                        subString);break;   //获取 N/S
                  case 5:memcpy(Save_Data.longitude, subString, subStringNext -
                        subString);break;   //获取经度信息
                  case 6:memcpy(Save_Data.E_W, subString, subStringNext -
                        subString);break;   //获取 E/W
                  default:break;
                  }
                  subString = subStringNext;
                  Save_Data.isParseData = true;
                  if(usefullBuffer[0] == 'A')
                      Save_Data.isUsefull = true;
                  else if(usefullBuffer[0] == 'V')
                      Save_Data.isUsefull = false;
                  }
                  else
                  {
                      errorLog(2);          //解析错误
                  }
    }
```

```
    }
  }
  //中断接收函数,实时介绍坐标信息
  void RECEIVE_DATA(void) interrupt 4 using 3
  {
    unsigned char temp = 0;
    char i = 0;
    ES = 0;
    RI = 0;
    temp = SBUF;
    if(temp == '$')
    {
      RX_Count = 0;
    }
    if(RX_Count <= 5)
    {
      gpsRxBuffer[RX_Count++] = temp;
    }
    else if(gpsRxBuffer[0] == '$' && gpsRxBuffer[4] == 'M' && gpsRxBuffer[5] == 'C')
    //确定是否收到"GPRMC/GNRMC"这一帧数据
    {
      gpsRxBuffer[RX_Count++] = temp;
      if(temp == '\n')
      {
        memset(Save_Data.GPS_Buffer, 0, GPS_Buffer_Length);           //清空
        memcpy(Save_Data.GPS_Buffer, gpsRxBuffer, RX_Count);          //保存数据
        Save_Data.isGetData = true;
        RX_Count = 0;
        memset(gpsRxBuffer, 0, gpsRxBufferLength);                    //清空
      }
      if(RX_Count >= 75)
      {
        RX_Count = 75;
        gpsRxBuffer[RX_Count] = '\0';                                 //添加结束符
      }
    }
  ES = 1;
  }
```

2.4 实验验证

在附近采样四个地点,把 GPS 坐标输入系统,当系统靠近四个地点时,MP3 模块自动播报预设的语音。系统实物图如图 E2-6 所示。

公交站测试系统
实时位置坐标
纬度 3.3800
经度 120.1939
1 2 3 M1
4 5 6 M2
7 8 9 M3
0 OK C M4
电源开关
KEY1
KEY2
KEY3
KEY4
BUZZER1

图 E2-6　系统实物图

项目三

倒车安全报警系统设计

项目导读

障碍物测距在一些机器人比赛、智能车比赛和车辆倒车预警中经常应用到，而超声波测距是障碍物测距常用的方法。本项目用超声波模块对障碍物测距后进行实时距离显示和声音预警，是一个常用的测试系统。项目中对硬件和软件进行细致的介绍，重点、难点分析透彻，项目难度中等，适合初学者学习。

知识目标	理解超声波测距原理、OLED 显示原理和 MP3 播放流程
技能目标	会发送/接收超声波测距信号，会根据接收数据计算障碍物距离，会用 OLED 屏显示汉字和 ASCII 数字，能用 MP3 播放指定语音
教学重点	超声波测距的工作原理和实现算法，OLED 的显示原理与显示算法，MP3 播放的数据格式
教学难点	超声波的安全距离设定和判断方法，蜂鸣器随距离变化引起的鸣响频率变化算法
建议学时	4 学时
推荐教学方法	先讲解原理，再进行实验，接着对算法进行分析
推荐学习方法	看懂原理，利用开发板进行实验，并修改参数进行练习，最终掌握所有知识点

3.1 研究内容

本项目设计是倒车安全报警系统，主控芯片为 IAP15F2K61S2 单片机，超声波模块检测单片机与障碍物之间的距离，主控芯片在接收到距离信息后，通过 OLED 显示出来，如果检测到距离超过所设的距离，则语音报警提示：“倒车，请注意！”，蜂鸣器“滴滴”报警，距离越近，“滴滴”声越急。

3.2　系统方案设计

3.2.1　方案结构

倒车安全报警系统包括单片机最小系统、超声波测距模块、独立按键、OLED屏、语音播报模块、蜂鸣器、电源电路、复位/晶振电路等，如图E3-1所示。

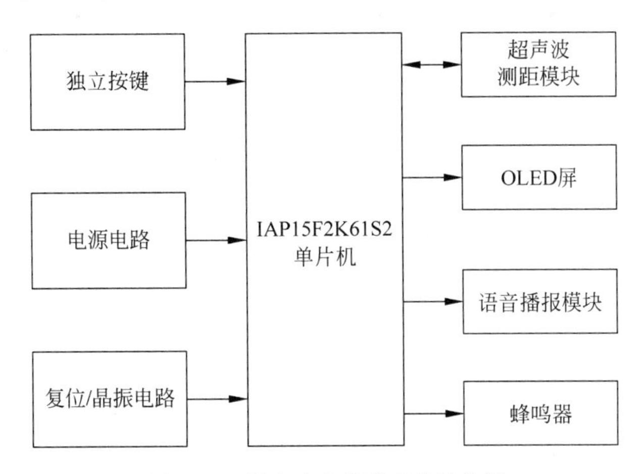

图E3-1　倒车安全报警系统结构图

3.2.2　测距方案设计

倒车安全报警系统需要检测单片机和障碍物之间的距离，有两种测量方案。

方案一：激光测距。激光测距的原理是测距仪发射激光后接触被测物体，再将其反射回来。测距仪记录激光返回时间，将花费时间的1/2乘以光速来计算距离。其优点是激光测量距离长，速度快，测量准确；缺点是成本高。

典型的激光测距方法是脉冲激光测距，其原理如图E3-2所示。激光发射系统首先发射出一个持续时间较短的脉冲信号，经过所需要测定的距离L后，经由待测目标物体反射，反射回来的激光信号由激光接收系统中的光电探测器接收，再由计时电路计算激光发射和接收的时间间隔，进而得出所测距离L。

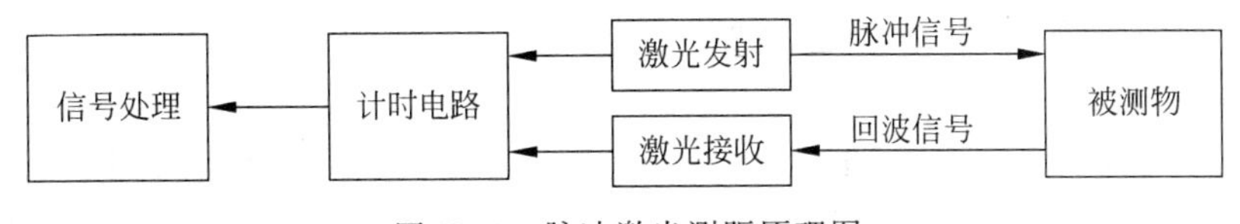

图E3-2　脉冲激光测距原理图

方案二：超声波测距。超声波以速度v由发射器发出后，在空气中传播，到达被测物后返回，经由接收器接收，整个过程所需要的时间为t，从发射到返回的总路程为所测距离数据的2倍，于是根据运动学知识得到待测距离$L=vt/2$。

超声波发送电路的主要元器件为压电式超声波换能器,换能器内部有两个压电晶片和一个换能板,当两级外加脉冲信号,频率相当于压电晶片的固有振荡频率时,压电晶片发生共振,带动共振板振动超声波,此时就是一个超声波发生器。反之,未外加电压,共振板接收到超声波时,会压迫压电晶片共振,这时就成为超声波接收换能器。超声波发射电路原理如图 E3-3 所示。

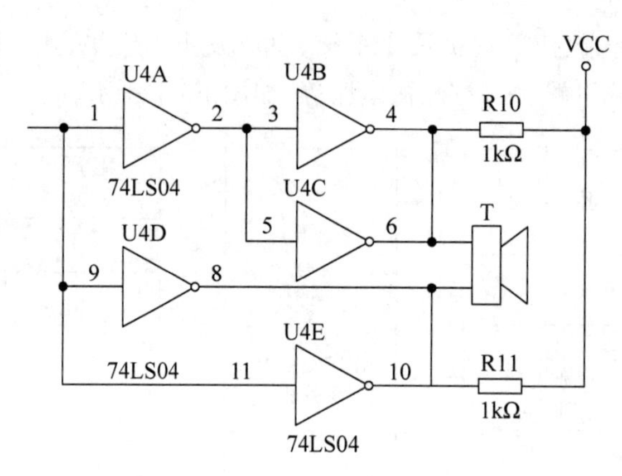

图 E3-3　超声波发射电路原理图

3.3　硬件电路设计

项目整体电路图如图 E3-4 所示。

3.3.1　主控芯片模块

本方案主控芯片采用 IAP15F2K61S2 单片机,该单片机能很好地与各模块进行联系,为设计提供简单实用的方案;同时 IAP15F2K61S2 具有性能高、成本低、功耗低的特点,并自带仿真功能,适合初学者使用。

3.3.2　超声波模块

超声波测距模块在倒车安全报警系统中的作用相当于人的眼睛,当它检测到障碍物时,便将测距模块与障碍物之间的距离信息传递给单片机,并做相应的处理。此外,超声波测距方式具有较高的灵敏性、精准性和抗干扰性。

1. *超声波测距介绍*

超声波是一种频率高于 20kHz 的声波,它具有频率高、波长短、衍射现象小、方向性好等特点。由于超声波具有方向性强、能耗低、在介质中传播距离长等特点,所以它常被用于距离测量,如基于超声波测距原理的测距仪和相关测量仪器。此外,超声波测距快速、方便、简单,易于实现实时控制,数据更准确,因此超声波测距法在许多领域都得到了广泛应用。

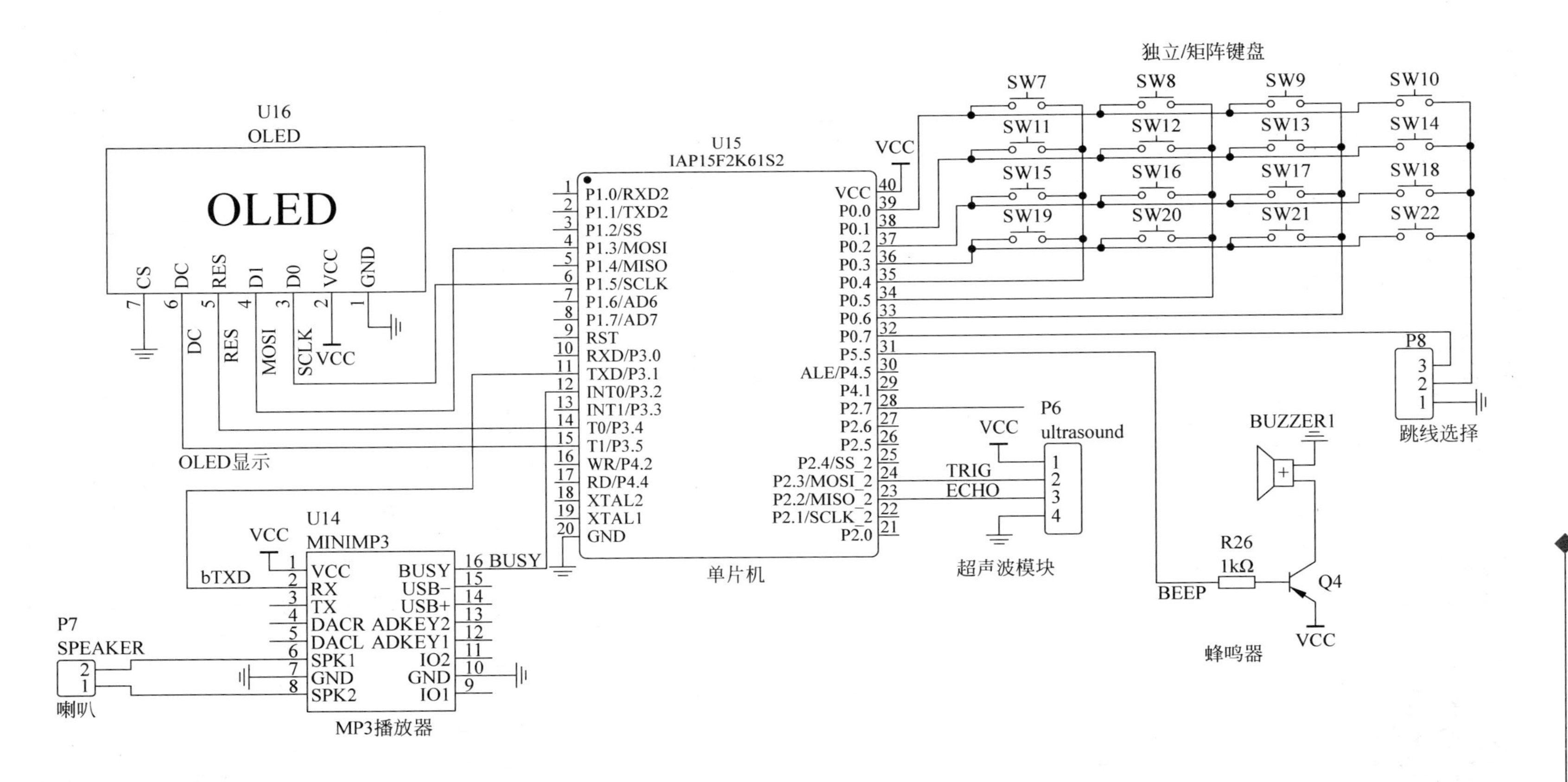

图 E3-4　项目整体电路图

图 E3-5 超声波测距模块(HC-SR04)

超声波测距的工作方式与蝙蝠的辨别方式相同,即通过发射器发射超声波,超声波在空气中传播时遇到被测物会被反弹回来,再由接收器接收,确定往返的时间后,通过运动学知识计算超声波在这段时间里的运动路程,从而得到所需数据,数据精准可靠。图 E3-5 是常见的超声波测距模块(HC-SR04)。

2. *超声波测距工作原理*

超声波测距的原理是利用超声波在空中的传播速度,测量声波在发射后遇到障碍物返回的时间,根据发送与接收的时间差,计算出发射点到障碍物的实际距离。

超声波测距原理如图 E3-6 所示。

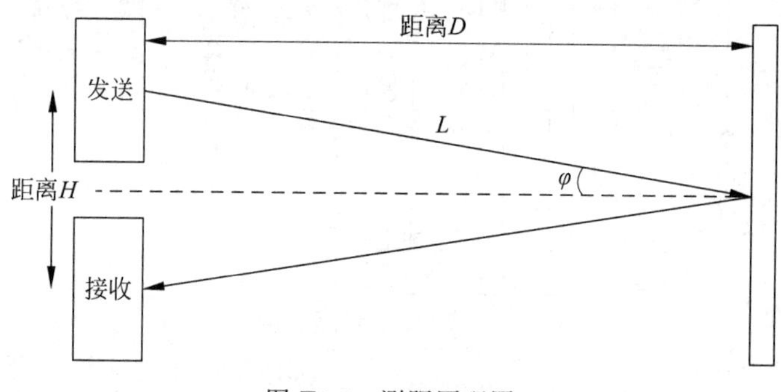

图 E3-6 测距原理图

图中,距离 H 为两超声波换能器的中心距离,距离 D 为实际待测距离。据图 E3-6 可得

$$D = L\cos\varphi = L\cos[\arctan(H/2L)] \tag{E3-1}$$

在一个来回中,超声波所经过的路程为

$$2L = vt$$

式中,v 为超声波的传播速度(即声速),t 为超声波的传播时间。

通常 $D >> H$,近似可得

$$D \approx L = vt/2$$

超声波发射属于定向发射,所以它具有很好的指向性,发射的强度非常容易调节,测量精确度较高,现在已经在多个领域广泛应用。

3.3.3 独立按键模块

按键模块在系统中占据着重要的地位,分为独立键盘和矩阵键盘,可以根据具体需要来选择。本系统中只需三个按键,所以选择独立按键,其中两个按键用于调节设定距离数值的大小,另一个按键确认设定结果,并开始测距。

在本系统中,通过跳线帽把矩阵键盘改成独立键盘使用,即把 P8 的 1,2 引脚短路。

三个键的功能分配如下:M1(SW10,增加设定距离)、M2(SW14,减小设定距离)、M3(SW18,开始工作),如图 E3-7 所示。

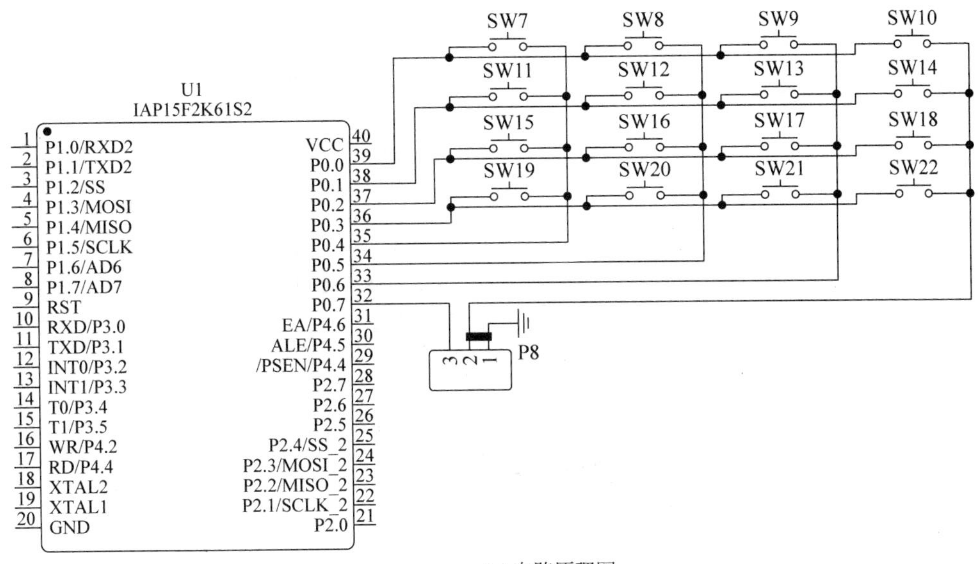

(a) 电路原理图

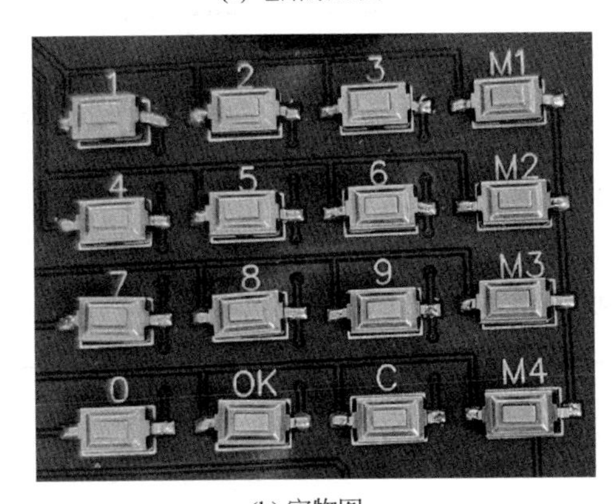

(b) 实物图

图 E3-7　独立按键图

3.4　软件系统设计

3.4.1　主功能模块设计

按下开机键，系统初始化，通过电路板上的按键(M1、M2)设置好报警距离，按下确定键(M3)，超声波模块开始测距，检测到的数据送给单片机，单片机判断距离数据是否达到预先设定的报警距离。

如果判断出数据超过设定值，则发出指令给语音/蜂鸣器报警，同时在 OLED 显示屏上将距离数据显示出来。如果没超过设定距离，语音模块不执行报警操作，直接将距离数据显示在显示屏上。

以此模拟一个倒车安全报警系统，解决倒车时出现盲视角的问题，程序主流程如图E3-8所示。

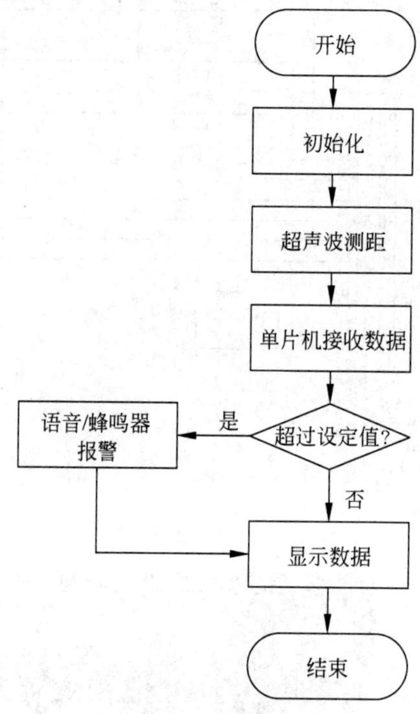

图 E3-8　程序主流程

根据以上分析和流程设计，主功能程序代码如下：

```
#include "reg51.h"
#include "intrins.h"
#include "oled.h"
#include "bmp.h"
typedef unsigned char BYTE;
typedef unsigned int WORD;
#define FOSC 11059200L              //系统频率
#define BAUD 9600                   //串口波特率
#define TM (65536 - (FOSC/4/BAUD))
sfr T2H = 0xD6;                     //定义 T2 的 TH2 寄存器
sfr T2L = 0xD7;                     //定义 T2 的 TL2 寄存器
sbit BEEP = 0xC8^5;
sfr AUXR = 0x8E;
sbit Music_Busy = P3^2;             //定义 MP3 播放状态引脚
void main()
{
/************************* 初始化设置 ************************************/
SCON = 0x50;
TMOD = 0x11;
TH0 = 0;
```

```
TL0 = 0;
AUXR = 0x80|0x40|0x14|0x01|0x10;
/* 0x80 设置定时器/计数器 T0 为 1T 模式,0x01 设置定时器/计数器 T2 为波特率发生器,
0x40 是定时器/计数器 T1 为 1T 模式, 0x10 启动定时器/计数器 T2 */
T2L = TM;
T2H = TM >> 8;                 //设置波特率 9600
TL1 = 0x30;
TH1 = 0xF8;
TR1 = 1;
ET0 = 1;                       //允许 T0 中断
ET1 = 1;                       //允许 T1 中断
EA = 1;
/************************ 初始化设置 ********************************/
Send_Appoint_Sound(Sound);
OLED_Init();                   //初始化 OLED
OLED_Clear();
BEEP = 1;
OLED_ShowCHinese(0,0,0);       //显示字符"超"
OLED_ShowCHinese(18,0,1);      //显示字符"声"
OLED_ShowCHinese(36,0,2);      //显示字符"波"
OLED_ShowCHinese(54,0,3);      //显示字符"测"
OLED_ShowCHinese(72,0,4);      //显示字符"距"
OLED_ShowCHinese(90,0,5);      //显示字符"系"
OLED_ShowCHinese(108,0,6);     //显示字符"统"
disbuff[0] = BJS/1000;         //将距离数据拆成单个位赋值
disbuff[1] = BJS % 1000/100;
disbuff[2] = BJS % 1000 % 100/10;
disbuff[3] = BJS % 1000 % 100 % 10;
OLED_ShowChar(0 + 12,2,ASCII[disbuff[0]]);       //转化为 ASCII 码字符
OLED_ShowChar(18 + 12,2,ASCII[disbuff[1]]);      //转化为 ASCII 码字符
OLED_ShowChar(36 + 12,2,ASCII[disbuff[2]]);      //转化为 ASCII 码字符
OLED_ShowChar(54 + 12,2,ASCII[disbuff[3]]);      //转化为 ASCII 码字符
OLED_ShowString(76 + 12,2,"mm");                 //显示 mm
while(1)
{
/******************* 以下为独立按键调节和显示报警距离 *****************/
    key = GetKey();                              //读取按键值
    if(key)
    {
      if(key == 1)                               //增加按钮被按下
      {
        BJS += 100;                              //报警距离增加
      }
        else if(key == 2)                        //减少按钮被按下
      {
        if(BJS > 0)
        {
          BJS -= 100;                            //报警距离减少
        }
```

```
        }
        else if(key == 3)
        {
          break;
        }

    disbuff[0] = BJS/1000;            //将距离数据拆成单个位数值进行显示
    disbuff[1] = BJS % 1000/100;      //显示千位数
    disbuff[2] = BJS % 1000 % 100/10;  //显示百位数
    disbuff[3] = BJS % 1000 % 100 % 10; //显示个位数
    OLED_ShowChar(0 + 12,2,ASCII[disbuff[0]]);
    OLED_ShowChar(18 + 12,2,ASCII[disbuff[1]]);
    OLED_ShowChar(36 + 12,2,ASCII[disbuff[2]]);
    OLED_ShowChar(54 + 12,2,ASCII[disbuff[3]]);
    OLED_ShowString(76 + 12,2,"mm"); //显示 mm
    }
/****************** 以上为独立按键调节和显示报警距离 ********************/
}
while(1)                              //主功能代码
{
    while(!RX);                       //等待超声波模块收到回波信号,高电平有效
/* 当上次接收完波后,RX 引脚是低电平,反复判断 RX 状态.当 RX 接收到返回波时是高电平,此
while 不成立,跳出 */
    TR0 = 1;                          //开启计数
    while(RX);                        //等待传输结束
/* 程序判断 RX 状态,当 RX 接收到返回波结束信号,RX 引脚变为低电平,跳出,
RX 从高到低之间的时间就是超声波模块发送信号到碰到障碍物返回信号的时间 */
    TR0 = 0;                          //传输结束,停止计数
    Conut();                          //计算与障碍物的距离
    }
}
```

3.4.2 报警距离的设定原理

函数功能:通过 addKey 实现报警距离的增加,reduceKey 实现报警距离的减少,实现距离的修改和显示。

程序流程如图 E3-9 所示。

程序代码如下:

```
if(!addKey)                     //判断增加按键 M1 按下
{
  delay(5);                     //消抖动
  if(!addKey)
  {
    delay(200);
    while(!addKey);             //等待按键释放
    return 1;                   //返回键值
```

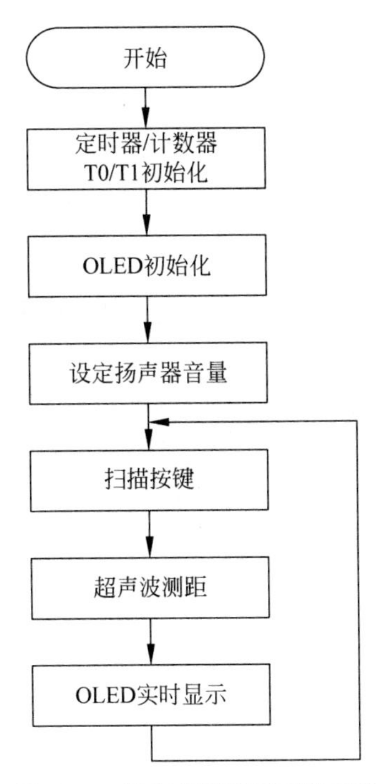

图 E3-9　设定报警距离工作流程

```
      }
    }
    if(!reduceKey)                //判断减少按键 M2 按下
    {
        delay(5);                 //消抖动
        if(!reduceKey)
        {
            delay(200);
            while(!reduceKey);    //等待按键释放
            return 2;             //返回键值
        }
    }
    if(!workKey)                  //判断确认按键 M3 按下
    {
      delay(5);                   //消抖动
      if(!workKey)
      {
        delay(200);
        while(!workKey);          //等待按键释放
        return 3;                 //返回键值
      }
    }
      //比较设定值与实测超声波距离
      if((S > BJS) || flag)       //超出测量范围
      {
```

```
            BEEP = 1;                        //蜂鸣器关闭
            flag = 0;
            S = 0;
            bell_times = 0;
            bell_flag = 0;
        }
        else
        {
            if(S <= BJS)                     //距离小于报警距离
            {
                bell_flag = 1;
                bell_times = S/2;            //距离越短,报警声响的频率越快
                if(S <= BJS)                 //小于报警距离
                {
                  Send_Appoint_Music(21);  //语音报警,"倒车,请注意!"
                }
            }
    }
```

3.4.3 距离计算与显示

HC-SR04是一种集成的超声波测距模块,有效测量距离为2～400cm,理论精度可达到3mm。它利用超声波发射器向某一方向(测量角度:15°)发射8个40kHz的方波信号,超声波在空气中传播时碰到障碍物即返回,超声波接收器收到回波信号后立即通过I/O口ECHO输出一个高电平,单片机检测到ECHO端口高电平后即启动定时器/计数器,直到高电平结束。这个高电平的持续时间就是超声波从发射到接收的往返时间差Δt,超声波在空气中的传播速度为v,就可以计算出发射点距障碍物的距离s。

单片机定时器设定每800ms启动一次超声波模块,设置Trig为高电平(程序设定Tx=1),并延时一段时间;单片机不断检测超声波的接收端ECHO(测序检测RX),当收到高电平时启动定时器/计数器T0,并开始计时,直到高电平结束。超声波的测量距离等于高电平信号输出时间乘以声速除以2。

取出定时器/计数器T0中的计数值TH0和TL0,即为往返时间,用下列方式进行计算:

已知声音在空气中的传播速度为340m/s,距离=速度×时间,距离单位为cm;

距离=340×time/1000000

优化公式得:3.4×time/100,因为超声波是往返了,所以再除以2,得到距离

最终公式,距离=(time×1.7)/100。

程序代码如下:

```
time = TH0 * 256 + TL0;                    //读出定时器/计数器T0的计时数值
TH0 = 0;                                   //清空计时器
TL0 = 0;                                   //清空计时器
S = (time * 1.7)/100;                      //算出来单位为cm
//声音的速度是340m/s,时间的单位是μs,计算到单位秒需要将时间数据/1000000
//距离 = 速度 × 时间,340 × time/1000000,距离数据单位m转换成cm需要乘以100得到340 ×
time/10000
```

```
//小数点都向左移两位得到 3.4 × time/100,因为超声波是往返了,所以再除以 2,得到距离数据
(time × 1.7)/100
disbuff[0] = S/1000;                         //将距离数据拆成单个位赋值
disbuff[1] = S % 1000/100;                   //拆成百位数
disbuff[2] = S % 1000 % 100/10;              //拆成十位数
disbuff[3] = S % 1000 % 100 % 10;            //拆成个位数
OLED_ShowChar(0 + 12,2,ASCII[disbuff[0]]);   //转成 ASCII 码
OLED_ShowChar(18 + 12,2,ASCII[disbuff[1]]);  //显示百位数
OLED_ShowChar(36 + 12,2,ASCII[disbuff[2]]);  //显示十位数
OLED_ShowChar(54 + 12,2,ASCII[disbuff[3]]);  //显示个位数
OLED_ShowString(76 + 12,2,"mm");             //显示 mm
```

3.5 系统测试

倒车安全报警系统组成包括超声波测距模块(HC-SR04)、OLED 显示模块、蜂鸣器、MP3 播放器,实物如图 E3-10 所示。

图 E3-10　倒车报警系统实物图

开机后,通过调节右下角的三个按键(M1、M2、M3),其功能为"M1 增加""M2 减少""M3 确认"。通过操作按键,设定报警距离,初始设定状态为 1500mm。

超声波测距开始后,随着倒车开始,超声波测距模块不断地测量距离,并将测量到的数据传递给单片机,单片机与设定报警距离判断,并把数据传递给 OLED 显示,当测距模块与障碍物间的距离小于设定报警距离时,蜂鸣器"滴滴"声响起,MP3 模块播报语音:"倒车,请注意!",测量距离越小,"滴滴"声频率越高,如图 E3-11 所示。

图 E3-11 测量过程图

项目四

手机短信定时控制系统设计

项目导读

远程控制设备可以分两种方式：一种是通过网络流量的通信方法，需要 TCP/IP 协议和复杂的通信接口，比如 WiFi、GPRS 通信的应用，这类通信常需要编写配套程序或 App；另一类是 SIM800A 短信控制，不需要额外程序或 App，手机发送短信就可以控制，实现过程相对简单。为了让读者既掌握远程控制方法，又不用学习复杂的编程方法，本项目精选了 SIM800A 模块进行短信控制实验。学完本项目后，只需改动较少电路，即可轻松设计家用电器的手机控制方案。本项目对 SIM800A 的工作原理及单片机工作流程进行了详细解析，适合各种基础的读者学习。本项目难度较低，是物联网的入门技术，非常值得学习。

知识目标	理解 SIM800A 模块工作原理，了解 SIM800A 常用 AT 指令，会编程进行短信收发操作
技能目标	能对 SIM800A 进行初始化操作，会通过 SIM800A 收发短信，学会指示灯延时点亮和预约点亮指示灯的控制流程
教学重点	SIM800A 模块应用方法，定时器设计延时和预约功能程序，SIM800A 初始化的相关 AT 指令
教学难点	短信定时和预约的控制流程
建议学时	4 学时
推荐教学方法	先讲解 SIM800A 原理和初始化流程，并分析定时和预约功能代码，再进行实验，最后对代码细节进行分析和讲解
推荐学习方法	看懂 SIM800A 原理，明白其初始化流程，通过在开发板是进行实验，修改实验参数或改变工作流程进行练习，最终掌握所有知识点

4.1 方案设计

4.1.1 远程控制方案

常见的远程控制方案可采用以下四种。

方案一：采用红外遥控方式进行远程控制。红外遥控的理论控制距离只有 10m 左右；此方案价格低，外围电路简单，但在通信范围内遇到障碍物会影响到通信质量。

方案二：采用 315M/433M 模块进行无线控制，其广泛地应用在车辆监控、遥控、遥测等方面。315M/433M 无线模块具有宽电压供电的优势，在 3～12V 内都可以使用，传输距离能达到 800m 左右。

方案三：采用 WiFi 设备进行通信。WiFi 是近年来流行的通信技术，WiFi 进行网络传输，可不受距离限制，只需 WiFi 设备接入互联网即可；但这种通信方式必须有中转服务器，才能实现远程通信。此方案技术复杂，且租用服务器价格昂贵。

方案四：采用 SIM800A 模块进行远程控制，只需插上移动卡，即可在有移动网络的地方收发数据。此方案不受距离限制，只要有移动信号的地方，编辑短信就可以实现对家电等设备的控制。本项目针对此方案进行设计。

4.1.2 设计方案

本设计由 IAP15F2K61S2 单片机、GSM 模块、OLED 显示屏、指示灯、蜂鸣器和电源电路设计而成。系统结构如图 E4-1 所示。

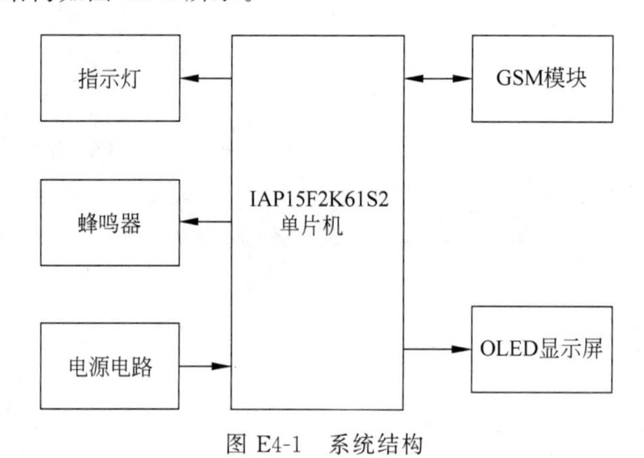

图 E4-1 系统结构

4.1.3 主要硬件选型

SIM800A 模块集成了基带处理芯片，可完成网络通信，且内部自带射频处理功能，不需其他电路集成射频功能。SIM800A 有独立操作系统，不需在单片机程序中进行复杂控制，只要发送 AT 指令即可完成对 SIM800A 模块控制。SIM800A 模块有 SMS 短信收发功能，可完成短信的收发，其模块实物图如图 E4-2 所示，其模块参数如表 E4-1 所示。

1. 模块参数

表 E4-1 SIM800 模块参数表

通信接口	LVTTL 串口，支持 3.3V 和 5V 系统； RS-232 电平串口，支持 RS-232 串口系统； 支持 AT 命令控制（GSM07.07，07.05 以及 SIMCOM 增强 AT 命令集），支持 1200～115 200b/s 范围的通信速率（默认自动波特率检测）
GSM 天线接口	IPX mini 接口、SMA 直插型、自带高性能天线

续表

BT 天线接口	IPX mini 接口(预留焊盘,未焊接)
供电接口	VCC 接口:2.54mm 排针,5～18V
SIM 卡接口	MICRO SIM 卡翻盖型卡座
功耗	正常工作电流约为 200mA
工作温度	－40～＋85℃

图 E4-2　SIM800A 模块实物图

2. 常用 AT 指令

常用 AT 指令如下:

AT + CSQ
AT + CSQ
+ CSQ: 23,0
OK
	//信号质量查询
	// 模块开机后注册网络前,请先查询修改指令
	// 参数 1:RSSI,参数 2:ber

AT OK	// 测试串口通信是否正常
AT + CPIN? + CPIN: READY OK	// 查询是否检测到 SIM 卡
AT + CMGF 选择短信格式 AT + CMGF = ? + CMGF: (0,1) OK	// 0(默认):PDU 模式 1:文本模式
AT + CSCS 编码设置 AT + CSCS = ? + CSCS: ("IRA","GSM","UCS2","HEX","PCCP","PCDN","8859 - 1") OK	// 短信相关常用主要是 GSM、UCS2 编码格式
AT + CMGD 删除短信 AT + CPMS? + CPMS: "SM",4,50,"SM",4,50,"SM",4,50 OK AT + CMGD = 1	// 查询 SIM 卡短信存储数量 // 删除其中的某一条短信

```
OK
AT + CPMS?
 + CPMS: "SM",3,50,"SM",3,50,"SM",3,50
OK
```

AT 指令设置 AT+CNMI 新消息指示，见表 E4-2。

表 E4-2 AT+CNMI 新消息指示设置

指令	命　令	命令回复	功能备注
AT + CNMI	AT + CNMI = 0,0,0,0,0		模块接收到新消息没有任何信息上报
	AT + CNMI = 2,1,0,0,0 默认参数	" + CMIT:"SM",3"	新消息指示，表示有一条新消息存储在 SIM 卡第三条记录
	AT + CNMI = 2,2,0,0,0	+ CMT:"13227700058","","11/10/04,12:59:53 + 32"123	收到"13227700058"发来的新消息：123，该新消息没有存储
	AT + CNMI = 2,1,0,1,0 AT + CSMP = 49,167,0,241 短信回执	+ CDS: 32, 7," 13227700058", 129," 11/10/04, 13: 02: 28 + 32"," 11/10/04, 13: 02: 33 + 32",0	短消息中心在"11/10/04,13:02:28+32"时收到了本号码发给"13227700058"的消息，"13227700058"手机在"11/10/04,13: 03: 33+32"时收到了本号码发出的短消息

4.2 硬件电路设计

图 E4-3 为系统完整电路，包括 SIM800A 模块、OLED 电路、发光二极管、蜂鸣器电路等，单片机通过 SIM800 模块可以收发短信，进而控制发光二极管和蜂鸣器，单片机并通过 OLED 显示控制信息。

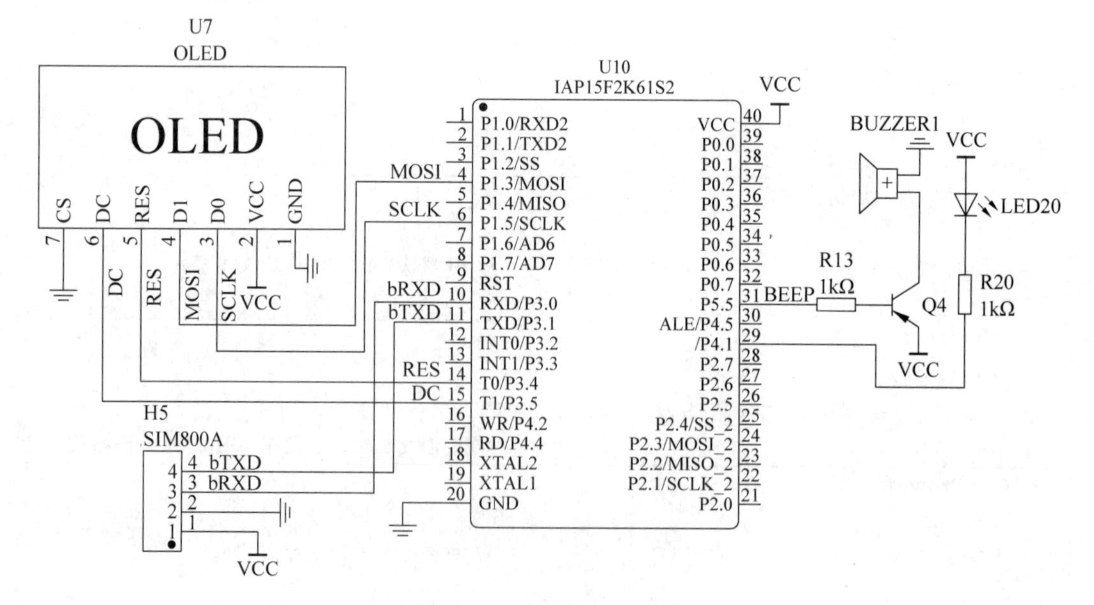

图 E4-3 系统完整电路图

4.3 软件设计

本项目要实现的功能：使用手机短信控制开发板上的 LED 灯，可实现定时开关灯和立即开关灯，模拟远程控制家用电器。

本项目的整体流程图如图 E4-4 所示。

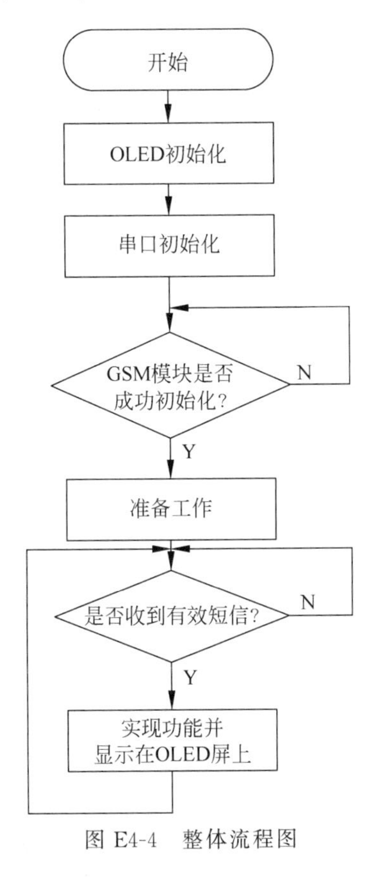

图 E4-4　整体流程图

本项目的程序主要有三个部分，即串口接收分析数据、解析短信指令并做出动作以及主函数实现全部功能，下面对这三部分代码进行介绍。

1. 串口接收分析数据

代码如下：

```
/*串口中断函数*/
void RECEIVE_DATA(void) interrupt 4   //串口中断,接收 GPS 发来的数据
{
  u8 Temp = 0;
  ES  =  0;                           //关串口中断,保证数据接收的准确性
  RI  =  0;                           //清接收中断标志位
  Temp  =  SBUF;                      //保存数据
  GetCommand_flag = 0;
```

```
    if(Temp == '$'){  //根据短信控制指令独特的$符号确认接收,并保存全部指令用以判断操作
        RX_Count = 0;  //确认是控制指令,则将记录位清0,用以保存完整的指令
      GSMRxBuffer[RX_Count++] = Temp;
    }else if(GSMRxBuffer[0] == '$'){
      GSMRxBuffer[RX_Count++] = Temp;
      if(Temp == ';'){                  //根据短信控制指令的结束符,用以确认结束
      memcpy(GSM_Command,0,SIZEBUF); //将待保存指令的数组清空
      memcpy(GSM_Command,GSMRxBuffer,RX_Count);
                                  //将获取的指令全部复制到GSM_Command中,减少出错率
      RX_Count = 0;               //接收到一次指令便将记录各数清0,以待下一次接收
      GetCommand_flag = 1;        //获取指令标志位置1,确认主程序中可以进入执行相关操作
      Clear_flag = 0;             //每一次获取指令后才可进行清屏,避免频闪
          }
      }
      ES = 1;                     //开启串口中断,准备下一帧数据接收
}
```

串口中断函数主要根据短信的‘$’起始帧判断是否为控制指令,如果是则保存待解析,如果不是则不做动作。

2. 解析短信指令并做出动作

代码如下:

```
void ParseGSMData()
{
  if(GetCommand_flag == 1){          //如果收到短信控制指令
    GetCommand_flag = 0;             //将获取指令标志位清0,避免多次循环,提高效率
    if(GSM_Command[3] == 'N') {//为TON或TFN则立即判断第二个字母做出动作
        switch(GSM_Command[2]) {//根据O或F,记录小灯状态位并显示对应的模式
            case'O':Status = ON;Display(1);break;
            case'F':Status = OFF;Display(2);break;
            default:break;
            }
    }else{   //如果收到指令且不是立即开关灯,则为定时开关灯
        GetCommand_flag = 0;          //将获取指令标志位清0,避免多次循环,提高效率
        Countdown_flag = 1;           //倒计时标志位置1
        Hour = ((GSM_Command[3] - '0') * 10 + (GSM_Command[4] - '0'));   //记录小时、分钟与秒
        Min = ((GSM_Command[6] - '0') * 10 + (GSM_Command[7] - '0'));
        Sec = ((GSM_Command[9] - '0') * 10 + (GSM_Command[10] - '0'));
        Countdown = Hour * 3600 + Min * 60 + Sec;   //计算出总秒数
    }
  }
  if(Countdown_flag)
    Display_Countdown();              //显示定时开关灯的对应内容
}
/* 显示定时开关以及倒计时 */
voidDisplay_Countdown()//显示倒计时
{
    Countdown_Table[0] = Countdown/3600/10 + '0';   //将计算出的倒计时值转换成字符保存
    Countdown_Table[1] = Countdown/3600 % 10 + '0';
```

```
        Countdown_Table[2] = ':';
        Countdown_Table[3] = Countdown % 3600/60/10 + '0';
        Countdown_Table[4] = Countdown % 3600/60 % 10 + '0';
        Countdown_Table[5] = ':';
        Countdown_Table[6] = Countdown % 3600 % 60/10 + '0';
        Countdown_Table[7] = Countdown % 3600 % 60 % 10 + '0';
        if(Countdown!= 0){
            //倒计时不为 0 时,指令为 TO 则显示定时开灯以及倒计时,为 TF 则显示定时关灯
            switch(GSM_Command[2]) {
                    case'O':Display(3);OLED_ShowString(54,4,Countdown_Table);break;
                    case'F':Display(4);OLED_ShowString(54,4,Countdown_Table);break;
                    default:break;
                }
        }
        if(Countdown == 0){//倒计时为 0 时,指令为 TO 则打开 LED 灯,为 TF 则关闭 LED 灯,并显示倒
//计时 00:00:00,稍做延时后清屏
            switch(GSM_Command[2]) {
                    case'O':Status = ON;OLED_ClearS();Display(1); break;
                    case'F':Status = OFF;OLED_ClearS();Display(2); break;
                    default:break;
                }
            Countdown_Table[6] = '0';     //倒计时为 0 时,需要对最后两位进行单独赋值显示
            Countdown_Table[7] = '0';
            OLED_ShowString(54,4,Countdown_Table);
            Countdown_flag = 0;           //倒计时标志位清 0
            delay_ms(100);                //延时 100ms 清第三行 OLED 屏
            OLED_ClearT();
        }
    }
```

本部分串口分析短信指令代码则根据具体指令格式做出相应操作。短信控制指令有四种模式:

$TON;为立即打开 LED 灯,显示开灯

$TFN;为立即关闭 LED 灯,显示关灯

$TOxx:xx:xx;为 xx:xx:xx 时间后打开 LED 灯,显示定时开灯

$TFxx:xx:xx;为 xx:xx:xx 时间后关闭 LED 灯,显示定时关灯

3. 主函数实现全部功能

代码如下:

```
void main()
{
    OLED_Intial();                      //OLED 屏初始化
    UART_Timer0_Intial();               //定时器与串口初始化
    GSM_Intial();                       //GSM 模块初始化
    OLED_ShowString(0,2," ready! ");    //显示准备好工作了
    while(1)
    {
```

```
            ParseGSMData();             //解析短信指令
            Led = Status;               //小灯获取状态
        }
    }
    /* 定时器/计数器 T0 中断,用于倒计时计算,1s 清除一次标志位 */
    void time0() interrupt 1            //50ms 中断
    {
        if(Countdown_flag){
                Timer_flag++;
                if(Timer_flag > 19)     //1s 清除一次标志位,并将定时时间减 1s
                {
                    Timer_flag = 0;
                    Countdown -- ;
                }
        }
    }
```

主函数包含对 OLED 的初始化、串口的初始化、定时器的初始化以及 GSM 模块的初始化,GSM 的初始化即将上节所讲指令通过串口发送给 GSM 模块便可完成。定时器中断则是每进入 20 次记录为 1s,然后将 Countdown 倒计时值减 1,做到 OLED 屏的实时变化。而 LED 开启或关闭则是通过 Status 状态位获取的,无需每次变化都对 LED 赋值,更加方便。

4. 实验现象(图 E4-5)

(a) 初始化界面　(b) 立刻开灯　(c) 定时开灯

(d) 定时关灯　(e) 手机指令及回执短信

图 E4-5　GSM 模块工作流程图

项目五

WiFi远程刷卡控制系统设计

项目导读

通过 WiFi 进行远程通信是目前比较热门的技术，设备接入无线路由器后可以把数据传输到远程服务器，在一些需要远程数据传输的项目中经常会用到。RFID 刷卡操作也经常出现在门禁、停车场进出和商场会员卡消费场合，应用范围较广，使用价值高。本项目把 WiFi 数据传输技术和 RFID 刷卡技术进行结合，通过单片机把 RFID 刷卡数据进行显示，并上传到远程服务器，适合消费数据远程传输的场合。本项目中对 WiFi 模块和 RC522 模块原理及单片机工作流程进行详细解析，适合各种基础的读者学习。该项目难度虽然中等偏上，但应用场合较多，非常值得学习。

知识目标	理解 WiFi 模块工作原理、RFID 工作原理和 MCU 间的通信协议
技能目标	理解 TCP/IP 协议，能应用 WiFi 模块传输数据；掌握 RFID 读卡原理，理解 RFID 的数据读入/读出流程；掌握 MCU 间通信方法
教学重点	WiFi 模块应用方法，RFID 读卡/写卡原理，MCU 间通信协议
教学难点	TCP/IP 协议应用，RFID 读卡/写卡原理
建议学时	6 学时
推荐教学方法	先讲解 RFID 卡的读/写原理和 WiFi 的初始化流程，并分析核心代码，再进行实验，最后对主要代码进行分析和讲解
推荐学习方法	看懂 RFID 卡的读/写原理和 WiFi 模块的初始化流程，在开发板上进行实验，修改实验参数或改变工作流程进行练习，最终掌握所有知识点

5.1 方案设计

5.1.1 设计内容

利用单片机、WiFi 模块、OLED 显示模块、按键电路、数码管等和服务器端程序组成远程刷卡消费系统。客人在某个店铺消费时，对于消费地点和服务台不在同一区域内，客人在消费地点刷卡时,消费数据自动通过网络发送到远端服务台计算机上。

5.1.2 设计方案

本项目需要客户端和服务器端。客户端是一个以单片机为核心,辅以外围电路和相关模块的开发板。服务器端是运行在 Windows 系统上的应用程序。

客户端需要刷卡部分完成对 RFID 卡的操作,按键部分完成金额的输入,显示部分消费数据,WiFi 模块完成消费数据的传送。

服务器端的应用程序,选择 Visual Basic 语言完成通信、查询、保存等功能。

5.1.3 系统框架

MCU2 在矩阵键盘上输入充值/消费数据,并在 OLED 屏上显示充值/消费数据,再将充值/消费数据传输到 MCU1 中。MCU1 在数码管上显示充值/消费数据,并根据充值/消费数据对 RFID 进行读/写卡操作,一方面把 RFID 卡的余额数据发送到 MCU2 的 OLED 显示,另一方面通过 WiFi 模块传输到远程服务端系统中进行显示和存储。

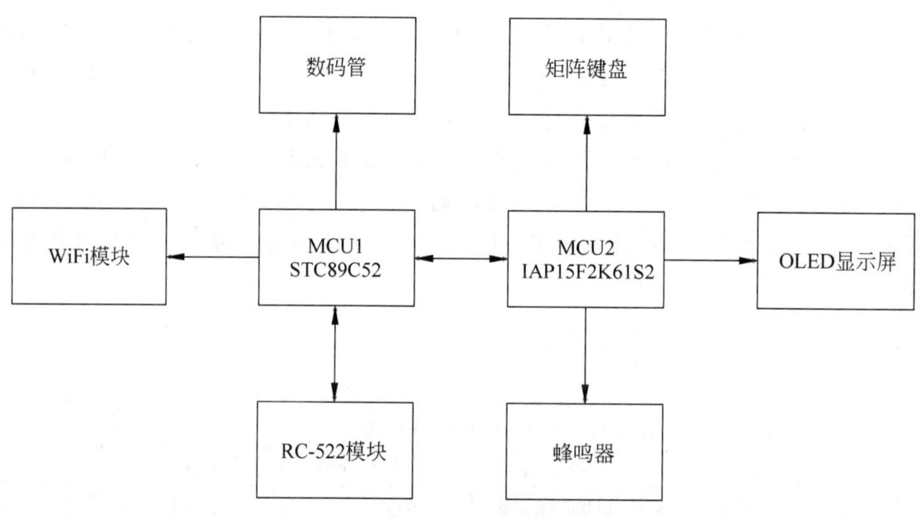

图 E5-1 系统结构框图

5.1.4 主要硬件选型

1. WiFi 模块

ATK ESP8266 是一款串口 WiFi 模块,广泛应用于物联网领域,具有能耗低、烧写固件方便、传输数据快、支持 AT 语言、体积小、价格便宜等特点。

单片机通过串口把数据发给 ATK ESP8266 后,模块就能通过网络以 TCP 协议或 UDP 协议发送数据到服务器,ATK-ESP8266 模块如图 E5-2 所示。

2. RC-522 模块

RFID 技术即无线射频识别技术,通俗的叫法为电子标签。无线射频识别实际上是一种通信技术,其主要借助射频信号实现对目标对象的准确识别,并得到相关数据信息。该技术在实际应用的过程中不需要建立特定目标和识别系统之间的光学接触,因此应用范围基本不受限制。早在二十多年前，RFID 技术就已经在停车场管理、物流运输、防盗系统等诸多领域得到大范围运用。

MF RC-522 具有低电压、低成本、体积小的特点，使它成为相关研发的不二之选。模块及配套的 RFID 卡（S50 标准空白卡、S70 卡）如图 E5-3 所示。

图 E5-2　ATK-ESP8266 模块

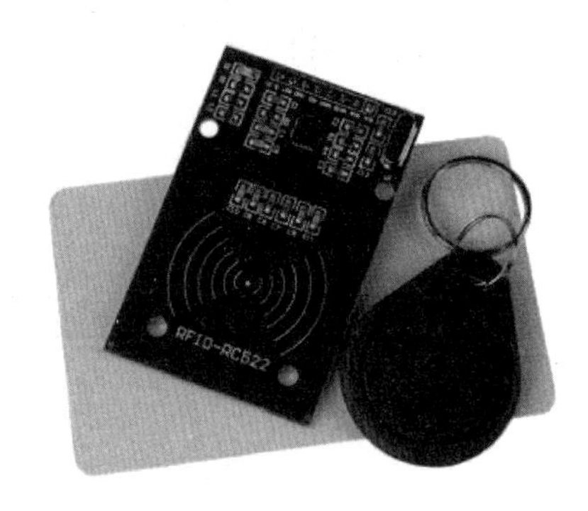

图 E5-3　MF RC-522 模块及 S50、S70 卡

5.2　硬件电路设计

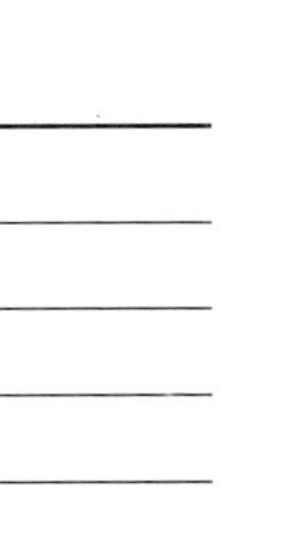

5.2.1　WiFi 模块电路

ATK-ESP8266 模块各引脚功能描述如表 E5-1 所示。

表 E5-1　ATK-ESP8266 模块各引脚功能描述

序号	名称	说　明
1	VCC	电源（3.3～5V）
2	GND	电源地
3	TXD	模块串口发送引脚
4	RXD	模块串口接收引脚
5	RST	复位（低电平有效）
6	I/O-0	用于进入固件烧写模式，低电平是烧写模式，高电平是运行模式（默认状态）

模块设计电路如图 E5-4 所示。其中 RST 引脚以及 I/O-0 引脚可以悬空。将 TXD 引脚接单片机的 RXD 引脚（P3.0），RXD 引脚接单片机的 TXD 引脚（P3.1）。连接后相当于在使单片机串口“升级”，能够进行无线通信。

5.2.2　RC-522 模块电路

射频模块 MF RC-522 的引脚功能说明如表 E5-2 所示，该模块有三种通信接口模式，分别为 SPI、I^2C、UART。本设计采用 SPI 通信，与单片机的接口如图 E5-5 所示。

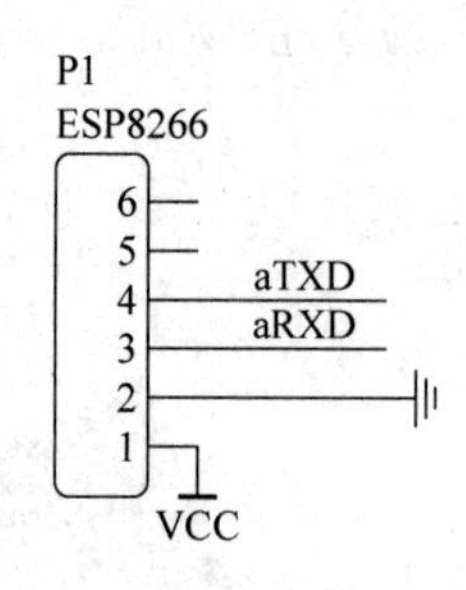

图 E5-4 ATK-ESP8266 接口电路

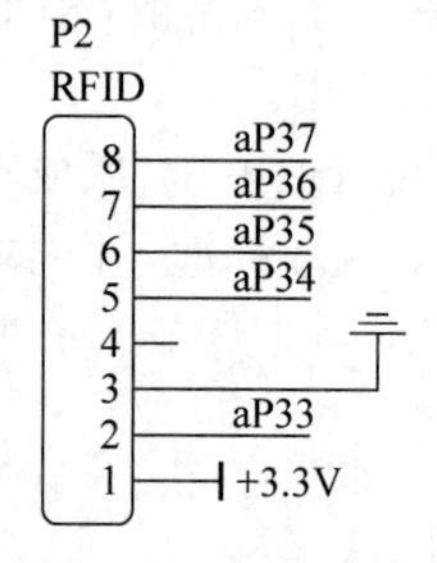

图 E5-5 RC-522 电路接口

表 E5-2 MF RC-522 引脚说明

编　号	符　号	引 脚 说 明
1	+3.3V	3.3V 电源
2	RST	复位引脚
3	GND	电源地
4	IRQ	悬空
5	MISO	主机接收通道
6	MOSI	主机发送通道
7	SCK	时钟信号
8	SDA	片选使能信号

5.2.3 双 MCU 通信电路

如图 E5-6 所示，双 MCU 通信采用自定义协议、两根时钟线(aCLKb、bCLKa)、两根数据线(aDATb、bDATa)，实现全双工通信，数据传输可靠性高，速度快。

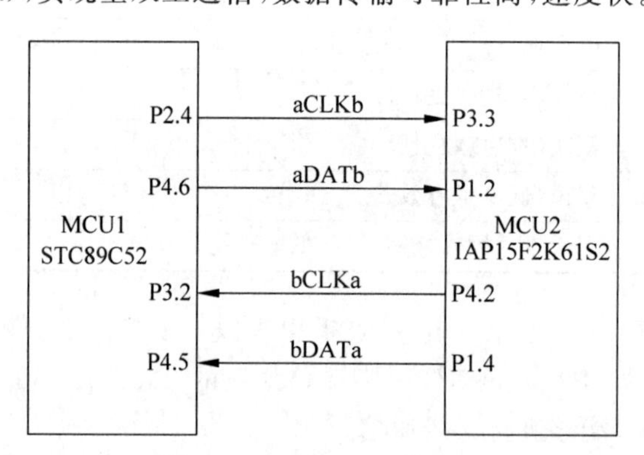

图 E5-6 双 MCU 通信接口

5.2.4 项目完整电路

项目电路包括 MCU1、OLED 模块、矩阵键盘、MCU2、指示灯、数码管、WiFi 模块、RC-522 模块等电路，详细电路如图 E5-7 所示。

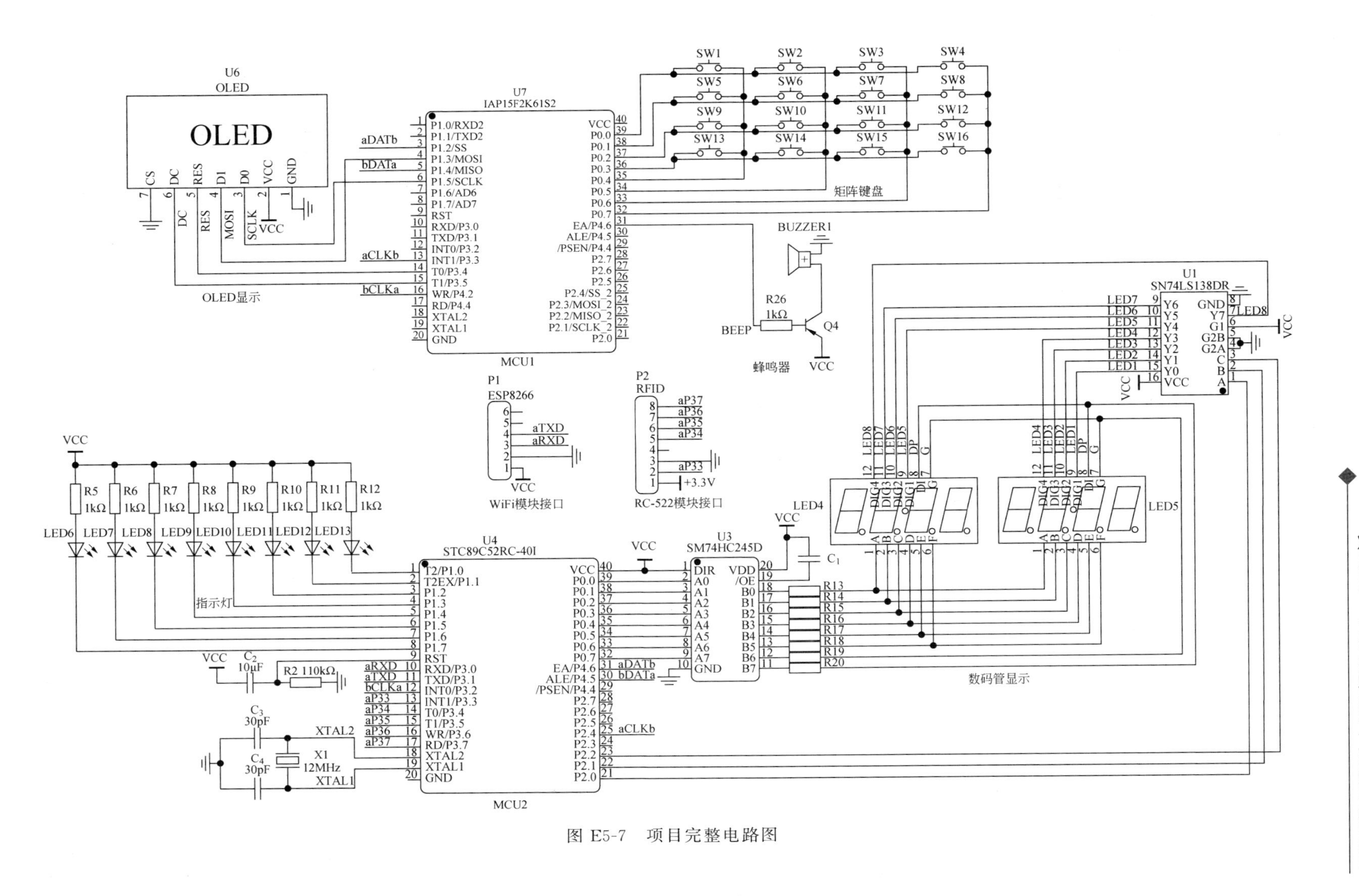

图 E5-7　项目完整电路图

5.3 软件设计

5.3.1 软件功能

客户端为单片机开发板，包括OLED、单片机、数码管、矩阵键盘、WiFi模块、RC-522模块等，服务器端为局域网/远程计算机，并运行服务器软件(VB程序)。

(1) 客户端充值模式下，在矩阵键盘输入金额，按下"确认"键，会在OLED屏幕上显示充值金额和卡的余额信息，数码管的左四位显示余额，后四位显示充值金额，同时充值数据会发送到服务器。

(2) 客户端消费模式下，在矩阵键盘输入金额，按下"确认"键，会在OLED屏幕上显示消费金额和卡的余额信息，数码管的左四位显示余额，后四位显示消费金额，同时消费数据会发送到服务器。

(3) 服务器端应用程序收到数据后，显示用户消费/充值数据，并存储消费/充值数据。

5.3.2 客户端主程序

WiFi模块和RC-522模块连接在MCU1，这里主要介绍MCU1的主程序流程。

(1) 初始化ESP8266的函数为ESP8266_TCP_Client_Init("qsss","00000000","103.46.128.41","46379")，将会连接到SSID为qsss，无线密码为8个0的无线网络，并连接到服务器的指定端口。

(2) RC-522读卡初始化，初始化RC-522的函数为RC-522_Init()，使得RC-522从初态开始工作。

(3) 等待充值/消费刷卡数据，数码管显示刷卡数据，并回传余额数据给MCU2。

(4) 发送数据到远程服务器，并保存记录。

5.3.3 WiFi模块程序

因为WiFi模块连接的是串口，所以对其初始化、通信均是在串口的基础上进行的。WiFi模块通信的波特率为9600b/s，8位数据位，无校验位，1位停止位。

ESP8266共有三种模式，分别为STA、AP、STA+AP模式。STA模式用于连接到互联网，与其他网络设备通信，属于互联网通信；AP模式用于建立无线热点，允许其他设备加入进来，设备与设备之间进行通信，属于局域网通信；STA+AP模式下，设备既可与位于局域网下的其他设备通信，又可与互联网中的其他设备通信。STA与AP模式下又分别有TCP Server、TCP Client、UD 3个子模式，所以STA+AP模式下就有9个子模式。

限于篇幅，这里仅介绍STA模式下的TCP Client模式。

在进行该模块的软件设计之前，先做一个测试，手动进行该模块的初始化。

将该模块的RXD、TXD引脚分别与计算机USB接口的TXD、RXD引脚相连，目的是实现模块与PC的直接通信。在PC端使用串口调试助手打开相应串口，分别输入以下命令：(注意，每条命令单独发送且需要回车换行，并且等待发送成功)

```
AT + CWMODE = 1
AT + RST
AT + CWJAP = "Tenda","00000000"
AT + CIPSTART = "TCP","192.168.1.115",8080
AT + CIPMODE = 1
AT + CIPSEND
```

其中,“Tenda”及“00000000”是SSID和无线密码,可根据自己的实际测试条件进行更改。完成以后,会在Tenda的无线热点下出现ESP8266的连接信息,即证明模块已成功连接到无线热点,如图E5-8所示。

在移动端安装网络调试助手,配置一个8080的TCP Server,建立一个TCP服务器。“192.168.1.115”和8080是要连接到配置的TCP Server的IP和端口,可根据实际测试条件更改。完成之后,即可在PC端的串口调试助手中发送“Hello!”信息,移动端会接收到信息,证明模块成功与网络中的某设备进行通信,如图E5-9所示。

图 E5-8　ESP8266模块成功连接到路由器

图 E5-9　ESP8266与服务器通信

1. *初始化*

在进行以上手动测试后,对模块进行程序手段的初始化就有了参考。发送每条命令后,等待一段时间,再继续发送下一条命令,这种方法简便易行,但不够可靠。实际上每条初始化命令发送完成,串口都会接收到来自模块的返回信息,我们可以由此来判断命令是否执行成功,如果不成功,那么可以继续发送该命令,直到成功执行。

设计的初始化函数为ESP8266_TCP_Client_Init(char * ssid,char * pwd,char * ip,char * port),第一个参数要指定WiFi模块所要连接的SSID,第二个参数即无线网络的密码,第三个参数是所要连接服务器的IP地址,第四个参数要指定所要连接服务器的端口。

```
ESP8266_TCP_Client_Init("qsss","00000000","103.46.128.41","46379");
```

如上,即可连接到指定无线热点和服务器。

在串口的数据发送中,设计了两种数据发送方式。第一种适合用于初始化模块,第二种适合用于发送数据。

2. *数据发送*

函数为void Uart_Send(unsigned char * s,unsigned char length)。第一参数指定了字符串的起始指针,第二参数指定发送长度。该函数用来发送指令以配置WiFi模块,在对

WiFi 模块的初始化函数中使用。

以下以发送 AT 命令为例。

```
do
    {
        Uart_Send("AT\r\n",4);
        Delay_50ms(4);
    } while (Fail());
```

如果收到正确的响应，串口会接收到一系列数据，最后四个字节为'O'、'K'、0x0d、0x0a，通过对串口接收到的最后三个字节判断，如果含有字符'K'，则证明命令执行成功，退出 do-while 循环，开始发送下一个命令。

```
statRFID bit Fail()
{
    bit ack;
        ack = (ESP8266_tmp[0] == 'K' || ESP8266_tmp[1] == 'K' || ESP8266_tmp[2] == 'K');
    ESP8266_tmp[0] = ESP8266_tmp[1] = ESP8266_tmp[2] = 0;
    return !ack;
}
```

5.3.4 RFID 卡检测程序

RFID 卡检测的目的是实现单片机与 RFID 卡的通信，以下简述设计流程及主要函数。

1. 初始化

初始化函数为 RC 522_Init()，在主函数中的主循环之前，对 RC-522 模块进行必要的初始化，以备接下来的正常使用。

2. 卡操作

对卡的一系列操作在函数 RC522_Driver()中，在主循环中，不断感应卡并对其进行操作。函数内部分为以下几个步骤，某个步骤若失败，则退出该函数，在主循环的作用下，将会从步骤 1 开始重新对卡进行操作。操作流程如图 E5-10 所示。

寻卡操作使用的函数为 PcdRequest(unsigned char req_code, unsigned char * pTagType)。参数 1 为 PRFIDC_REQIDL 时，将会寻找天线内未休眠的所有卡；参数 2 为字符指针，用于存放函数返回的卡类型，为 2 字节的十六进制。

```
PcdRequest(PRFIDC_REQIDL, Rbuf) //寻找天线内未休眠卡,返回卡类型,为 0x0400,代表 S50 卡
```

防冲撞使用的函数为 PcdAntRFIDoll(unsigned char * pSnr)，参数用于存放函数返回的卡序列号，为 4 字节的十六进制。

```
PcdAntRFIDoll(&Rbuf[2]) //返回卡序列号,03CH8P8S
```

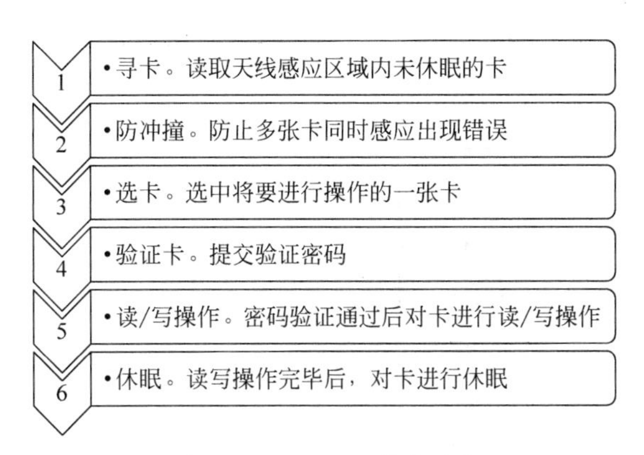

图 E5-10　RC-522 操作流程

选卡使用的函数为 PcdSelect(unsigned char * pSnr)，参数指定为防冲撞过程返回的卡序列。

```
PcdSelect(&Rbuf[2]) //选定序列号为 03CH8P8S 的卡
```

验证卡使用的函数为 PcdAuthState(unsigned char auth_mode, unsigned char addr, unsigned char * pKey, unsigned char * pSnr)。参数 1 为 PRFIDC_AUTHENT1A 时表示验证密钥 A，为 PRFIDC_AUTHENT1B 时表示验证密钥 B；参数 2 表示要验证的密码存放的块地址；参数 3 用于指定验证卡时提交的密钥；参数 4 指定要验证的卡序列号。

```
PcdAuthState(PRFIDC_AUTHENT1A, 7, DefaultKey, &Rbuf[2]) //验证块 7 的密钥 A
```

读/写操作使用的函数分别为 PcdRead(unsigned char addr, unsigned char * pData) 及 PcdWrite(unsigned char addr, unsigned char * pData)。参数 1 指定要读或写的块，参数 2 用于指定 16 字节数据的起始指针。

```
PcdWrite(4,tmp) //将从指针 tmp 开始的 16 字节数据写入块 4
```

注：本设计使用的 RFID 卡为 S50 或 S70 卡，使用的存储区为块 4，要求密钥 A 的密码为 198407157614(6 字节的十六进制数)。

休眠使用的函数为 PcdHalt()，在卡操作完成后使用，使卡进入休眠状态，等待下一次重新进入天线感应区域内。

5.3.5　双 MCU 通信程序

工作原理：MCU1 发送开始，根据发送(两个字节)的位数据，对数据线置位 0/1，延时，时钟线置位 0/1，延时，然后循环发送其他位；MCU1 的时钟线设置正脉冲，MCU2 触发下跳沿中断，收到时钟信号，取数据线信号，详见流程图 E5-11。

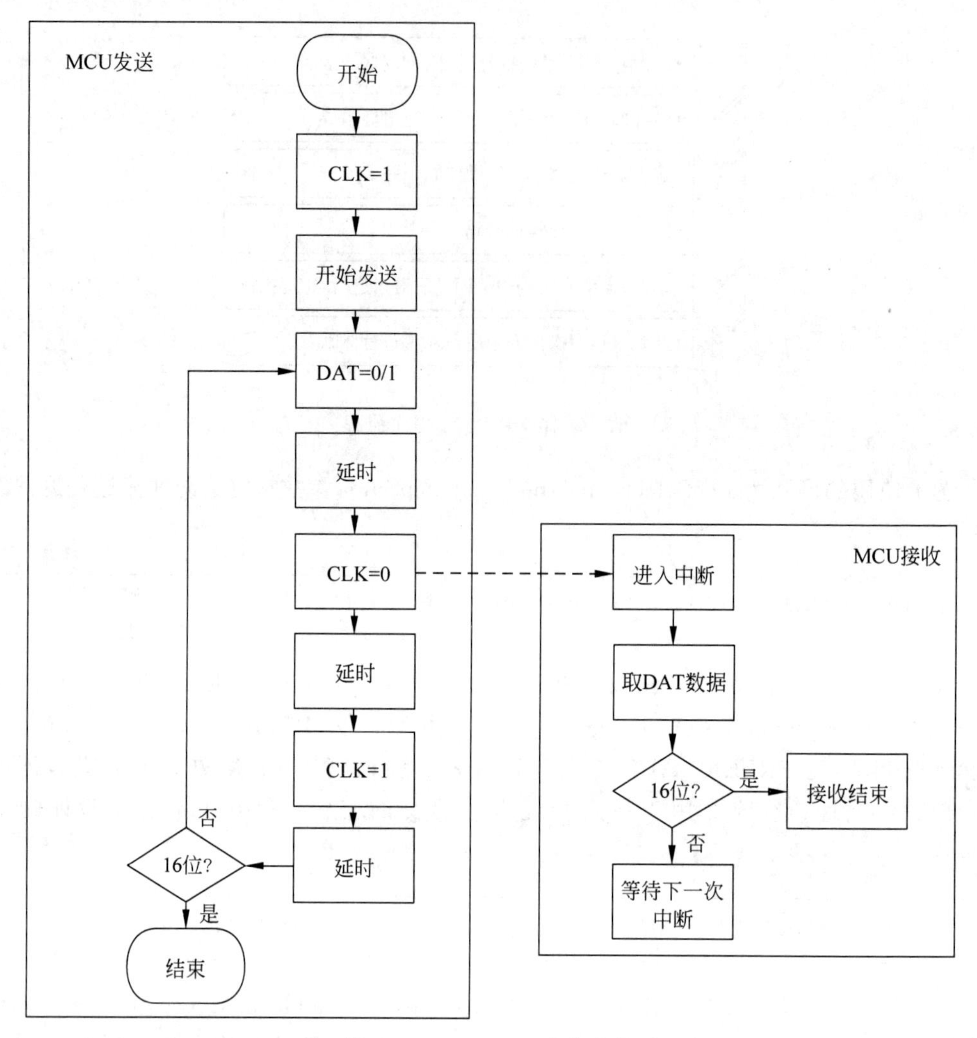

图 E5-11　双 MCU 通信流程

代码如下：

```
//发送给 MCU1 数据
void send_MCU(unsigned int dat)
{
    unsigned char j;
    unsigned int i;
    for(j = 16;j > 0;j -- )
        {
            if((dat >>(j - 1))&0x01) bDATa = 1;
             else
                 bDATa = 0;
             i = 1000;
             while(i -- );
             bCLKa = 0;
             i = 250;
             while(i -- );
```

```
                bCLKa = 1;
                i = 1000;
                while(i -- );
            }
    }
    //接收 MCU1 的数据
    void Interrupt_1() interrupt 2
    {
        unsigned char a;
            if(aDATb == 1) R_Data = R_Data|(1 << R_count) ;

                if(R_count == 0)
                {
                    R_count = 16;
                    R_Data_temp = R_Data;
                    R_Data = 0;
                    show_data_1(R_Data_temp);
                }
                R_count -- ;
    }
```

5.3.6　服务器应用

服务器端的应用采用 Microsoft Visual Basic 6.0 开发工具编辑，界面如图 E5-12 所示。界面由菜单栏、消费界面、状态栏组成。

图 E5-12　服务器端应用界面

1. 菜单栏

菜单栏包含查询、设置、库、帮助四个项目。查询选项包含一个功能，如图 E5-13 所示。该功能用来查询本机 IP 及服务器的端口。

设置选项如图 E5-14 所示。“配置端口并启动”用来设置端口并启动服务器；若需要将正在运行的服务器关闭，可使用“关闭服务器”功能。

库选项如图 E5-15 所示。“打开文件”用来打开存储消费数据的 Excel 文件，仅在服务器未启动时可操作；“清空数据”可将所有的消费数据清除。

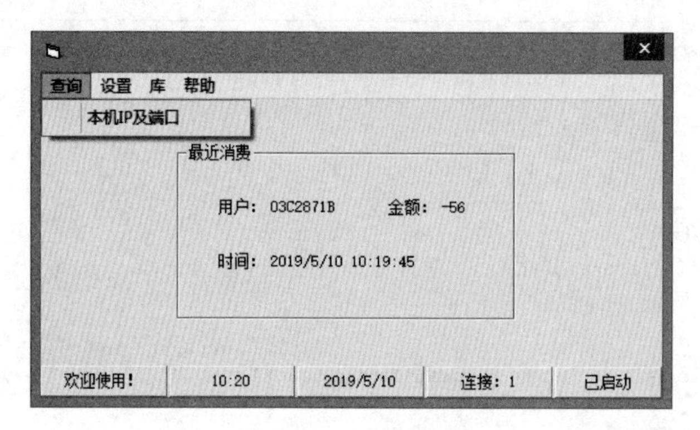

图 E5-13 查询选项

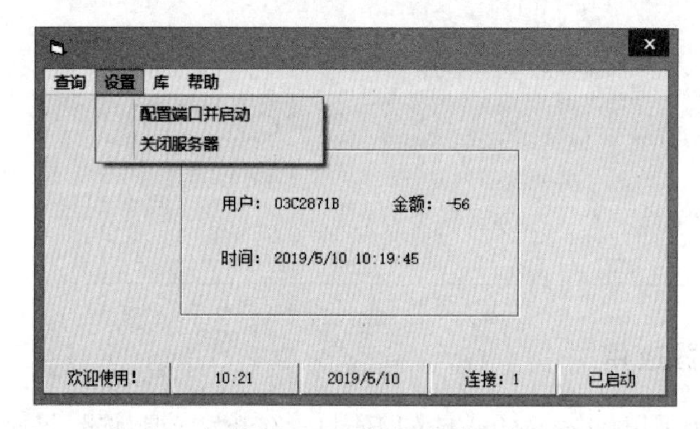

图 E5-14 设置选项

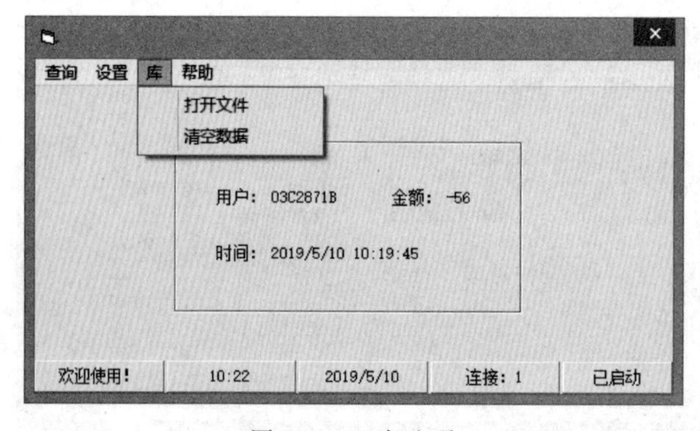

图 E5-15 库选项

2. 消费界面

消费界面如图 E5-16 所示。每当客户端进行消费/充值操作时,该界面将会更新用户所用卡的 8 位序列号、消费时的 IP 地址、金额(正值表示充值、负值表示消费)、消费时间。

图 E5-16 消费界面

3. 状态栏

状态栏如图 E5-17 所示,有五块板面,第 1、2、3

块板面分别显示了“欢迎使用!”、当前时间、当前日期。第4块板面在配置端口并启动服务器后，显示连接的客户端数目，每当有新客户端连接到服务器时，连接数将会+1。第5块板面显示服务器的状态，包含“已启动”和“未启动”两种。

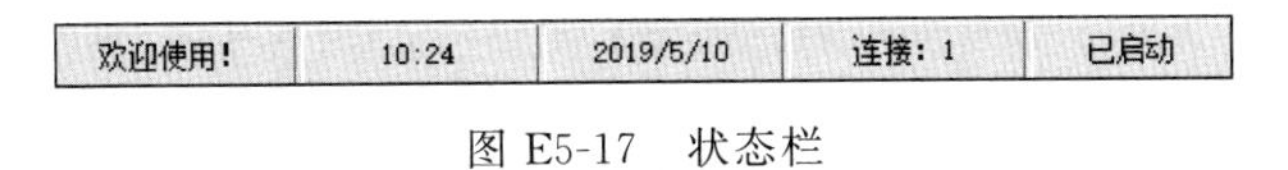

图 E5-17　状态栏

1）TCP/IP 服务器与单客户端通信

本项目以 VB 6.0 中的 winsock 控件来探讨 TCP/IP 的通信配置方法，并用其达到通信的目的。

每一台计算机都拥有它唯一的地址，类似于每一户人家都有唯一的住址，而计算机上的不同端口，正像这一户中不同的住户。异地的两人要进行交流，要了解对方的住址，对方的姓名；计算机也是这样，在进行通信时，要知道另一台计算机的 IP 及其端口。对 winsock 控件的使用应当具有此概念。

客户端的 winsock 控件配置如下：

```
Winsock1.Close
Winsock1.RemoteHost = "103.46.128.41"
Winsock1.RemotePort = 3000
Winsock1.LocalPort = 0
Winsock1.Connect
```

配置后即可向指定 IP 地址和相应端口发出连接请求。其中 Close 方法的使用是为了关闭控件，以使控件重新配置。LocalPort 属性用于指定本地端口，为 0 时自动分配随机端口，Connect 方法即向该 IP 发出连接请求。

服务器的 winsock 控件配置如下：

```
Winsock1.Close
Winsock1.LocalPort = 3000
Winsock1.Listen
```

服务器端并不需要知道客户端的 IP 地址，只需要开放一个端口，Listen 方法会使得该端口处于监听状态，一旦收到客户端的连接请求，就会触发 Winsock1_ConnectionRequest (ByVal requestID As Long)事件。在此事件中，需要接受该连接。

```
Winsock1.Close
Winsock1.AcceptrequestID
```

使用接受该连接之后，RemoteHostIP 就存储了客户端的 IP 地址。

可使用 SendData 方法向双方发送数据。在双方的数据接收事件 Winsock1_DataArrival(ByVal bytesTotal As Long)中，可使用 GetData 方法获取数据。

2）TCP/IP 服务器与多客户端通信

多个客户端向服务器发送连接请求，如果按单客户端通信那样配置服务器端的 winsock 控件，由于第一个客户端已经占用了服务器的端口，其他的客户端将不会连接成功。所以，在连接请求中，应当将该请求进行转移，让服务器的端口始终处于监听状态。

本设计采用了两个 winsock 控件，winsock1 控件开启了 3000 端口用于监听连接请求，winsock2 控件是一个控件数组，用于接受请求。

winsock2 控件加入窗体中时，更改其 Index 属性为 0，表示为控件数组。以下是 winsock1 控件新请求连接事件中，转移到了 winscok2 控件数组。

```
For i = 0 To 32767
    //如果有哪个控件未建立连接，重启并接受该新连接，然后退出循环检测
    If Winsock2(i).State <> 7 Then
        Winsock2(i).Close
        Winsock2(i).LocalPort = 0
        Winsock2(i).Accept requestID
        Exit For
    End If
    '如果在准备进行下一次检测时，控件未加载可能导致溢出，则加载新控件
    If i < 32767 And i + 1 > Winsock2.UBound Then
        Load Winsock2(i + 1)
    End If
Next
```

winsock2 因为是控件数组，其数据接收事件为 Winsock2_DataArrival（Index As Integer，ByVal bytesTotal As Long）。一个客户端连接了 winsock2 控件数组中的某一个控件，因此，Index 指示了触发数据接收事件的控件下标。

```
Winsock2(Index).GetData s     //将数据保存到字符串 s 中
```

但应当注意，由于设计使用了动态域名解析技术的硬件花生棒，客户端所有的连接是连接到花生棒所创建的服务器，而 PC 端的服务器应用仅仅连接到内网中的花生棒。即 PC 端的应用中 winsock2 控件只有一个连接，是内网中的花生棒。PC 端只是接收花生棒收到的所有客户端发来的数据。

3）Excel 充当数据库

先声明 Excel 应用层、工作簿、工作表三个对象，为接下来的使用作准备。

```
Private xlApp As Object
Private xlBook As Object
Private Sheet_flow As Object
```

在服务器配置端口并启动时，为这三个对象赋值。Visible 属性可控制应用界面的显示

或隐藏。在启动服务器后，打开工作簿时，将其隐藏，防止干扰其他界面。

```
Set xlApp = CreateObject("excel.applRFIDation")
Set xlBook = xlApp.Workbooks.Open(App.Path & "\汇鑫.xlsx")
xlApp.Visible = 0
Set Sheet_flow = xlBook.Worksheets(1)
```

在运行过程中，每次进行写入数据时，都会读取 D1 单元格的值，表示准备读写的行数。将服务器接收到的数据进行处理，得到消费或充值的各项信息，然后写入工作表中，并对 D1 单元格进行+1 操作，表示预读写的行数应该转移到下一行。对工作表进行数据操作后，应当使用 Save 方法对其进行保存。

```
pos = Sheet_flow.Range("D1")
Sheet_flow.Cells(pos, 1) = id
If dir = "0" Then
    Sheet_flow.Cells(pos, 2) = xlApp.WorksheetFunction.Round(money, 2)
Else
    Sheet_flow.Cells(pos, 2) = xlApp.WorksheetFunction.Round( - money, 2)
End If
Sheet_flow.Cells(pos, 3) = Now
pos = pos + 1
Sheet_flow.Range("D1") = pos
//保存工作簿
xlBook.Save
```

工作表的 Cells 属性有两个参数，第一个参数指定了单元格的所在行，第二个参数指定了单元格所在的列，Range 属性可直接使用文本类型指定单元格。例如：

```
Sheet_flow.Cells(2,3) = 7 //将 7 写入 C2 单元格
Sheet_flow.Range("C2") = 7 //将 7 写入 C2 单元格
```

退出时，对工作簿进行保存操作。

```
xlBook.Close True
xlApp.Quit
Set xlApp = Nothing
```

在菜单栏中的清空数据库功能中，关联的代码如下：

```
pos = Sheet_flow.Range("D1")
Sheet_flow.Range("A2:C" & pos - 1).ClearContents
Sheet_flow.Range("D1") = 2
```

因为 A1 至 C1 单元格是标题，所以对数据的清空是从第 2 行开始的。ClearContents

方法可清空单元格的内容，最后将 D1 单元格的值更改为 2，表示预写入的数据应当位于第 2 行。

5.4 配置说明

5.4.1 服务器的配置

如果采用局域网测试，请忽略配置服务器，直接用本地 IP 和端口即可。

1. 配置网络

花生棒是一款内嵌花生壳，可穿透内网的智能网络设备。只需要将花生棒插入路由器或交换机，就能搭建个人服务器，同时实现远程管理。

打开浏览器，在地址栏中输入 https://b.oray.com/并按回车键，输入账号和密码登录管理界面，如图 E5-18 所示。在内网穿透选项下，创建一个映射。

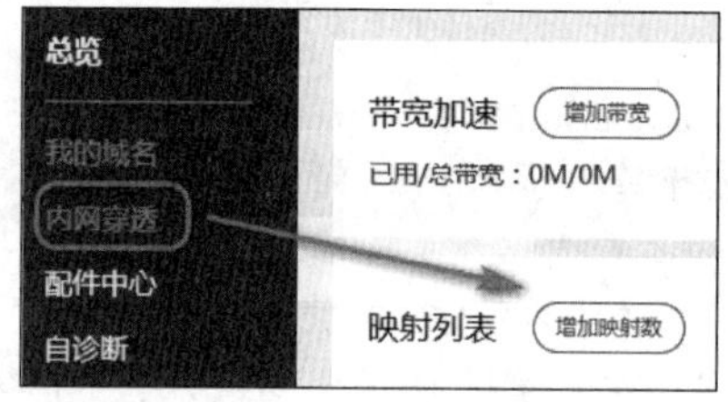

图 E5-18 登录和增加映射界面

映射类型：通用应用
外网端口：动态端口号
内网主机：192.168.1.108
内网端口：3000
确定 删除

图 E5-19 创建映射界面

映射类型为通用应用、外网端口为动态端口号，并指定内网主机和内网端口，如图 E5-19 所示。

创建成功后，转到自诊断选项，获取到的最后一个 IP 即为服务器 IP。内网穿透选项下的映射列表会显示创建成功后得到的端口。客户端可连接至服务器 IP 及服务器端口，进行通信时，花生棒会将信息转发至指定的内网主机。如图 E5-20 所示。

本项目得到的服务器 IP 为 103.46.128.41，动态端口号为 46379。指定的内网主机为 192.168.1.108，内网端口为 3000。

2. 启动服务器

打开服务器应用程序，单击“设置”→“配置端口并启动”→“输入端口”，启动服务器。客户端会将服务器 IP 和端口固化到程序中，实现连接。如图 E5-21 所示。

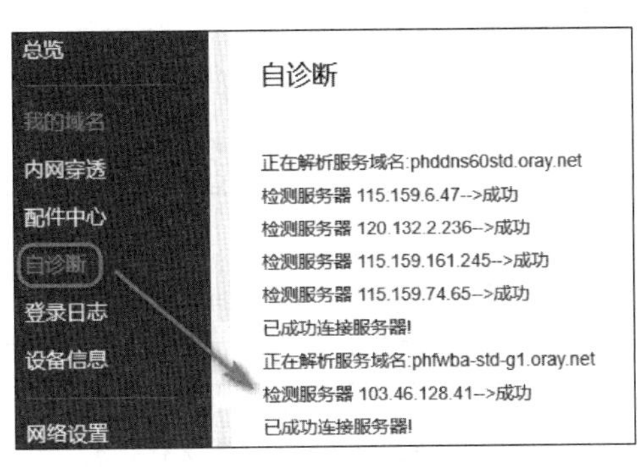

图 E5-20　IP 和端口界面

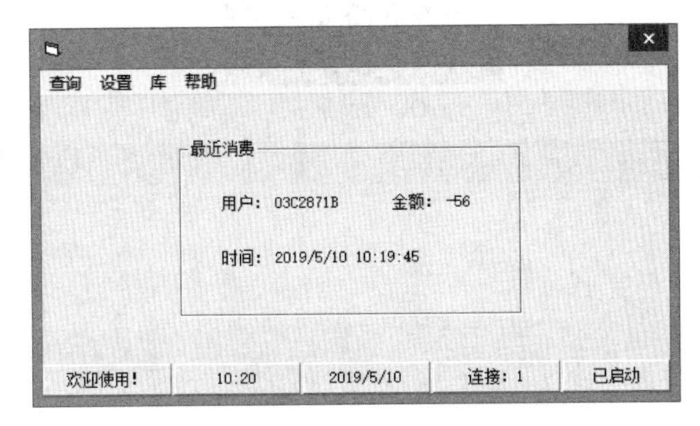

图 E5-21　启动服务器

5.4.2　客户端的配置

配置一个 SSID 为 qsss，密码为 00000000 的无线热点。热点可由路由器、随身 WiFi、手机等设备创建。

WiFi 模块连接无线信号的账号和密码，开始准备同远程服务器通信。

5.4.3　实验验证

项目的实物图如图 E5-22 所示。

图 E5-22　实物演示图

1．充值模式

按键功能分布如表 E5-3 所示。

表 E5-3　按键功能分布

1	2	3	充值
4	5	6	消费
7	8	9	（空）
0	确定	取消	（空）

按“充值”键进入充值模式，充值 80，按“确定”键，然后刷卡，如图 E5-23 所示。

WIFI & RFID系统
充值:0150
余额:7750

(a) OLED屏显示

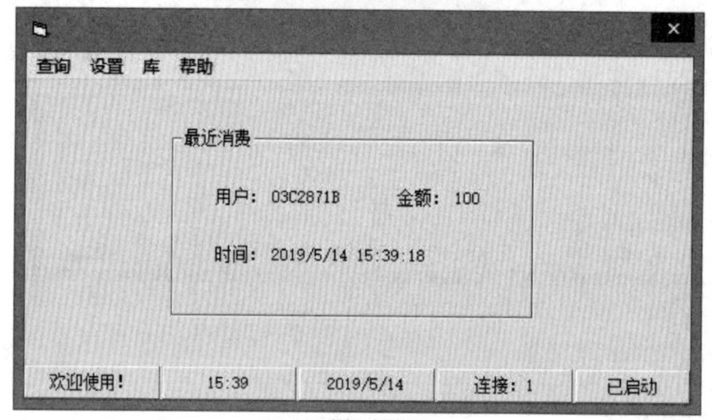

(b) VB界面显示

图 E5-23　充值模式

2．消费模式

按“消费”键进入充值模式，输入 20，按“确定”键，然后刷卡，如图 E5-24 所示。

WIFI & RFID系统
消费:2307
余额:5443

(a) OLED屏显示

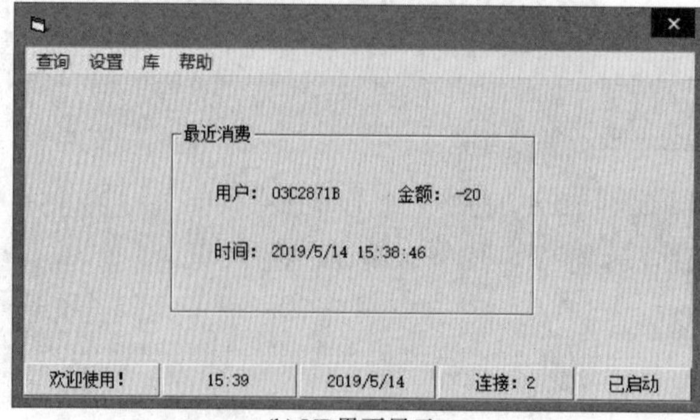

(b) VB界面显示

图 E5-24　消费模式

在消费模式、充值模式下，数据库中存储的数据及其格式如图 E5-25 所示。

	A	B	C	D
1	ID	金额	时间	预写位置：5
2	03C2871B	(¥56.00)	2019/5/10 10:19	
3	03C2871B	(¥20.00)	2019/5/14 15:38	
4	03C2871B	¥100.00	2019/5/14 15:39	

图 E5-25　数据查询结果

参考文献

[1] 张兰红.单片机原理与应用[M].北京：机械工业出版社，2017.

[2] 陈中，朱代忠.基于STC89C52单片机的控制系统设计[M].北京：清华大学出版社，2015.

[3] 张毅刚，王少军，付宁.单片机原理及接口技术[M].北京：人民邮电出版社，2015.

[4] 唐颖.单片机技术及C51程序设计[M].北京：电子工业出版社，2014.

图书资源支持

感谢您一直以来对清华大学出版社图书的支持和爱护。为了配合本书的使用，本书提供配套的资源，有需求的读者请扫描下方的“书圈”微信公众号二维码，在图书专区下载，也可以拨打电话或发送电子邮件咨询。

如果您在使用本书的过程中遇到了什么问题，或者有相关图书出版计划，也请您发邮件告诉我们，以便我们更好地为您服务。

我们的联系方式：

地　　址：北京市海淀区双清路学研大厦 A 座 701

邮　　编：100084

电　　话：010-83470236　010-83470237

资源下载：http://www.tup.com.cn

客服邮箱：tupjsj@vip.163.com

QQ：2301891038（请写明您的单位和姓名）

教学资源·教学样书·新书信息

人工智能科学与技术
人工智能|电子通信|自动控制

资料下载·样书申请

书圈

用微信扫一扫右边的二维码，即可关注清华大学出版社公众号。